W0061806

Die Menschheit ist von einer neuen Qualität globaler Umweltkrise herausgefordert: Das Gleichgewicht der Erdatmosphäre wird durch die sich ausweitende Ozonausdünnung und die Freisetzung von klimaschädlichen Spurengasen zunehmend gestört. Vor allem die entstehenden Klimaveränderungen werden in ihren Auswirkungen alle bisher bekannten Umweltkatastrophen übertreffen.

Diese Bedrohung wird in den Medien unter den Schlagworten „Ozonloch" und „Treibhauseffekt" teils ernsthaft, teils sensationsgierig, teils beschwichtigend abgehandelt, wobei der Einwand nicht selten ist: Die Erkenntnisse der Wissenschaftler sind noch zu unsicher, als daß wir einschneidende wirtschaftliche und politische Maßnahmen ergreifen müßten.

In dieser Situation ist dieses Buch die dringend notwendige Bestandsaufnahme, entstanden durch die Zusammenarbeit engagierter Wissenschaftler und Politiker. Im ersten Teil beschreiben international anerkannte Experten die drohende Zerstörung der Erdatmosphäre und die Folgen, wobei sie jeweils den Grad der Zuverlässigkeit ihrer Erkenntnisse angeben, und entwerfen Handlungsstrategien, die einen Ausweg aus der Klimakatastrophe eröffnen könnten. Im zweiten Teil finden sich die Stellungnahmen der Energie- und Chemiewirtschaft sowie der im Deutschen Bundestag vertretenen Parteien. Im dritten Teil folgen kritische Einwürfe von Umweltschutz-Verbänden sowie praktische Hinweise für den Verbraucher.

Dieses Buch straft jeden Lügen, der jetzt oder später behauptet: Wir haben es nicht wissen können.

Paul Josef Crutzen wurde 1984 in den USA von der Zeitschrift „Discover" als Wissenschaftler des Jahres ausgezeichnet. In diesem Jahr erhielt er den „Tyler Prize" für seinen Beitrag zur Umweltforschung. Er ist Direktor der Abteilung für Chemie der Atmosphäre am Max-Planck-Institut Chemie in Mainz und Professor an der Universität von Chicago, USA.

Michael Müller, MdB, ist Mitglied der Enquete-Kommission „Vorsorge zum Schutz der Erdatmosphäre" des Deutschen Bundestags.

Das Ende des blauen Planeten?

Der Klimakollaps: Gefahren und Auswege

Herausgegeben von
Paul J. Crutzen
und Michael Müller

VERLAG C.H.BECK MÜNCHEN

Mit 21 Abbildungen und 9 Tabellen

CIP-Titelaufnahme der Deutschen Bibliothek

Das Ende des blauen Planeten? : Die Zerstörung der
Erdatmosphäre: Gefahren und Auswege / hrsg. von
Paul J. Crutzen und Michael Müller. – Orig.-Ausg.
3. Aufl. – München : Beck, 1991
  (Beck'sche Reihe ; 385)
  ISBN 3-406-33140-8
NE: Müller, Michael [Hrsg.]; GT

Originalausgabe
ISBN 3 406 33140 8

Dritte Auflage. 1991
Einbandentwurf von Uwe Göbel, München
Umschlagbild: Südd. Verlag, München
C. H. Beck'sche Verlagsbuchhandlung (Oscar Beck), München 1989
Gesamtherstellung: Appl, Wemding
Printed in Germany

Inhalt

III. Handlungsstrategien

IV. Energiewende – der Ausweg aus der Klimakatastrophe

V. Stellungnahmen der Energie- und Chemiewirtschaft

VI. Die Verantwortung der Politik

VII. Die Verantwortung der Verbände und Verbraucher

Anhang

Vorwort
von Hans-Jochen Vogel

Dies ist aus mehreren Gründen ein ungewöhnliches Buch. Es geschieht nicht alle Tage, daß der Vorsitzende einer politischen Partei und ihrer Bundestagsfraktion einen renommierten Wissenschaftler bittet, ein Buch mit Beiträgen unterschiedlichster Autoren zu einem Thema von höchster politischer Bedeutung herauszugeben. Noch seltener dürfte es sein, daß er den Mitherausgeber bittet, zu diesem Thema nicht nur die Äußerungen seiner eigenen Partei, sondern die Stellungnahmen aller im Bundestag vertretenen Parteien, des zuständigen Bundesministers und wichtiger in Betracht kommender Verbände einzuholen.

Ich meine, die Gefährdung der Erdatmosphäre, vor allem die Gefahr *einer tiefgreifenden Klimaveränderung und einer Zerstörung der lebenswichtigen Ozonschicht* rechtfertigen nicht nur ein solches Vorgehen, sondern gebieten es geradezu. Denn hier geht es nicht um eine von vielen Fragen, mit denen sich die Politik alltäglich zu befassen hat. Hier geht es um eine *Überlebensfrage mit globaler Tragweite.* Nicht nur ein Volk oder einzelne Völker sind gefordert – nein: die Menschheit insgesamt ist aufgerufen, *umzudenken und zu einer umweltverträglichen Entwicklung zu kommen.*

Das mindert aber unsere nationale Verantwortung nicht. Im Gegenteil: Die Bundesrepublik Deutschland gehört zu den Industrienationen, die weit überproportional zu den Ursachen der gefährlichen Veränderungen in der Erdatmosphäre beitragen. Wir verfügen aber zugleich über die technischen Fähigkeiten und auch über die wirtschaftliche Stärke, um die erforderlichen Veränderungen unserer Lebens- und Verhaltensgewohnheiten voranzubringen, die jetzt notwendig sind. Und wir können nur dann von anderen Völkern einschneidende Schritte in die gebotene Richtung fordern, wenn wir selbst mit entsprechenden Beispielen vorangehen.

Gewiß sind wichtige Vorarbeiten schon geleistet, ist der Prozeß der Bewußtseinsveränderung bereits vielfach angestoßen; etwa durch den Bericht der UN-Kommission „Umwelt und Entwicklung" unter Vorsitz der norwegischen Ministerpräsidentin Gro Harlem Brundtland, durch die Weltklimakonferenz von Toronto, die Weltklimatagungen in Villach, den Weltklimakongreß von Hamburg. *Nicht zuletzt hat der erste Zwischenbericht der vom Bundestag eingesetzten Enquete-Kommission „Vorsorge zum Schutz der Erdatmosphäre" eine eindeutige Bestandsaufnahme des Zustands der Lufthülle um die Erde geliefert und zugleich die grundsätzlichen Möglichkeiten aufgezeigt, wie die Bedrohung abgewendet werden kann.* Aber das alles sind nur Anfänge. Die Zusammenhänge müssen tiefer in unser Bewußtsein eindringen, die Optionen gründlicher untersucht und die nötigen Entscheidungen rascher getroffen werden, als das bisher auf der politischen Tagesordnung steht.

Dazu will dieses Sammelwerk beitragen. Und es will zu gemeinsamen Anstrengungen zusammenführen. Zu gemeinsamen Anstrengungen von *Wissenschaft und Politik, von Wirtschaft und Gewerkschaften, von Verbrauchern und Umweltverbänden* – also zu gemeinsamen Anstrengungen der politischen und gesellschaftlichen Kräfte. Zu einer Gemeinsamkeit, von der oft die Rede ist und die dennoch selten praktiziert wird. *Bei der Gefahr einer weltweiten Klimakatastrophe bleibt kein anderer Weg, wollen wir der Verantwortung für das Leben zukünftiger Generationen gerecht werden.* Das schließt – wie die Beiträge zeigen – einzelne Kontroversen in der Sache keineswegs aus. Aber es macht einen Grundkonsens deutlich, ohne den wir nichts erreichen können:

Den Grundkonsens darüber, daß wir unsere Welt, daß wir den blauen Planeten nur bewahren können, wenn wir zu radikalen Änderungen bereit sind – *und das möglichst schnell.*

In diesem Sinne danke ich den Herausgebern und den Autoren. Und in diesem Sinne wünsche ich dem Buch eine weite Verbreitung.

I. DIE ZERSTÖRUNG DER ERDATMOSPHÄRE UND DIE FOLGEN

Bert Bolin
Klimatische Veränderungen in Vergangenheit und Gegenwart

Wir wissen, daß sich das Klima der Erde auch in der Vergangenheit immer wieder geändert hat. Dies wird auch in Zukunft so sein. Die letzte Eiszeit, die vor 8000 bis 10000 Jahren geendet hat, bildete zusätzlich zu der heute noch existierenden Eisdecke über Grönland zwei weitere: Eine bedeckte das nördliche Europa bis hinunter nach Norddeutschland, eine andere lag über Kanada, und beide waren bis zu 3 Kilometer dick.

Wir wissen ebenfalls, daß diese Eiszeit, genauso wie verschiedene andere während der letzten 2 Millionen Jahre, von Veränderungen in der Menge der Sonnenstrahlen, die die Erde erreichen, ausgelöst wurde. Das wiederum beruht auf der wechselnden Charakteristik der Erdbahn um die Sonne.

Es erscheint sehr plausibel, daß wir uns einer neuen Eiszeit nähern. Wir wissen aber nicht, ob die Gletscher in 5000 oder 10000 Jahren wieder zu wachsen beginnen. In geologischer Hinsicht sind diese Veränderungen bereits sehr schnell; sie erscheinen aber langsam im Vergleich zur Entwicklung der menschlichen Kultur auf der Erde. Es ist deshalb von zentraler Bedeutung, sich darüber klar zu werden, daß die gesamte Entwicklung der modernen Gesellschaft von den primitiven Kulturen der Steinzeit vor 5000 Jahren bis in die heutige Phase in der gegenwärtigen Zwischeneiszeit geschehen ist. Im natürlichen Klimazyklus würde es mindestens ebensolange dauern, bevor sich die nächste Eiszeit höchst wahrscheinlich in den nördlichen Breitengraden der Nordhemisphäre etablieren wird. Die Geschwindigkeit jedoch, mit der die Menschheit heutzutage die Zusammensetzung der Erdatmosphäre ändert,

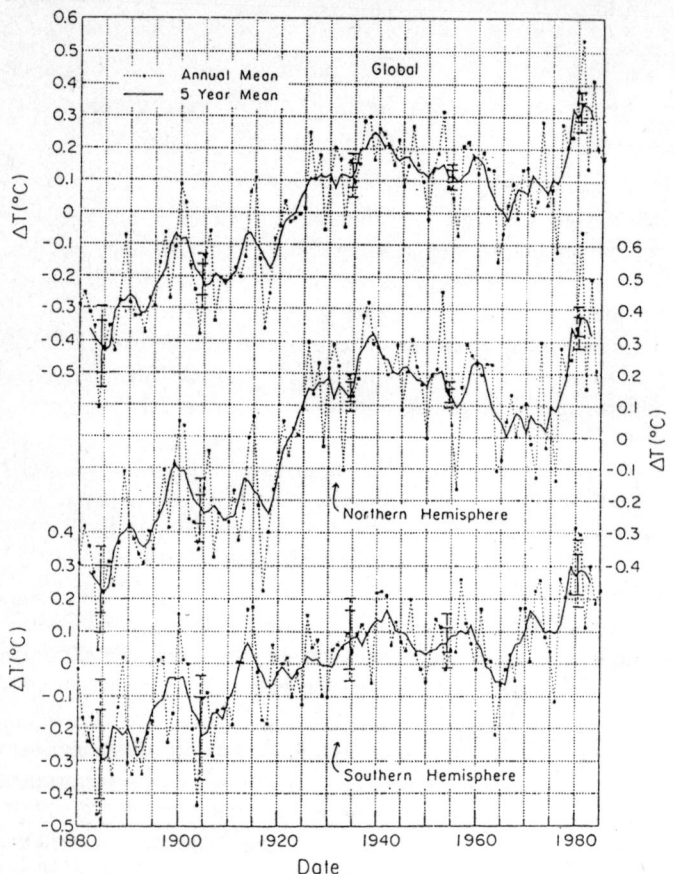

läßt befürchten, daß der Mensch damit eine weitaus schnellere Veränderung des Klimas erzeugt.

Seit dem letzten klimatischen Optimum vor ungefähr 6000 Jahren ist die durchschnittliche Erdtemperatur sehr langsam und unregelmäßig bis vor ein paar hundert Jahren gesunken. Im letzten Jahrhundert ist das Klima jedoch wieder wärmer geworden. Abbildung 1 zeigt, daß sich seit dieser Zeit die Durchschnittstemperatur um ungefähr 0,7 Grad Celsius erhöht hat. Darüber hinaus wird deutlich, daß irreguläre, ungewöhnliche Variationen von einem Jahr sowie in Zeiträumen von einem oder mehreren Jahrzehnten in der Klimaentwicklung stattgefunden haben. Ebenso wichtig ist es darauf hinzuweisen, daß die vier wärmsten der letzten hundert Jahre in den 80er Jahren des 20. Jahrhunderts liegen. Ein Teil dieser aufsteigenden Temperaturtendenz kann von natürlichen Variationen verursacht sein, aber es ist einsichtig, daß ein signifikanter Anteil dieser Veränderungen von der Menschheit verursacht wird. Diese Vermutung basiert auf Messungen, wonach die Konzentration einer bestimmten Anzahl von Spurengasen in der Atmosphäre angestiegen ist, sowie auf der Tatsache, daß diese Spurengase die Strahlungsbilanz zwischen der Erde und dem Weltraum beeinflussen.

1. Die Strahlungsbilanz der Erde

Die Temperatur um die Erdoberfläche wird durch ein Gleichgewicht zwischen der einfachen Strahlung einerseits und der Ausstrahlung an Infrarot, der Wärmestrahlung zurück in den Weltraum, andererseits aufrechterhalten. Auf ihrem Weg durch die Atmosphäre wird jedoch ein Teil der zurückgestrahlten Infrarotstrahlung durch natürliche Atmosphärenbestandteile wie Wasserdampf, Kohlendioxyd, Methan, Distickstoffoxyd und Ozon absorbiert und sowohl nach oben wie nach unten erneut ausgestrahlt. Dadurch wird ein Teil der Energie in der Atmosphäre zurückgehalten und eine höhere Temperatur erzeugt, ohne daß die Erde mehr Energie verliert, als sie durch Sonnenstrahlung erhält. Die Atmosphäre wirkt in einer ähnlichen Weise wie das Glas in einem Gewächshaus und dementsprechend wird dieser Effekt häufig auch als „Treibhauseffekt" der Atmosphäre bezeichnet. Ohne die natürlich vorkommenden Treibhausgase wäre das Klima auf der Erde ungefähr 35 Grad Celsius kälter, als es jetzt der Fall ist.

Abbildung 2: Die Kohlendioxydkonzentration der Atmosphäre während der Periode 1750 bis 1980. Dreiecke und Kreise zeigen Messungen aus Luftblasen im Gletschereis (H. Oeschger und Mitarbeiter, Universität Bern, Schweiz). Seit 1957 sind genaue Direktmessungen auf dem Mauna Loa in Hawaii durchgeführt worden, die ebenfalls angegeben sind (C. D. Keeling, Universität Kalifornien, La Jolla, Kalifornien).

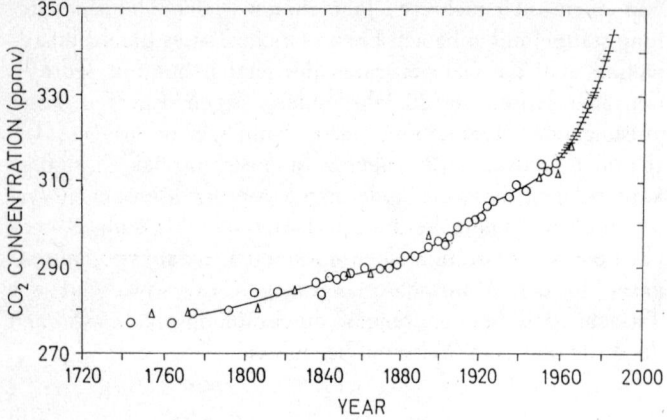

Falls jedoch die Konzentration der klimawirksamen Gase ansteigt, nimmt die Durchschnittstemperatur weiter zu.

2. Steigende Konzentration atmosphärischer Treibhausgase

Der Gehalt der Atmosphäre an Kohlendioxyd ist von ungefähr 280 ppm vor ca. 200 Jahren auf heute rund 350 ppm gestiegen (Abbildung 2). Dies liegt in erster Linie an dem ansteigenden Verbrauch fossiler Brennstoffe zur Energiebereitstellung, d.h. von Kohle, Öl und Gas. Es ist eine Tatsache, daß rund 85% der Energie, die von der Menschheit verbraucht wird, aus der Verbrennung fossiler Brennstoffe stammt und daß rund 200 Milliarden Tonnen Kohlenstoff in der Form von Kohlendioxyd seit Beginn der industriellen Revolution in die Atmosphäre freigesetzt worden sind. Gleichzeitig haben größere Veränderungen in der Landnutzung stattgefunden. Die Landwirtschaft, die vor einigen Jahrhunderten nur rund 2%

14

der Landoberfläche in Anspruch genommen hat, nutzt heute rund 10% der zur Verfügung stehenden Flächen. Bewaldete Gebiete und Grasland wurden und werden in Ackerboden umgewandelt, was zu einem erhöhten Abbau von organischem Material in den Böden und zur Verbrennung großer Mengen Holz geführt hat. Schätzungen beziffern die Nettomenge, die auf diesem Weg als Kohlendioxyd in die Atmosphäre freigesetzt worden ist, auf 100 bis 200 Milliarden Tonnen Kohlenstoff.

Nur zwischen 40 und 50% dieser CO_2-Emissionen sind in der Atmosphäre geblieben, denn die Ozeane sind fähig, Kohlendioxyd zu lösen. Sie bilden ein sehr großes Reservoir an Kohlendioxyd, dennoch ist ihre Kapazität zur Absorption von Kohlendioxyd begrenzt. Zwar erreicht die Meeresoberfläche relativ schnell, d.h. innerhalb weniger Jahre, ein Gleichgewicht mit höheren atmosphärischen Konzentrationen, aber die schrittweise Erneuerung des Oberflächenwassers durch einen Austausch mit tieferen Wasserschichten braucht einige hundert Jahre im Atlantik, und sogar rund 1000 Jahre im Pazifik. Nur ein begrenzter Teil der Weltozeane ist deshalb bisher als Speicher für das zusätzliche, in die Atmosphäre freigesetzte Kohlendioxyd verfügbar gewesen.

Während des letzten Jahrzehnts wurde darüber hinaus erkannt, daß die Konzentration anderer Treibhausgase in der Atmosphäre ebenfalls in Folge menschlicher Aktivitäten ansteigt:

– Methan, ist von ca. 0,7 ppm auf ca. 1,7 ppm angewachsen. Die Ursache liegt in der Freisetzung aus zunehmenden Flächen für den Naßreisanbau, der ansteigenden Zahl der Wiederkäuer und aus Leckagen, die bei der Ausbeutung natürlicher Gas- und Ölressourcen auftreten.

– Distickstoffoxyd ist um ca. 10% in der Atmosphäre angestiegen – verursacht durch den hohen und weiter ansteigenden Einsatz von Düngemitteln in der Landwirtschaft und bei der Waldvernichtung.

– Zwar verringert sich das Ozon in der Stratosphäre aufgrund der Fluorchlorkohlenwasserstoff(FCKW)-Emissionen, in den tieferen Schichten der Atmosphäre steigt aber der Ozongehalt vor allem in der nördlichen Hemisphäre an. Ursache sind die zunehmenden Stickoxyd-Emissionen aus Verbrennungsprozessen, insbesondere der Automobilmotoren.

– Besonders wichtig ist schließlich die Tatsache, daß die FCKW selber sehr aktive Treibhausgase sind. Ihre Wirkung in der Atmosphäre ist ausschließlich eine Folge menschlicher Aktivitäten. Die gegenwärtige Emissionsrate, etwas weniger als eine Million Tonnen, steigert den Treibhauseffekt in einem Umfang, der ca. der Hälfte dessen entspricht, was die Gesamtemissionen an Kohlendioxyd durch die Verbrennung von ca. 5,6 Milliarden Tonnen Kohlenstoff ausmacht.

3. Vom Menschen verursachte Klimaveränderungen

Diese genannten Fakten sind belegt und nicht mehr kontrovers. Schwieriger jedoch ist die Vorhersage, wie sich diese fortlaufenden Veränderungen in der atmosphärischen Konzentration auf das Klima der Erde auswirken. Dazu wurden komplexe Computermodelle des Klimasystems entwickelt, um die wahrscheinlichen Veränderungen in der Gleichgewichtstemperatur der Erde abschätzen zu können. Dies gilt sowohl für die vergangenen Schwankungen als auch für die Resultate jener Emissionen, die nach verschiedenen Szenarien erwartet werden können. Die allgemeine Einschätzung ist die, daß eine Verdoppelung des CO_2-Gehalts der Atmosphäre gegenüber dem vorindustriellen Wert (ca. 280 ppm) auf 560 ppm eine Erhöhung der Durchschnittstemperatur auf der Erdoberfläche um 2 bis 5,5 Grad Celsius bedeuten würde mit einem wahrscheinlichen Wert von rund 4 Grad Celsius.

Die Unsicherheit dieser Vorhersage ist noch recht groß. Darüber hinaus ergeben sich weitere Komplikationen. Denn eine Veränderung des Klimas würde sich nicht gleichmäßig über die Erde verteilen. Es ist davon auszugehen, daß entsprechende Veränderungen in den polaren Breiten größer sein würden als in den Tropen und Subtropen, aber dennoch sind wir nicht in der Lage, mit sehr großer Sicherheit vorherzusa-

Abbildung 3: Berechnete Anstiege der Gleichgewichtstemperatur der Erde in Abhängigkeit von den steigenden Konzentrationen von Treibhausgasen in der Atmosphäre bis 1988. Die Zeichnung zeigt ebenfalls die möglichen Veränderungen bis zum Jahre 2030 in Abhängigkeit von den weiterhin ansteigenden Treibhausgaskonzentrationen, wie sie im Text beschrieben werden. Die alternativen Veränderungen im rechten Teil des Diagramms beruhen auf der Annahme von weniger stark steigenden oder sogar sinkenden Emissionen.

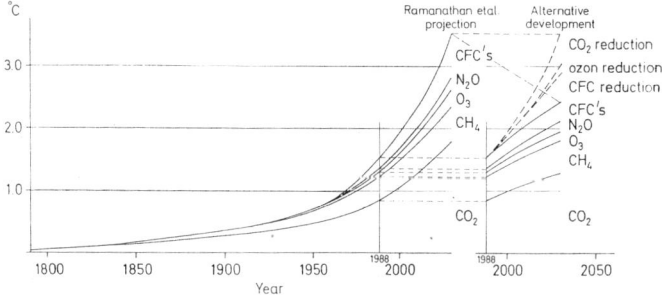

gen, welche die wahrscheinlichste regionale Verteilung eines Klimawechsels sein könnte. Auch stellt sich das Klimasystem nur langsam auf ein neues Gleichgewicht ein, das durch eine veränderte Zusammensetzung der Atmosphäre hervorgerufen würde. Dies liegt an der großen thermischen Trägheit der Ozeane.

Auf der Grundlage des gemessenen Anstiegs der atmosphärischen Treibhausgase können wir errechnen, wie sich die Gleichgewichtstemperatur der Erde bis heute geändert hat. Dies wird in Abbildung 3 gezeigt. Dabei muß noch einmal betont werden, daß die Unsicherheit in der Kurve bei rund 50% liegt. Wahrscheinlich liegt die Veränderung der Gleichgewichtstemperatur bis 1988 bei plus 1,4 Grad Celsius. Diese Gesamtveränderung, verursacht durch die kombinierten Effekte aller Treibhausgase, ist gleichbedeutend mit einem Anstieg der atmosphärischen Kohlendioxyd-Konzentration auf ca. 380 ppm. Diese Abschätzung stimmt mit dem beobachteten Anstieg von 0,7 Grad Celsius überein, er entspricht den angenommenen Verzögerungen in Folge der Trägheit des Klimasystems insgesamt.

Trotzdem kann bisher noch nicht mit Sicherheit gesagt werden, ob auch nur der größte Teil der beobachteten Veränderungen durch den Menschen hervorgerufen wurde. Vergleichbare Veränderungen haben nämlich auch in der Vergangenheit stattgefunden, als die Aktivitäten der Menschen nicht jene signifikante Größenordnung erreicht hatten, wie dies für das Industriezeitalter gilt. Falls sich jedoch die gegenwärtige Rate im Anstieg der mittleren Erdtemperatur und analog zu einer weiteren Zunahme der Konzentration von Treibhausgasen in der Atmosphäre fortsetzt, werden wir vielleicht schon in wenigen Jahren nachweisen können, daß die Menschheit tatsächlich das Klima der Erde mit einer bemerkenswerten Geschwindigkeit verändert.

Abbildung 3 zeigt auch die relativen Beiträge der verschiedenen Treibhausgase zur Gesamtveränderung bis 1988. Dabei ist bemerkenswert, daß ca. ⅓ der Veränderung von anderen Gasen als Kohlendioxyd verursacht wird; aber auch, daß die gegenwärtigen Anstiegsraten besagen, daß die Freisetzung von CO_2 nur rund 50% zum Klimawechsel beitragen und die FCKW ca. 25%.

In Abbildung 3 sind auch die wahrscheinlichsten Veränderungen bis zum Jahre 2030 aufgezeigt, wenn keine vorbeugenden Maßnahmen ergriffen werden, um die schädlichen Emissionen zu reduzieren. Anderenfalls wird eine Veränderung der Gleichgewichtstemperatur von ca. 3,5 Grad Celsius erwartet. Deutlich wird in diesem Szenarium auch die rasch ansteigende Bedeutung der FCKW. Die Auswirkungen des Montrealer Protokolls von 1987, mit dem die FCKW-Emissionen begrenzt werden sollen, sind in dieser Abbildung nicht berücksichtigt.

4. Auswirkungen des Klimawechsels

Natürlich stellt sich die Frage, wie besorgniserregend eine Temperaturveränderung dieser Größenordnung ist? Zunächst ist daran zu erinnern, daß die Veränderungen nicht gleichmäßig über die gesamte Erde verteilt sein werden. Für die Land- und Forstwirtschaft in den polaren Regionen könnte ein wärmeres Klima durchaus vorteilhaft sein, eine ausreichende Wasserversorgung vorausgesetzt. Hier beginnen jedoch schon die Unsicherheiten: Über die wahrscheinlichen Veränderungen der Niederschläge läßt sich nur wenig voraussagen, außer, daß möglicherweise das Innere der Kontinente allgemein trockener wird. Die großen semiariden Gebiete in den subtropischen Breiten würden dagegen besonders empfindlich bei Veränderungen in der Niederschlagsverteilung reagieren.

Die generelle Bemerkung ist somit, daß wir nur allgemeine Grundzüge über mögliche zukünftige Klimaveränderungen voraussagen können und keine detaillierten Szenarien zur Verfügung stehen, die für präzise Abschätzungen der vielfältigen Konsequenzen genutzt werden könnten. Es ist darüber hinaus wenig wahrscheinlich, daß sich die Vorhersagekapazitäten sehr schnell verbessern lassen, da bisherige Modellberechnungen kaum zuverlässig sind, solange eine Überprüfung anhand gemessener Daten nicht möglich ist. Deswegen muß es notwendig sein, auch bei diesem gewissen Grad der Unsicherheit zu handeln.

Dabei muß jedoch immer wieder betont werden, daß bei den vorhergesagten Veränderungen die Erde in einer Größenordnung erwärmt würde, die über den Temperaturschwankungen mehrerer Jahrtausende der Vergangenheit liege. Dies hätte deutliche Verschiebungen der Klimazonen zur Folge und dies wiederum auf jeden Fall größere Veränderungen in der Landnutzung und bei der Verteilung von Landwirtschaft und Forstwirtschaft. Derartige Veränderungen würden wahrscheinlich nicht schrittweise geschehen, vielmehr müßten wachsende extreme Klimaschwankungen erwartet werden, mit weit wärmeren und trockeneren Bedingungen insgesamt. Aufgrund des heißen, trockenen Sommers im Jahre 1988 in vielen Teilen des Landes hat sich in den USA das Bewußtsein über die möglichen Folgen zukünftiger Klimaveränderungen merkbar geschärft. Konsequenzen würden sich mit Sicherheit für die Versorgung mit Nahrungsmitteln ergeben, wenn derartige Klimaverschiebungen signifikant häufiger in der Zukunft auftreten, möglicherweise sogar in mehreren aufeinanderfolgenden Jahren.

Der mittlere Meeresspiegel der Weltozeane ist im 20. Jahrhundert um zirka 12 cm angestiegen. Dies kann durch ein wärmeres Klima verursacht sein. Die Eisdecke Grönlands hat sich wahrscheinlich verringert, aber bisher können noch keine direkten Messungen uns sagen, ob dies stimmt oder nicht. Weniger wahrscheinlich erscheint dagegen, daß sich die Menge an Wasser, die im antarktischen Eismantel gebunden ist, vermindert hat. Abschmelzprozesse laufen hier infolge der niedrigen Temperaturen, die über das ganze Jahr herrschen, nur in einem sehr geringen Umfang ab. Das Massengleichgewicht der Eisdecke wird eher durch den Eisfluß vom Inneren des Kontinents zum Meer aufrechterhalten, und es ist nicht wahrscheinlich, daß es hier signifikante Veränderungen gegeben hat. Ganz im Gegenteil könnte sogar die mildere Luft, die über den Kontinent bläst, mehr Feuchtigkeit mit sich führen und deswegen zu erhöhtem Schneefall führen.

Die höhere Oberflächentemperatur der Erde, die wir im 20. Jahrhundert beobachten, hat ebenfalls die Oberflächenschicht der Ozeane erwärmt. Wir wissen, daß sich Wasser mit der Erwärmung ausdehnt. Vorhersagen über den möglichen zukünftigen Anstieg des mittleren Meeresspiegels sind relativ unsicher und schwanken zwischen 20 und 160 cm bis zur Mitte des nächsten Jahrhunderts bei einem Temperaturanstieg von plus 1,5 bis 5,5 °C in dieser Zeit. Für die möglichen Auswirkungen derartiger Veränderungen ist die Tatsache wichtig, daß heute viele Millionen Menschen in einer Höhe von weniger als 1 bis 2 m über dem Meeresspiegel leben. Sehr große Schwierigkeiten sind in Entwicklungsländern wie Bangladesch

und Sudan zu erwarten. Auch liegt keine Erhebung der Male-
diven-Inseln mehr als 2 m über dem gegenwärtigen Meeresspiegel. Allein dort leben zirka 180 000 Menschen.

5. Politische Strategien

Es ist davon auszugehen, daß eine Klimaveränderung entsteht, unbekannt sind dagegen ihre Größenordnung und Ent-
wicklungsgeschwindigkeit. Auch kann die Wissenschaft bisher
noch nicht vorhersagen, welche Auswirkungen für die Länder
der Welt zu erwarten sind, und bessere Möglichkeiten der
Prognose werden nur langsam verfügbar sein. Falls sich jedoch die gegenwärtige Rate der Immissionssteigerungen fortsetzt, hat dies bei der Trägheit des Klimasystems die Folge,
daß zukünftige Veränderungen mindestens doppelt so groß
sein werden wie die zum jeweiligen Zeitpunkt bereits gemessene Veränderung. Die Länder der Welt sind zweifellos mit einem großen globalen Problem konfrontiert. Trotz aller noch
vorhandenen Unsicherheiten darf diese Herausforderung
nicht ignoriert werden. Notwendige Präventivmaßnahmen
dürfen nicht länger hinausgezögert werden. In den nationalen
Volkswirtschaften müssen Anpassungen zur Verhinderung eines Klimawechsels möglich werden.

Die Hauptfrage jedoch ist eine andere: Was ist die beste
Strategie, die die Nationen insgesamt ergreifen könnten, um
drastische Veränderungen des Klimas zu vermeiden und trotzdem die Kosten für Präventivmaßnahmen innerhalb vernünftiger Grenzen zu halten? Wie können mögliche Nord-Süd-
oder Ost-West-Spannungen vermieden werden?

Heute gibt es noch keine Antworten auf diese Fragen.
Gründliche Analysen des Problems sind deshalb wichtig, nicht
zuletzt um dabei zu definieren, was unter „optimaler Strategie", „tolerablen Veränderungen" und „Kosten innerhalb vernünftiger Grenzen" zu verstehen ist. Dies ist die zentrale Auf-
gabenstellung für die zwischenstaatliche Arbeitsgruppe über
mögliche Klimagefahren, die kürzlich von den zwei UN-
Umweltorganisationen „Meteorologische Weltorganisation"

(WMO) und dem „Umweltprogramm der Vereinten Nationen" (UNEP) gegründet worden ist und von der UN-Generalversammlung aufgefordert wurde, „so schnell wie möglich" einen Bericht vorzulegen.

Von zentraler Bedeutung ist die Darlegung der verschiedenen Vorsorgemaßnahmen. Auf der Grundlage der Abbildung 3 kann ein möglicher Anstieg der Gleichgewichtstemperatur bis zum Jahre 2030 um zirka plus 3,5 °C mit folgenden Maßnahmen verringert werden:

– Die Einhaltung des Montrealer Protokolls von 1987 mit dem Ziel, die FCKW-Emissionen zu reduzieren, würden den berechneten Temperaturanstieg bis zum Jahre 2030 um zirka 0,5 °C verringern. Den Verbrauch dieser Gase vollständig zu verbieten, würde eine weitere Absenkung um 1 oder 2 Zehntel Grad mit sich bringen.

– Der Umfang des fossilen Energieeinsatzes, auf dem das Szenario in Abbildung 3 aufbaut, setzt einen jährlichen Verbrauchsanstieg um zirka 2,5% voraus, mit den daraus resultierenden Emissionen von rund 15 Milliarden Tonnen Kohlenstoff zusätzlich im Jahre 2030. Die atmosphärische Konzentration würde auf zirka 450 ppm ansteigen. Damit die Konzentration bis zum Jahre 2030 jedoch den Wert von 400 ppm nicht übersteigt, muß der jährliche Anstieg der Emissionen auf zirka 0,5% pro Jahr begrenzt werden. Die jährlichen Emissionen im Jahre 2030 würden dann rund 7 Milliarden Tonnen Kohlenstoff zusätzlich betragen. Der Anstieg der Gleichgewichtstemperatur der Erde würde auf diesem Weg um zirka 0,5 °C verringert.

– Um die atmosphärische Kohlendioxydkonzentration so zu beschränken, daß sie unter 400 ppm auch langfristig bleibt, müßten die gegenwärtigen CO_2-Emissionen zwischen 30 und 60% verringert werden. Derart drastische Maßnahmen hätten zweifellos einschneidende Konsequenzen, insbesondere vor dem Hintergrund, daß ein gewisser Anstieg im Verbrauch fossiler Rohstoffe in den Entwicklungsländern notwendig ist, die gegenwärtig nur wenig Energie verbrauchen. Dies erfordert vor allem eine drastische Reduzierung im Energieverbrauch der Industrieländer. Die Emissionen im Primärenergieverbrauch müssen um 80 bis 90% verringert werden.

– Entwaldung und verstärkte Landnutzung verursachen einen Nettofluß an Kohlenstoff in die Atmosphäre, der auf rund 1 bis 2 Milliarden Tonnen pro Jahr geschätzt wird. Es gibt viele wichtige Gründe, diese Rate deutlich zu senken. Eine Abschätzung zeigt, daß eine Verringerung um 50% eine durchschnittliche Reduzierung der Gleichgewichtstemperatur von zirka 0,2 °C im Jahre 2030 bedeuten würde. Große Aufforstungsprogramme werden benötigt, um die zukünftige Geschwindigkeit der Erderwärmung merkbar zu verringern.

– Wegen der relativ kurzen Verweildauer von Methan in der Atmosphäre (zirka 10 Jahre) müssen die Emissionen ungefähr proportional zum Gehalt in der Atmosphäre angestiegen sein, d. h. um einen Faktor von zirka 2,5 in den letzten hundert Jahren. Wir wissen zwar heute nicht, wie diese Emissionen begrenzt werden können, aber wenn es gelingen kann, den vorindustriellen Emissionswert wieder einzuführen, würde das eine Senkung des Treibhauseffektes um zirka 0,5 °C bedeuten.

Diese wenigen Beispiele für Vorsorgeziele zeigen, daß große Anstrengungen notwendig sind, um das Ausmaß der Klimaveränderungen zu begrenzen. Große Anstrengungen, um Energie effektiv zu nutzen, müssen eine wichtige Rolle in einem entsprechenden Handlungsplan einnehmen. Aber angesichts der Tatsache, daß fossile Brennstoffe heute 85% des gesamten Energieverbrauchs abdecken, muß eine langfristige Perspektive für eine Veränderung der Energieversorgungssysteme entwickelt werden. Grundsätzlich haben wir zwei verschiedene Wege zur Auswahl:

Einer basiert auf erneuerbaren Energieformen, insbesondere der Solarenergie und Biomasse, und der andere setzt auf Kernenergie, einschließlich der Nutzung von Brutreaktoren und möglicherweise der Kernverschmelzung. Beide Energieformen tragen heute nur einen kleinen Bruchteil zum gegenwärtigen Verbrauch bei. Dabei spielt relativ gesehen die Verbrennung von Biomasse die wichtigste Rolle, sie trägt zirka 10% zur gesamten Weltenergieversorgung bei. Beim gegenwärtigen Entwicklungsstand ist noch nicht abzuschätzen, welche Strategie die vorteilhafteste für ein Energiesystem wäre, das auch noch nach Ende des nächsten Jahrhunderts Bestand hätte.

Bis heute sind vor allem und wesentlich mehr Forschungs- und Entwicklungsanstrengungen in den Bereich der Kernenergie gesteckt worden. Trotzdem bleiben große Probleme offen, z. B. in Bezug auf die Brutreaktoren. Es gibt keine allgemeine Übereinkunft darüber, wie eine adäquate Sicherheit der Kernenergie garantiert werden kann, nicht zuletzt ist die Handhabung des Atommülls ungelöst, der jedoch kontinuierlich produziert wird.

Die Anstrengungen zur Sonnenenergienutzung steigen gegenwärtig an. Sie haben das Ziel, ein Energieversorgungssystem zu entwickeln, das aus dem Gebrauch von Wasserstoff (oder bestimmter Kohlenwasserstoffe) als Energieträger basiert. In vielen Teilen der Welt könnte Biomasse eine bedeutende Energiequelle sein.

Es gibt also noch keine eindeutigen Lösungen, um mit den Problemen fertig zu werden, denen wir entgegengehen. Wir sollten uns nicht vormachen, daß der eine oder andere Ansatz *die* Lösung bringen wird. Die Probleme werden von den entwickelten Staaten und den Entwicklungsländern sehr unterschiedlich und aus verschiedenen Interessen betrachtet, also auch von „Gewinnern" und „Verlierern" wahrgenommen. Dabei sind angesichts der Globalität der Probleme solche Unterscheidungen höchstwahrscheinlich nicht sehr bedeutungsvoll. Sicherlich müssen sorgfältige Analysen für mögliche politische Maßnahmen gemacht werden, aber das vielleicht wichtigste ist die Entwicklung einer gemeinsamen Einsicht, daß langfristig nur internationale Übereinkünfte weiterhelfen, die auf dem Grundsatz der weltweiten Solidarität aufbauen.

Paul J. Crutzen
Menschliche Einflüsse auf das Klima
und die Chemie der globalen Atmosphäre

1. Einleitung

Abgesehen von variablen Beimischungen Wasserdampf (bis zu etwa 1–2% nahe der Erdoberfläche), besteht die Atmosphäre zu mehr als 99,9% Volumenprozenten aus molekularem Stickstoff (N_2), Sauerstoff (O_2) und dem Edelgas Argon (Ar). Diese Gase sind chemisch so stabil, daß sie sogar bis zu Höhen von etwa 100 km gut durchmischt in Volumenverhältnissen von etwa 78, 21 und 1% vorkommen. Erst in größeren Höhen führen die Schwerkraft der Erde und die Wirkung der intensiven solaren Ultraviolettstrahlung (UV-Strahlung) zu deutlichen Änderungen der relativen Häufigkeiten von N_2, O_2 und Ar.

An den wichtigsten chemischen Prozessen in der Atmosphäre sind hauptsächlich Gase beteiligt, deren Konzentrationen um viele Größenordnungen geringer sind als die von Stickstoff, Sauerstoff und Argon. Das wichtigste dieser Gase ist Ozon (O_3). Es kommt hauptsächlich in der Stratosphäre oberhalb von 10–15 km vor und erreicht bei ungefähr 30 km Höhe ein maximales Mischungsverhältnis von nur etwa zehn auf eine Million Luftmoleküle. In der Troposphäre, dem unteren Stockwerk der Atmosphäre, das sich bis zu etwa 10 km Höhe in mittleren Breiten und bis 16 km in den Tropen erstreckt, ist die relative Häufigkeit von Ozon etwa 100–1000 Mal geringer als in der Stratosphäre. Dennoch sind sowohl das troposphärische Ozon, obwohl eigentlich ein Schadgas, als auch die UV-Strahlung, obwohl biologisch schädlich, von größter Bedeutung für die Reinhaltung unserer atmosphärisch-chemischen Umwelt. Auf diesen merkwürdigen Sachverhalt werden wir in diesem Artikel noch zurückkommen.

Ozon ist das einzige Gas in der Atmosphäre, das UV-Strahlung von der Sonne im Wellenlängenbereich von 240–310 nm (1 nm = 1 Milliardstel Meter) in nennenswertem Umfang absorbieren kann; zuviel von dieser Strahlung wäre schädlich für das Leben auf der Erde. Sie verursacht z.B. Hautkrebs und grauen Star bei Menschen, es hemmt die Photosynthese in vielen Pflanzen und kann besonders empfindlich das Meeresplankton schädigen. Man kann mit Sicherheit davon ausgehen, daß das Leben auf der Erde, wie wir es jetzt kennen, ohne den Ozonschutz gegen UV-Strahlung nicht möglich gewesen wäre. Wieviel von dieser UV-Strahlung bis auf den Erdboden durchdringen kann, hängt außerordentlich empfindlich von der Gesamtmenge des Ozons in der Atmosphäre ab. Könnte man das gesamte atmosphärische Ozon auf den Druck am Erdboden komprimieren, ergebe sich eine Luftschicht, die im Mittel nur etwa 3 mm dick wäre. Wie wir in diesem Artikel zeigen werden, kann dieser „Ozon-Schild" gegen die UV-Strahlung durch menschliche Einwirkungen stark angetastet werden.

Die Absorption der solaren UV-Strahlung durch Ozon ist außerdem eine wichtige Energiequelle für die Stratosphäre, die bewirkt, daß die Temperaturen dort – bis zu etwa 50 km – mit der Höhe zunehmen. Eine solche sogenannte Temperaturinversion stabilisiert die Atmosphäre, es hemmt den vertikalen Luftaustausch, es führt deshalb zu langen Verweilzeiten in der Stratosphäre, und es verhindert außerdem das Eindringen von Gewittern in die Stratosphäre. Das stratosphärische Ozon hat deshalb auch eine erhebliche Bedeutung für die Niederschlagsprozesse und das Klima der Erde.

Ozon in der Stratosphäre entsteht aus der Photodissoziation des molekularen Sauerstoffs durch Einwirkung der solaren UV-Strahlung mit Wellenlängen kürzer als 240 nm; die entstehenden Sauerstoffatome verbinden sich dann mit molekularem Sauerstoff zu Ozon. Man kann die photochemischen Reaktionen, die so stattfinden, mit folgender Formel vereinfacht zusammenfassen:

$$3\ O_2(+ UV\ Strahlung) \rightarrow 2\ O_3 \qquad \text{(Schema 1)}$$

Da der Sauerstoff in der Atmosphäre zum größten Teil in der Form von O_2 vorliegt, muß es offensichtlich Prozesse geben, die O_3 wieder in O_2 zurückverwandeln. Die Forschung hat in den letzten 20 Jahren gezeigt, daß einige relativ selten vorkommende Bestandteile der Luft eine wesentliche Rolle beim chemischen Abbau des stratosphärischen Ozons spielen. Die Reaktionsketten, die dabei ablaufen, lassen sich durch folgendes Schema zusammenfassen:

$$2\ O_3 + X + XO + Sonnenstrahlung \rightarrow 3 O_2 + XO + X \quad \text{(Schema 2)}$$

In dieser Reaktionskette wird eine chemische Verbindung X in XO und XO wieder in X umgewandelt, wobei X und XO für bestimmte reaktive Gase stehen, welche im folgenden noch näher vorgestellt werden. Somit dienen X und XO als Katalysatoren, die die Umwandlung von O_3 zu O_2 sehr stark beschleunigen, ohne dabei selbst verbraucht zu werden. Es handelt sich hierbei ausschließlich um Radikale, d.h. Atome und Bruchstücke von Molekülen mit einer ungeraden Anzahl an Elektronen und deshalb sehr reaktionsfreudig. In der natürlichen Stratosphäre sind die wichtigsten Katalysatoren die Stickoxide NO und NO_2 (d.h. in Schema 2; X = NO und XO = NO_2). Sie entstehen bei der Oxidation von Lachgas (N_2O), das hauptsächlich durch bakterielle Prozesse zusammen mit N_2 und NO, als flüchtige gasförmige Zwischenprodukte, im Stickstoffkreislauf der Böden erzeugt wird und von dort in die Atmosphäre entweicht. N_2O ist ein sehr stabiles atmosphärisches Gas, das erst in der Stratosphäre durch UV-Strahlung von der Sonne angegriffen wird und deshalb eine durchschnittliche Lebensdauer von 150–200 Jahren in der Atmosphäre hat. Die Stickoxide NO und NO_2, oft zusammengefaßt als NO_x, die an der Erdoberfläche, besonders auch durch menschliche Aktivitäten, in großen Mengen erzeugt werden, können dagegen nicht in die Stratosphäre gelangen, da ihre Aufenthaltszeit in der Atmosphäre nur einige Tage beträgt. Sie bilden deshalb keine Gefahr für die stratosphärische Ozonschicht. Jedoch, wie wir noch besprechen werden, spielen sie eine wichtige Rolle bei der Bildung des Ozons in der Troposphäre. Obwohl die gesamte Abgabe der NO_x-Gase erheblich größer ist als die von N_2O, ist das durchschnittliche Mischungsverhältnis von N_2O etwa 300, dagegen das von NO_x weniger als 0,1 auf einer Milliarde Luftmoleküle.

Wie das Lachgas, sind auch mehrere vollständig halogenierte, industriell erzeugte organische Verbindungen chemisch so stabil, daß sie nur in der Stratosphäre durch ultraviolette Sonnenstrahlung abgebaut werden können. Von besonderer Bedeutung sind CCl_4 und die sogenannten Fluorchlorkohlenwasserstoff(FCKW)-Gase $CFCl_3$, CF_2Cl_2 und $C_2F_3Cl_3$, die weltweit jährlich mit einer Gesamtmenge von fast einer Million Tonnen in die Atmosphäre abgegeben werden, meist als Kühlmittel in Kühlaggregaten, zum Aufschäumen von Schaumstoffen, sowie als Treibgase in Spraydosen. Die Emission dieser Gase führt seit etwa 30 Jahren zu einer ständigen Zunahme ihrer Konzentrationen in der Atmosphäre. Von besonderer Gefährdung für die Ozon-Schicht in der Stratosphäre sind dabei $CFCl_3$ und CF_2Cl_2, deren atmosphärische Konzentration zur Zeit mit etwa 4% jährlich zunehmen. Sie können erst in Höhen oberhalb von 25 km durch die UV-Strahlung von der Sonne zerstört werden; dabei werden Chloratome (Cl) freigesetzt. Pro Molekül gerechnet sind Cl und seine Sauerstoffverbindung ClO bei der katalytischen Ozon-Zerstörung (X = Cl; XO = ClO in Schema 2) sogar noch wirksamer als NO und NO_2. So kann ein Cl-ClO Paar, zusammengefaßt ClO_x, in der Stratosphäre um die hunderttausend Ozonmoleküle vernichten, bevor es wieder aus der Atmosphäre entfernt wird. Modellrechnungen ließen deshalb schon seit längerer Zeit erwarten, daß die ständig steigenden Konzentrationen der FCKW-Gase zu beträchtlichen Abnahmen der Ozon-Konzentration in der Stratosphäre, besonders oberhalb von 25 km Höhe, führen dürften. Für niedrigere Höhen waren die Aussagen viel unsicherer und ließen bis vor kurzem sogar eine Erhöhung des Ozon-Gehaltes vermuten. Dies erklärte sich u.a. dadurch, daß die ozonbildende solare UV-Strahlung dank der geringeren Ozon-Konzentration in den oberen Schichten dann auch tiefer in die Atmosphäre eindringen kann, um dort Ozon zu bilden; dazu kommen die chemischen Wirkungen erhöhter atmosphärischer Methan(CH_4)-Konzentrationen, die das ClO_x-Radikalpaar stärker in die chemisch viel stabilere Salzsäure (HCl) umwandeln, sowie anderer ziemlich komplexer chemischer Zusammenhänge, auf die wir hier nicht weiter eingehen wollen. Man sollte an dieser Stelle bemerken, daß es in der unteren Stratosphäre, unterhalb von 30 km, noch sehr an Messungen zum Testen der theoretischen Modellrechnungen mangelt. Bis vor einigen Jahren wurde aber erwartet, daß die Höhenverteilung des Ozons sehr stark, dagegen die Gesamtsäule Ozon viel weniger, durch die Zunahme der FCKW-Gase abnehmen würde. Das plötzlich auftretende Ozonloch hat aber anderes gezeigt und alle Atmosphären-Chemiker völlig überrascht.

2. Der große Schock: das Ozonloch

Seit Beginn des Internationalen Geophysikalischen Jahres 1958–1959 werden regelmäßige Messungen des Gesamtozons an mehreren Bodenstationen in der Antarktis durchgeführt. Als besonders wichtig haben sich Langzeitmessungen an der britischen Station Halley Bay (76°S, 27°W) erwiesen. Wie Abbildung 1 zeigt, sind im antarktischen Frühlingsmonat Oktober seit Ende der 70er Jahre drastische Abnahmen des Gesamtozons eingetreten, wie sie bis dahin nicht beobachtet wurden. Messungen von Satelliten aus haben gezeigt, daß die starken Ozonabnahmen über dem ganzen antarktischen Kontinent auftreten. Weitere wichtige Informationen lieferten Messungen der vertikalen Ozonverteilungen, die ebenfalls über Halley Bay ausgeführt wurden. Sie zeigen Abnahmen der Ozonkonzentration in den Monaten August–September, besonders in der unteren Stratosphäre zwischen etwa 13 und 22 km Höhe. Es ist klar, daß an Stelle des gewöhnlichen Ozonmaximums in diesem Höhenbereich innerhalb von zwei Monaten ein Minimum entstanden ist, das sogenannte Ozonloch (s. Abbildung 2). Selbstverständlich hat die Ursache für diese ungewöhnlich drastische Entwicklung die Stratosphärenforscher in den vergangenen Jahren sehr stark engagiert. Durch gezielte innovative Forschung wurden innerhalb nur weniger Jahre die hauptsächlichen Ursachen für das plötzliche Auftreten des antarktischen Ozonlochs aufgedeckt. Zunächst geben wir eine kurze Darstellung dieser Ursachenzusammenhänge, um gleichzeitig einige Verwirrungen auszuräumen, die in den letzten Jahren durch verschiedene Presseberichte entstanden sind.

Abbildung 1: Die mittlere Gesamtsäulendichte von Ozon des Monats Oktober über der britischen antarktischen Station Halley Bay (76°S) zwischen den Jahren 1957 und 1984. (100 Dobson Einheiten entspricht 1 mm Ozon bei Normaldruck von einer Atmosphäre).

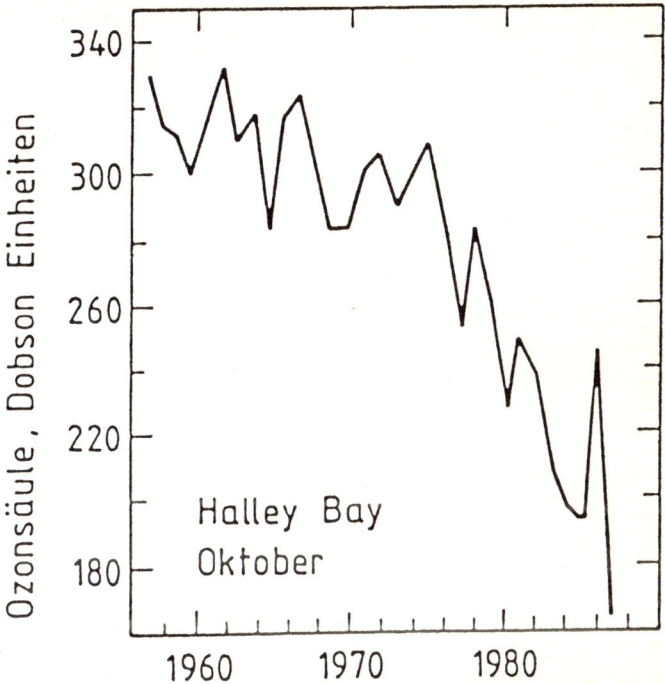

Obwohl Ozon durch photochemische Prozesse erzeugt wird, wurde schon vor etwa 60 Jahren erkannt, daß die Abhängigkeit des Gesamtozons von Breite und Jahreszeit nur durch dynamische Prozesse in der unteren Stratosphäre erklärt werden kann. Es lag deshalb nahe, daß als Hauptursache für die beobachteten Ozonabnahmen zuerst geänderte meteorologische Bedingungen in der unteren Stratosphäre vorgeschlagen wurde. Dabei wurde das beobachtete Ozonminimum vor allem auf einen Aufwärtstransport ozonarmer Luft aus der Troposphäre in die Stratosphäre zurückgeführt. Messungen

29

Abbildung 2: Die über der britischen antarktischen Station Halley Bay (76°S) gemessenen Höhenprofile der Ozonkonzentrationen am 15. August und 13. Oktober 1987.

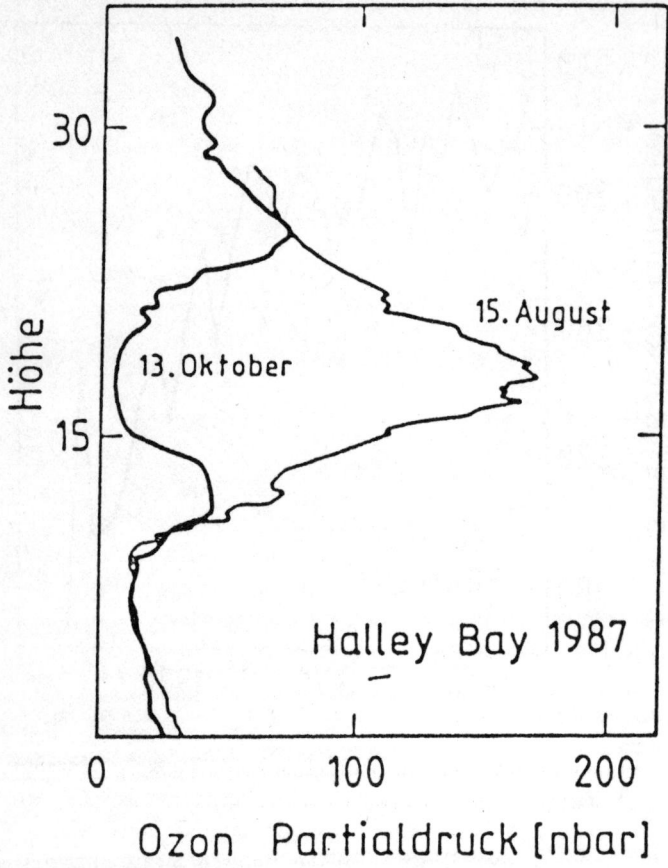

einiger Spurenstoffe troposphärischen Ursprungs in der unteren Stratosphäre, die während der Meßkampagnen amerikanischer Wissenschaftler in der Antarktis in 1987 und 1988 durchgeführt wurden, schließen aber eine derartig geänderte Dynamik der unteren Stratosphäre als Hauptursache für das

Ozonloch eindeutig aus. Falls nämlich eine Aufwärtsbewegung aus der Troposphäre in die Stratosphäre stattgefunden hätte, hätte man auch eine Zunahme charakteristischer troposphärischer Gase beobachten müssen. Dies ist aber nicht der Fall. Beobachtungen von Lachgas (N_2O) zeigen stattdessen ungewöhnlich niedrige Konzentrationen dieses Gases in der unteren Stratosphäre, welche eindeutig auf Abwärtstransport aus höheren Schichten schließen lassen. Da ein solcher Transport eigentlich zu einer erhöhten Gesamtsäulendichte des Ozons führen müßte, ergibt sich, daß in den Monaten September und Oktober über der Antarktis ein starker chemischer Abbau des Ozons stattfinden muß. Die seit vielen Jahren stark angestiegenen Konzentrationen der FCKW-Gase gerieten bald in den Verdacht, das Ozonloch verursacht zu haben.

3. Die stratosphärischen Auswirkungen der FCKW-Gase

Unter natürlichen Bedingungen entstanden in der Stratosphäre anorganische gasförmige Chlorverbindungen nur aus Methylchlorid (CH_3Cl), das mit einem Mischungsverhältnis von etwa 0,6 ppb (1 ppb entspricht ein Molekül auf eine Milliarde Luftmoleküle) in der Atmosphäre vorkommt und wohl hauptsächlich durch Meeresalgen gebildet wird. Durch industrielle Aktivitäten sind der Atmosphäre in den letzten 30 Jahren soviele organische Chlorverbindungen wie CCl_4, CH_3CCl_3 und die FCKW-Gase $CFCl_3$, CF_2Cl_2 und $C_2F_3Cl_3$ zugeführt worden, daß die Konzentrationen der anorganischen Chlorgase (HCl, ClO_x, $ClONO_2$) in der Stratosphäre bis heute auf das vier- und fünffache des natürlichen Gehalts gestiegen ist. 1974 hatten die amerikanischen Forscher Molina und Rowland zuerst davor gewarnt, daß in Zukunft der weitere Ausstoß von FCKW-Gasen zu starken Ozonabnahmen führen würde. Heute wachsen die Konzentrationen der FCKW-Gase in der Stratosphäre jährlich um etwa 4%, obwohl die Emissionsraten weltweit kaum mehr zunehmen. Dieser für den Laien vielleicht etwas überraschende Tatbestand läßt sich dadurch erklären, daß augenblicklich noch immer 5–6 Mal so viel dieser

Gase in die Atmosphäre abgegeben wird, als in der Stratosphäre durch UV-Strahlung abgebaut wird.

Die Chemie der Stratosphäre ist äußerst komplex. So ist die Ozonzerstörung durch die wachsende Konzentration der NO_x ($\sim$0,2–0,3% pro Jahr) und vor allem der ClO_x-Radikale ($\sim$4% pro Jahr) nicht nur eine einfache Addition individueller Effekte. Es finden vielmehr wichtige Rückkopplungen statt, die das Ozon teilweise vor Zerstörung schützen, insbesondere durch die Reaktion:

$$ClO + NO_2 + M \rightarrow ClONO_2 + M$$

und das Reaktionspaar

$$ClO + NO \rightarrow Cl + NO_2$$
$$Cl + CH_4 \rightarrow HCl + CH_3$$

Sowohl $ClONO_2$ (Chlornitrat) wie auch HCl (Salzsäure) reagieren nicht mit Ozon, so daß die oben erwähnten Reaktionen das Ozon vor stärkerer Zerstörung als sonst möglich schützen. Solche weniger reaktive Moleküle wie HCl und $ClONO_2$ werden oft als „Reservoir"-Moleküle bezeichnet, da sie nur durch weitere, relativ langsame Reaktionen wieder in reaktive ClO_x- und NO_x-Radikale umgewandelt werden können. Zugleich zeigt sich aus obenstehender Gleichung, daß auch Methan eine günstige Auswirkung auf die stratosphärische Ozonkonzentration haben kann. Auch dieses atmosphärische Spurengas nimmt durch menschliche Aktivitäten um etwa 1% pro Jahr weltweit zu.

Insgesamt zeigt sich, daß die beschriebene chemische Wechselwirkung mit den NO_x-Radikalen dazu beiträgt, den katalytischen Abbau des Ozons durch die stark zunehmenden Konzentrationen von ClO_x-Radikalen zu bremsen, obwohl die NO_x-Radikale selber auch zum Ozonabbau beitragen und in der natürlichen Atmosphäre sogar die Ozonbilanz fast total bestimmten. Der Effekt wird noch dadurch verstärkt, daß NO_2 und HNO_3 gemeinsam durch katalytische Reaktionen OH-Radikale abbauen und dadurch eine entscheidende Zurückbildungsreaktion $HCl + OH \rightarrow Cl + H_2O$ für die ozonabbauenden $ClO_x (= Cl + ClO)$-Radikale bremsen.

4. Chemische Erklärung für das Auftreten des Ozonlochs

Seit Ende der 70er Jahre hat man durch damals angefangene Satellitenbeobachtungen entdecken können, daß sich in polaren Gebieten, und insbesondere über der Antarktis, in der normalerweise sehr trockenen und wolkenfreien Stratosphäre im Winter und frühen Frühjahr dünne Wolkenschleier von großer Ausdehnung bilden können. Es hat sich inzwischen gezeigt, daß diese sogenannten polaren stratosphärischen Wolken (Polar Stratospheric Clouds) bei der Bildung des Ozonlochs in folgender Weise eine große Rolle spielen. Während der langen Polarnacht werden zuerst NO und NO_2 durch Oxidationsreaktionen mit Ozon in N_2O_5 umgewandelt. Die N_2O_5-Moleküle werden dann bei den vorherrschenden tiefen Temperaturen durch Reaktion an den Oberflächen der Wolkenteilchen in Salpetersäuremoleküle (HNO_3) umgewandelt, welche in den Wolkenteilchen eingebaut werden. Außerdem wurde neuerdings entdeckt, daß bei sehr tiefen Temperaturen auch Salzsäure in den Eispartikeln ausgefroren werden kann. An den Oberflächen der Partikel können die Reservoir-Moleküle $ClONO_2$ und HCl durch die Reaktion

$$ClONO_2 + HCl \text{ (Eis)} \rightarrow Cl_2 + HNO_3 \text{ (Eis)}$$

und durch die nachfolgende Photolyse des gasförmigen Cl_2 durch ultraviolette Sonnenstrahlung

$$Cl_2 + UV\text{-Strahlung} \rightarrow 2Cl$$

im antarktischen Frühling sehr effektiv in stark reaktive ClO_x-Radikale umgewandelt werden.

Die Kombination der oben erwähnten Prozesse führt während des antarktischen Frühjahrs zu einer außergewöhnlich starken Anreicherung von ClO_x-Radikalen, die das Ozon in der unteren Stratosphäre besonders zwischen etwa 12–22 km durch eine katalytische Reaktionskette nach Schema 2

$$ClO + ClO + M \rightarrow Cl_2O_2 + M$$
$$Cl_2O_2 + UV\text{-Strahlung} \rightarrow 2Cl + O_2$$

$$Cl + O_3 \rightarrow ClO + O_2$$
$$Cl + O_3 \rightarrow ClO + O_2$$
$$\text{Netto: } 2O_3 \rightarrow 3\,O_2$$

sehr effektiv abbauen können. Die Effizienz dieser Ozonab-
baukette hängt quadratisch von der Konzentration von ClO
ab und steigt somit sogar um etwa $2 \times 4\%$, d. i. 8%, pro Jahr.
Optische Messungen vom Boden aus, die über der amerikanischen Forschungsstation McMurdo gemacht wurden, haben
in der Tat gezeigt, daß dort ungewöhnlich hohe Konzentrationen von ClO und vom Folgeprodukt OClO vorkommen
können. Insbesonders aber haben Prof. James Anderson und
seine Mitarbeiter von der Harvard University im vergangenen
September in der antarktischen Stratosphäre sehr hohe Konzentrationen des ClO-Radikals genau im Ozonloch nachgewiesen, wie sie die beschriebenen photochemischen Prozesse
erwarten lassen. Diese Messungen sind in Abbildung 3 schematisch zusammengefaßt. Sie zeigen am Ende des polaren
Winters gegen Ende August schon das Vorkommen von ungewöhnlich hohen ClO-Radikal-Konzentrationen, aber noch
keine starke Ozonabnahme. Ein ausgeprägtes Ozonloch hat
sich aber einige Wochen später sehr deutlich entwickelt. Der
Abbau des Ozons fordert außer dem Vorkommen relativ großer Konzentrationen von ClO auch die Sonnenstrahlung, da
die ClO_x-Radikale aus der Photolyse von Cl_2 und Cl_2O_2 entstehen. Das Auftreten sehr kalter Temperaturen begünstigt die
Aktivierung der Chlorchemie, da sie die Bildung der stratosphärischen Eisteilchen begünstigen. Die gemessenen ClO-
Radikal-Konzentrationen sind mehrere hundert Mal höher als
ohne die Gegenwart der Eisteilchen möglich gewesen wäre.
Das bedeutet aber auch, daß meteorologische Prozesse einen
Einfluß auf die Ozonlochbildung haben, da sie die vorherrschenden Temperaturen mitbestimmen. Daraus erklärt sich
der ausgeprägte Rhythmus von zwei Jahren in den beobachteten Ozonabnahmen, welches wieder zur Folge hatte, daß das
Ozonloch im September und Oktober 1988 erheblich weniger
ausgeprägt war als 1987. In diesem Jahr kann man deshalb ein
größeres Ozonloch voraussagen.

Abbildung 3: Darstellung der auf etwa 18 km Höhe im Breitengürtel 63°S–72°S gemessenen Mischungsverhältnisse von Chlormonoxid (ClO) (in ppb, d.i. Moleküle ClO pro Milliarde Luftmoleküle) und Ozon (in ppm: Moleküle Ozon pro Million Luftmoleküle) Ende August und Mitte September. Die Messungen wurden an Bord eines Forschungsflugzeugs der amerikanischen Raumbehörde durchgeführt.

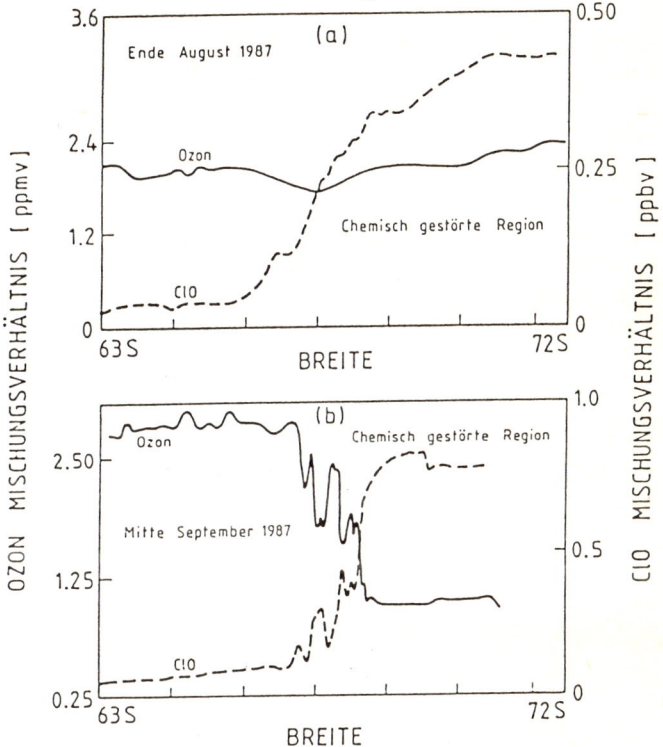

Alles spricht also dafür, daß das Ozonloch, das während der letzten 10 Jahre im antarktischen Frühjahr aufgetreten ist, primär auf die stark gestiegenen Konzentrationen der FCKW-Gase ($CFCl_3$, CF_2Cl_2, CCl_4, $C_2F_3Cl_3$) zurückzuführen ist. Wegen der langen Verweilzeit der FCKW-Gase in der Atmosphäre muß man leider erwarten, daß das Ozonloch sich erst in etwa 100 Jahren wieder schließen dürfte. Glücklicherweise hat sich eine derart drastische Ozonabnahme im Nordpolargebiet noch nicht entwickelt. Dies ist damit zu erklären, daß hier die Temperaturen viel seltener so tief sinken, so daß sich viel weniger stratosphärische Wolkenteilchen bilden können. Dennoch hat eine umfassende Analyse der Ozontrends auf der Nordhalbkugel für die Jahre zwischen 1969 und 1986 für die Breitengürtel 30°–39°N, 40°–52°N und 53°–64°N Abnahmen der Jahresmittelwerte um 1,7%, 3,0% bzw. 2,4% gezeigt. Die stärksten Abnahmen in diesem Zeitraum traten dabei in den Wintermonaten auf und betrugen 2,3%, 4,7% bzw. 6,2% für die obenerwähnten Breitengürtel. Diese Abnahmen, vor allem die im Winter, sind größer, als es die Modellrechnungen vorhersagen; möglicherweise finden also auch über unsere Köpfe hinweg chemische Reaktionen statt, die den Abbau des Ozons über Erwarten beschleunigen.

Eine starke Einschränkung der weltweiten FCKW-Emissionen, die deutlich über die international vereinbarte Grenze von 50% der heutigen Emissionen nach dem Montreal-Protokoll bis zum Ende des Jahrhunderts hinausgeht, scheint deshalb dringend geboten. Auch bei Einhaltung dieses Abkommens würden die Konzentrationen der FCKW-Gase noch weiter ansteigen, da auch dann noch immer mehr FCKW-Gase in die Atmosphäre abgegeben werden als in der Stratosphäre abgebaut wird. Um eine Status-quo Situation zu erreichen, müßte die Produktion der FCKW-Gase um etwa 85% verringert werden. Eine Verbesserung der Situation würde somit noch strengere Maßnahmen, praktisch ein vollständiges FCKW-Produktionsverbot, erfordern. Aber auch unter diesen Bedingungen würde es trotzdem mehr als 100 Jahre dauern bis das stratosphärische Ozon wieder etwa seinen natürlichen Pegel erreichen könnte. Die industrialisierte Welt hat hier ein groteskes globales Umweltproblem erzeugt, vor dessen Folgen Wissenschaftler schon seit fast 15 Jahren gewarnt haben. Erst in jüngster Zeit wurden von Politik und Industrie die ersten, zögernden Maßnahmen zur Beschränkung der FCKW-Emissionen beschlossen.

5. Chemische Belastungen der globalen Chemie
der Troposphäre

Obwohl eine Überdosis an UV-Strahlung schädlich für das Leben ist, ist sie andererseits von außerordentlich positiver Bedeutung für die chemische Reinhaltung der Atmosphäre. Dabei spielt auch die verhältnismäßig geringe Menge des Ozons in der Troposphäre, die nur einen Anteil von etwa 10% am Gesamt-Ozon ausmacht, eine wesentliche Rolle. Dieselbe UV-Strahlung mit Wellenlängen kürzer als etwa 310 nm, die lebende Zellen schädigt, zerlegt nämlich auch Ozon in ein Sauerstoffmolekül und ein elektronisch angeregtes Sauerstoffatom (O^*). Dieses energiereiche O-Atom kann mit atmosphärischem Wasserdampf reagieren und erzeugt dabei reaktionsfreudige Hydroxyl-Radikale (OH):

$$O_3 + UV\text{-Strahlung} \rightarrow O^* + O_2 \ (\leq 310 \text{ nm})$$
$$O^* + H_2O \rightarrow 2 \ OH$$

Die meisten Gase, die von der Natur oder durch menschliche Aktivitäten erzeugt werden, wie z.B. wasserstoffhaltige organische und anorganische Gase, Kohlenmonoxid, die NO_x-Gase und Schwefeldioxid, werden durch OH-Radikale angegriffen. Die Lebensdauer der meisten Gase wird daher in der Atmosphäre durch ihre Reaktionsfreudigkeit mit OH bestimmt. Man kann deshalb OH ohne weiteres als das Waschmittel der Atmosphäre bezeichnen. Das geschätzte weltweite Mittel der OH-Konzentration liegt bei etwa 6×10^5 Molekülen pro cm^3, d.h. bei einem Mischungsverhältnis von nur etwa 2–3 OH-Radikalen pro 100 Billionen Luftmoleküle. Dies ergibt sich aus Modellrechnungen und besonders aus Studien der globalen Konzentrationen von Methylchloroform (CH_3CCl_3). Dieses Gas, dessen Konzentrationen in der Atmosphäre gut bekannt sind, wird weltweit nur durch industrielle Prozesse und in relativ gut bekannten Mengen freigesetzt. Der Unterschied zwischen dem gesamten Ausstoß in die Atmosphäre in der Vergangenheit und den jetzt beobachteten Gesamtmengen ergibt somit den Methylchloroform-Verlust und damit ein Maß für die weltweit gemittelten OH-Konzentrationen. Es ist sehr erstaunlich, daß die Effizienz der Oxidationsvorgänge in der Atmosphäre in erster Linie von einem Gas mit einer so außerordentlich geringen Konzentration bestimmt wird, obwohl Sauerstoff 21% der Atmosphäre ausmacht. Sauerstoff ist aber verglichen mit Hydroxyl viel weniger reaktiv.

Tabelle 1: Klima- und ozonrelevante atmosphärische Gase deren atmosphärische Konzentrationen, mit Ausnahme derer von C_5H_8 (Isopren), durch menschliche Aktivitäten beeinflußt werden.

	Mischungs-verhältnis	Verweilzeit	Jährliche Zunahme	ODP	GWP
CO_2	347 ppm	≈ 100 Jahre	0,4–0,5%	–	1
CH_4	1,7–1,8 ppm	10 Jahre	0,8–1%	–	2–3
C_5H_8	0–5 ppb	einige Stunden	–	–	–
CO	≈ 50–200 ppb	1–6 Monate	?	–	–
NO_x	0–100 ppb	einige Tage	0,2–0,3% (Stratosphäre)	0,25	–
N_2O	310 ppb	170 Jahre	0,2–0,3%	0,05	240
CH_3CCl_3	140 ppt	6–7 Jahre	3–4%	0,15	–
CHF_2Cl	70 ppt	17–20 Jahre	12%	0,05	2000
$CFCl_3$	225 ppt	55–70 Jahre	4%	1	8600
CF_2Cl_2	385 ppt	100–150 Jahre	5%	1,0	18000
$C_2F_3Cl_3$	40 ppt	90–110	10%	1,0	22000
CCl_4	140 ppt	50–70	2%	1,2	≈ 4000(?)
CF_2ClBr	2,2 pptv	25 Jahre	≈ 10%	2–3	–
$CBrF_3$	2,1 pptv	110 Jahre	≈ 15%	5–8	–

ppm, ppb,
ppt =   Volumenanteile der betreffenden Gase pro eine Million, eine Milliarde und eine Billion Luftmoleküle

ODP =   Effizienz der pro Gewichtseinheit verursachten Ozonzerstörung im Vergleich zu der durch $CFCl_3$ verursachten Ozonreduzierung

GWP =   Klima-Erwärmungsfaktor im Vergleich zu dem von CO_2 verursachten, gewichtet mit der atmosphärischen Verweilzeit. Dieser Faktor, wie in der Tabelle angegeben, bezieht sich also auf die atmosphärischen Emissionen. Wenn man die atmosphärischen Konzentrationen als Maßstab nimmt, würde sich der GWP-Wert für CH_4 um den Faktor 10 erhöhen.

Unter Verwendung dieser Information läßt sich die Lebensdauer für einige wichtige Gase in der Atmosphäre abschätzen (Tab. 1), welche im Bereich von Jahren bis hinunter zu wenigen Stunden liegt. Dies bedeutet, daß ein Gas wie Methan (CH_4), das eine Lebensdauer von etwa 10 Jahren hat, weltweit ziemlich gleichmäßig verteilt ist, während Isopren (C_5H_8) und sonstige organische Verbindungen, die von der Vegetation in großen Mengen abgegeben wird, nur in der Nähe von Waldgebieten in meßbaren Konzentrationen gefunden werden können. Der Abbau von Methan und anderen Kohlenwasserstoffen wie Isopren führt über längere Reaktionsketten, auf die hier nicht weiter eingegangen werden kann, zu der Erzeugung von Kohlenmonoxid (CO). Kohlenmonoxid wird seinerseits durch Reaktion mit OH innerhalb weniger Monate zu Kohlendioxid (CO_2) oxidiert. Die Lebensdauer von CO in der Atmosphäre ist also verhältnismäßig kurz, und die Konzentrationen dieses Gases können damit ziemlich stark schwanken. Auf der Nordhalbkugel findet man im Durchschnitt 2-3 Mal mehr CO als auf der Südhalbkugel, weil die Produktion hier höher ist. Solche Gase, die nicht mit OH reagieren, haben sehr lange Lebensdauer, wie z.B. die von der Industrie erzeugten FCKW-Gase, die eine mittlere atmosphärische Lebensdauer in der Größenordnung von 60-120 Jahren haben und deren verheerenden Einfluß auf die stratosphärische Ozonschicht wir schon besprochen haben.

Ozon und OH sind somit von grundlegender Bedeutung für die Chemie der Atmosphäre. Durch verschiedene Tätigkeiten bewirkt die Menschheit Änderungen auch in der Chemie der Troposphäre. Diese Änderungen wirken sich u.a. stark aus auf Ozon, OH, die Stickoxide NO und NO_2, Methan und Kohlenmonoxid. Diese Gase stehen über chemische Prozesse miteinander in enger Beziehung. Ozon kann zum Beispiel während der Oxidation von Kohlenmonoxid zu Kohlendioxid erzeugt oder vernichtet werden, je nachdem, wieviel NO_x sich in der Atmosphäre befindet. Die Oxidation kann über zwei Kreisprozesse ablaufen, bei denen OH, HO_2, NO und NO_2 als Katalysatoren wirken;

entweder via

$$CO + OH + O_2 \rightarrow CO_2 + HO_2$$
$$HO_2 + NO \rightarrow OH + NO_2$$
$$NO_2 + \text{UV-Strahlung} \rightarrow NO + O \quad (\leq 400 \text{ nm})$$
$$O + O_2 + M \rightarrow O_3 + M$$
$$\text{Netto: } CO + 2O_2 \rightarrow CO_2O_3$$

oder via

$$CO + OH + O_2 \rightarrow CO_2 + HO_2$$
$$HO_2 + O_3 \rightarrow OH + 2O_2$$
$$\text{Bilanz: } CO + O_3 \rightarrow CO_2 + O_2$$

Durch die untere Gruppe von Reaktionen wird Ozon vernichtet; die obere Reaktionskette, die Ozon erzeugt, wird ab einem Verhältnis von NO zu O_3 von etwa 1:4000 wichtiger als die untere. Diese Zahl entspricht nahe der Erdoberfläche einem Volumen-Mischungsverhältnis von NO von ungefähr 10^{-11}. Weil die Stickoxide eine Lebensdauer von nur etwa einem Tag haben und hauptsächlich durch menschliche Aktivitäten in mittleren Breiten auf der Nordhalbkugel erzeugt werden (Tab. 2), sollte in den mittleren und höheren Breiten der Nordhalbkugel eine erhöhte Erzeugung des Hintergrund-Ozons auftreten. In den Gebieten der Nordhalbkugel mit den größten industriellen Aktivitäten, wie in Europa und den USA, können die Ozonkonzentrationen besonders während sommerlicher Hochdruck-Wetterlagen, zeitweise sehr stark ansteigen. Dies führt zum sog. „photochemischen Smog", weil dort dann über die Oxidation reaktionsfreudiger Kohlenwasserstoffe unter dem Einfluß der NO_x-Katalysatorgase und Sonnenstrahlung eine schnelle Bildung von Ozon stattfindet. Wegen ihrer kurzen Lebensdauer in der Atmosphäre können diese reaktionsfreudigen Kohlenwasserstoffe aber in entfernteren Gebieten kein Ozon erzeugen. Im überwiegenden Teil der Troposphäre verursacht sonst die Oxidation von Kohlenmonoxid und von Methan den größten Anteil an der Erzeugung von Ozon, falls die dafür notwendigen Katalysatorgase NO und NO_2 in genügendem Maße vorhanden sind; andern-

falls wird Ozon zerstört. Leider weiß man noch viel zu wenig
von der Verteilung der Stickoxide, um eine gesicherte globale
Ozon-Bilanz aufstellen zu können.

Tabelle 2: Durch menschliche Aktivitäten verursachte und natürliche globale Quellen der Stickoxide (NO_x). Der anthropogene Anteil beträgt etwa
60%.

Quellen	Jährliche Quellstärken (Millionen Tonnen)
Industrie	15–25
Flugzeuge	0,15–0,3
Verbrennung von Biomasse	3–10
Produktion in der Stratosphäre	0,5–1,5
Blitzentladungen	2–10
Böden	5–15

6. Die Bedeutung der Methanzunahme

Die beobachtete relativ stetige Zunahme des Methan-Gehalts
der Atmosphäre um etwa 1% pro Jahr dürfte in den Reinluftgebieten der Troposphäre weitere wichtige chemische Änderungen auslösen. Weil die Reaktionsketten ziemlich umfang-
reich und komplex sind, werden wir hier nur ihre Netto-Aus-
wirkungen auf die Bilanz von Ozon und OH geben. In
Reinluftgebieten bewirkt die Oxidation eines Methan-Mole-
küls über die Bildung von Kohlenmonoxid zu Kohlendioxid
einen Verlust von OH- und von Ozon-Molekülen, während
in belasteteren Gebieten OH- und Ozon-Moleküle gebildet
werden. Das Schwergewicht der photochemischen Oxida-
tionsfähigkeit der Atmosphäre verschiebt sich deshalb aufgrund der Zunahme des Methans in der Atmosphäre allmählich von der unbelasteten „Hintergrund“-Atmosphäre, besonders in den Tropen, zu den mehr mit NO_x belasteten Gebieten
der mittleren Breiten auf der Nordhalbkugel. Dies könnte die
Trends der bodennahen Ozon-Konzentrationen erklären, die
in Pt. Barrow, Alaska (+0,78% pro Jahr zwischen 1973 und

41

1985), auf der Vulkan-Gipfelstation Mauna Loa in Hawaii (+1,20% pro Jahr zwischen 1974 und 1985) und auf der Insel Samoa bei 14°S im Pazifik (−0,70% pro Jahr zwischen 1976 und 1985) gemessen wurden.

Für die beobachtete weltweite Zunahme des CH_4-Gehalts in der Atmosphäre sind ohne Zweifel sich ausweitende menschliche Aktivitäten verantwortlich. CH_4 entsteht bei der Zersetzung von organischem Material unter Luftabschluß. Es wird also von natürlichen Sumpf- und Überschwemmungsgebieten, von Reisfeldern, von Wiederkäuern (vor allem von Rindern und Schafen) und aus Mülldeponien in die Atmosphäre abgegeben. Eine zusätzliche Methanquelle ist die Verbrennung von Pflanzenmaterial, besonders in den Tropen. Atmosphärische Messungen des ^{14}C-Gehalts von CH_4 haben

Tabelle 3: Quellen und Senken von Methan (in Millionen Tonnen CH_4 pro Jahr). In dieser Tabelle kompensieren sich die Quellen und Senken nicht, da die atmosphärische Methan-Konzentration steigt und die Größenordnung vieler Quellen und Senken nicht genau bekannt ist. Dennoch geht aus den Tabellenwerten deutlich hervor, daß der überwiegende Teil des Methans wahrscheinlich aus anthropogenen Quellen entsteht.

Natürliche Quellen	
Feuchtgebiete	30–170
Termiten und sonstige Insekten	5–30
Ozeane	7–13
Fermentation durch wildlebende Wiederkäuer	2–6
Seen	2–6
Anthropogene Quellen	
Mülldeponien	30–70
Fermentation durch Wiederkäuer	80–110
Verbrennung von Biomasse	30–100
Reisfelder	60–140
Verluste bei Öl- und Erdgasgewinnung und Verteilung	60–120
Kohlebergbau	30–40
Jährliche Zunahme (≈ 1% pro Jahr)	50–60
Senken	
Abbau durch OH-Radikale	375–445
Aufnahme durch Bodenorganismen	10–30

gezeigt, daß mit großer Wahrscheinlichkeit etwa 20–25% des Methangases in Kohlengruben, bei der Öl- und Erdgasförderung und durch Lecks in Erdgasleitungen entsteht. Wie aus der in Tabelle 3 zusammengefaßten Darstellung der heutigen Kenntnisse der CH_4-Quellen hervorgeht, dürfte der von Menschen beeinflußte Teil erheblich bedeutender sein als der natürliche Anteil, so daß die CH_4-Zunahme in der Atmosphäre nicht überraschend erscheint. Da die durchschnittliche atmosphärische Verweilzeit von Methan, verglichen mit der von anderen klimarelevanten Spurengasen, verhältnismäßig kurz ist, etwa 10 Jahre (s. Tabelle 1), würden Maßnahmen, die zu einer Reduzierung der CH_4-Emissionen führen, relativ rasch ihre Wirkung zeigen.

7. Einflüsse zunehmender Treibhausgasemissionen auf das Klima

Die beobachtete Zunahme der Häufigkeiten atmosphärischer Spurengase beeinflußt nicht nur die Chemie, sondern auch beträchtlich das Klima an der Erdoberfläche und die Temperaturen in der Atmosphäre. Gase wie CO_2, CH_4, N_2O, O_3, $CFCl_3$ und CF_2Cl_2 spielen eine wesentliche Rolle bei der Wärmebilanz der Atmosphäre. Diese Gase sind durchlässig für Sonnenstrahlung, so daß sie unsichtbar sind. Sie absorbieren aber einen beträchtlichen Anteil der Wärmestrahlung, die von der Erdoberfläche ausgestrahlt wird, und senden einen erheblichen Teil dieser Leistung wieder zur Oberfläche zurück. Dadurch erhöhen sich die Temperaturen der Erdoberfläche, verglichen mit denen, die der Fall wären, wenn die Erde keine Treibhausgase besäße. Schätzt man mit Hilfe von Klimamodellen die gesamte globale gemittelte zeitliche Zunahme der Aufheizwirkung der oben aufgeführten Gase, so erhält man eine Erhöhung der globalen mittleren Temperatur seit der vorindustriellen Zeit um etwa $+0,7\,°C$. Dieser Wert ist verträglich mit den Temperaturzunahmen, die sich aus klimatischen Beobachtungen erschließen lassen, wobei auch natürliche Klimaschwankungen von Bedeutung sind und schwer von den anthropogen verursachten zu trennen sind. Während des nächsten Jahrhunderts müßte man mit einer weiteren globalen durchschnittlichen Erwärmung der Erdatmosphäre um Werte zwischen 3 und 6 °C rechnen, wenn man den Klimamodellen die heutigen Trends der Emissions- und Zuwachsraten der oben erwähnten Gase zugrunde legt. Ca. die Hälfte dieser Erwärmung würde in der Zukunft von CO_2 verursacht werden.

Man wird also weltweit die Emissionen von CO_2 reduzieren müssen, um einer möglichen Klimakatastrophe entgegen zu wirken, z.B. durch Energiesparen oder durch die Entwicklung alternativer Energieformen (Sonnenenergie!), die nicht auf der Verbrennung von fossilen Brennstoffen beruhen. Aber auch die Ausstöße anderer Gase, in erster Linie der FCKW-Gase, besonders auch von CH_4, müssen stark verringert werden, wenn man die erwartete, ungeheure Aufheizung des Klimas mildern will. Andernfalls müßte man vielleicht schon gegen Ende des nächsten Jahrhunderts mit einer solchen Aufheizung rechnen, wie sie für eine Verdopplung des CO_2-Gehaltes in der Atmosphäre nach Abbildung 4 mit einem der weltweit besten Klimaforschungsmodelle, dem des britischen Meteorologischen Büros, berechnet wurde. Wenn man berücksichtigt, daß andere Gase den Treibhauseffekt von CO_2 alleine noch verdoppeln könnten, wäre es nicht auszuschließen, daß solche enormen Änderungen, wie in Abb. 4 gezeigt, sich zwischen Mitte bis Ende des nächsten Jahrhunderts einstellen könnten. Es handelt sich hierbei um Temperaturanstiegsraten, die um mehr als ein Faktor 10 schneller ablaufen würden, als es seit dem Bestehen der Menschen auf der Erde je der Fall gewesen ist. Der daraus entstehende Klimastreß würde Landwirtschaft und Ökosysteme in vielen Gebieten der Erde mit größter Wahrscheinlichkeit total aus dem Gleichgewicht bringen. Außerdem würde sich der Meeresspiegel um bis zu etwa einen Meter erhöhen und somit einen bedeutenden Anteil der Menschheit mit Überschwemmungen bedrohen. Da die industrialisierte Welt zu

Abbildung 4: Die mit dem Klimamodell des britischen meteorologischen Büros berechneten Erwärmungen am Erdboden in °C im Gleichgewicht unter der Bedingung einer globalen Verdopplung des CO_2-Gehalts in der Atmosphäre. Obere Abbildung: mittlere Erwärmung für die Monate Dezember–Februar, untere: für Juni–August. Die Konturen der Kontinente kann man durch horizontale und vertikale gerade Linien schematisch erkennen. Man beachte, daß die Temperaturzunahmen besonders in polaren Gebieten in den Wintermonaten besonders stark ausgeprägt sind.

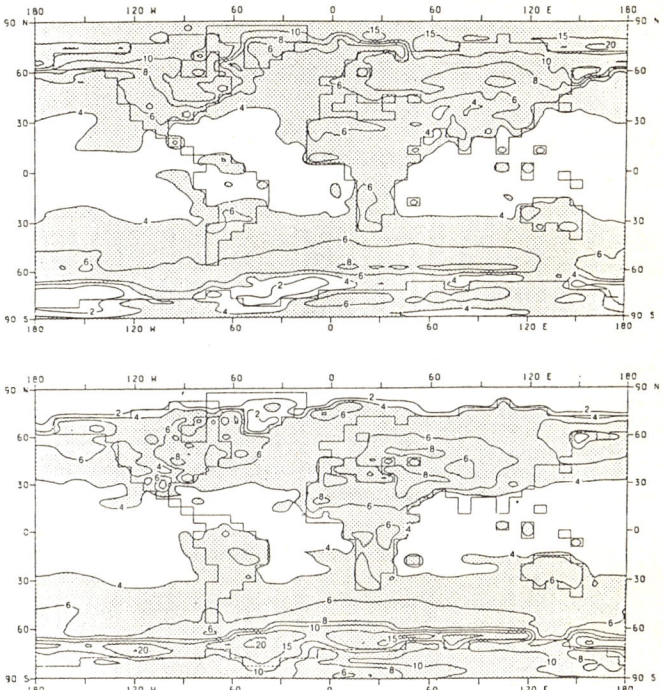

etwa 85% für diese Klimabedrohung verantwortlich ist, sollten Maßnahmen zur Verringerung der Emissionen klimarelevanter Gase in erster Linie von diesem Teil der Welt beschlossen werden.

8. Schlußfolgerungen

Es zeigt sich ohne Zweifel, welch enormen Einfluß die durch die Menschen verursachte Freisetzung von Gasen auf globale Prozesse der Umwelt haben kann. Das dramatischste Beispiel für Fernwirkungen in der Atmosphäre ist das antarktische Ozonloch, das primär, dies steht jetzt fest, durch menschliche Aktivitäten, die fast buchstäblich am anderen Ende der Erde geschehen, verursacht wird. Außerdem sieht man an den Fluor-Chlor-Kohlenwasserstoffen mit ihrer langen Lebensdauer in der Atmosphäre, daß die Wirkungen heutiger menschlicher Aktivitäten die Atmosphäre jahrzehnte- oder sogar jahrhundertelang beeinflussen können. Obwohl viele Forscher vor den Folgen der FCKW-Emissionen seit vielen Jahren gewarnt hatten, hat es dennoch alle völlig überrascht, wie außerordentlich empfindlich und schnell die Atmosphäre auf diese Emissionen reagiert hat. Dies sollte eine Warnung sein. Derartige Überraschungen sind möglicherweise keine Einzelfälle. Um Ähnliches möglichst noch rechtzeitig vorherzusagen und verhindern zu können, sind erhöhte Anstrengungen bei der Forschung von größter Bedeutung. Aber noch wichtiger: Um Schlimmeres zu verhindern, muß von allen eingesehen werden, daß die Atmosphäre nicht weiter als gemeinsame Mülltonne für den Gas-Abfall menschlicher Aktivitäten benutzt werden darf. Dies fordert ein erhebliches Umdenken, wobei die Industrieländer die größten Verpflichtungen haben, da sie für 80–90% der hier angesprochenen globalen Probleme verantwortlich sind. Es ist daher von allergrößter Bedeutung, daß innerhalb der nächsten Jahre international ein Abkommen zum Schutz der Erdatmosphäre getroffen wird, in dem sich die Länder der Welt auf ein intensives Aktionsprogramm zur Verminderung der klimarelevanten Schadstoffemissionen einigen müssen.

Als die wichtigsten unmittelbaren Aktionspunkte sollte man sich nach meiner Meinung auf folgende Maßnahmen konzentrieren, die sich besonders gegen den Ausstoß von FCKW-Gasen, Kohlendioxid und Methan wenden:

– Es sollte ein baldiges globales Verbot der Herstellung voll-halogenierter FCKW-Gase, insbesondere von $CFCl_3$, CF_2Cl_2 und $C_2F_3Cl_3$, samt bromhaltigen Halongasen, ausgesprochen werden.

– Es sollte so weit wie möglich verhindert werden, daß bei der Öl- und Erdgasförderung sowie in den Erdgasverteilungs-netzen Methan in die Atmosphäre entweicht.

– Das Methan, das sich in Müllhalden bildet, sollte verbrannt werden. Dieses Verfahren kann sogar zur Energieerzeugung genutzt werden. Bei älteren Müllhalden, wo Abfackeln schwierig sein könnte, sollte man dafür Sorge tragen, daß das Methan in einer oxidierenden Schicht an der Oberfläche der Müllhalde zu CO_2 oxidiert wird. Es muß hier darauf hinge-wiesen werden, daß dabei nur in sehr geringem Maße eine Zunahme des atmosphärischen CO_2 verursacht werden könn-te, da das meiste organische Material in den Müllhalden aus früherer Vegetation entstand.

– Die Rinderbestände auf der Welt sollten nicht mehr an-wachsen, da sie eine wichtige Quelle für das atmosphärische Methan darstellen.

– Um die Abgabe von CO_2 an die Atmosphäre zu verringern, muß dringend eine sparsamere Energienutzung auf allen Sek-toren der Gesellschaft, einschließlich dem Straßenverkehr, an-gestrebt werden.

– Die Entwicklung alternativer Energiequellen, die nicht auf Verbrennung von fossilen Brennstoffen beruhen, sollte vorran-gig gefördert werden. Die größte Hoffnung für die Zukunft ist die Entwicklung der Sonnenenergienutzung.

– Der Ausstoß der NO_x-Gase, die in der Troposphäre zur Ozonbildung führen, sollte durch Energieeinsparungen, be-sonders auf dem Sektor Autoverkehr, und technische Maß-nahmen stark reduziert werden.

– Der tropischen Waldrodung sollte entgegengewirkt werden. Dies könnte einerseits durch einen Importstop gewisser tropischer Edelhölzer aus Waldrodungen, andererseits durch gezielte technische und finanzielle Entwicklungshilfe ge-schehen.

47

– Es sollte untersucht werden, inwieweit Reisanbaumethoden entwickelt werden können, die zu geringeren Abgaben von Methan in die Atmosphäre führen.

– Der starke Zuwachs der Bevölkerung in vielen Entwicklungsländern sollte erheblich verringert werden.

Hartmut Graßl
Was sagen uns die Klimamodelle?

1. Einführung

Neben dem alten Wunsch der Menschen, in die Zukunft zu blicken, gibt es im Zusammenhang mit der schon angelaufenen und drohenden starken Klimaänderung durch Zunahme der Treibhausgase zwei weitere Gründe für eine Klimavorhersage mit Klimamodellen. Nämlich die starken natürlichen Schwankungen, welche die Entdeckung von Trends in den Beobachtungen lange verhindern können, sowie die Verzögerung einer längst angelegten Reaktion des Klimasystems durch die trägeren Komponenten wie Ozean, Gletscher und Inlandeisgebiete.

Ideale Klimamodelle wären mathematische Modelle der allgemeinen Zirkulation aller beteiligten Komponenten und ihrer Wechselwirkungen. Zum Beispiel sollte die Strömung des tiefen Ozeans auf die veränderten Windfelder der Atmosphäre reagieren, wobei diese Windfelder auch das Resultat veränderten Bewuchses als Folge veränderten Niederschlages wegen erhöhter Ozeantemperatur sein können. Solche Modelle für die gekoppelten Komponenten des Klimas, nämlich Atmosphäre, Ozean, Eis, Lebewesen, Kontinente gibt es noch nicht.

Der gegenwärtige Stand der Modellierkunst lautet: Modelle der allgemeinen Zirkulation der Atmosphäre mit variablen unteren Randbedingungen, d.h. veränderlicher Rückstreufähigkeit, Verdunstung und Temperatur der Oberfläche existieren in verschiedenen Ausbauzuständen; gekoppelte Modelle der atmosphärischen und ozeanischen Zirkulation sind in der Testphase. Daher sind die Aussagen meist noch beschränkt auf Gleichgewichtszustände nach Reaktion auf vorgegebene feste Änderungen bei nur geringer horizontaler Auflösung, d.h. weder die Vorhersage der zeitlichen Entwicklung noch die Regionalisierung sind verläßlich möglich, wohl können aber die Richtung der Klimaänderungen im globalen Maßstab vorhergesehen und Szenarien durchgespielt werden.

Nach einer kurzen Charakterisierung des Aufbaus, der Eigenschaften und Fehler der Klimamodelle wird im folgenden eine kritische Diskussion ihrer Aussagen stehen, damit die „Stabilität" des Fundaments für Maßnahmen zur Reduktion der Emission von Spurenstoffen abschätzbar wird. Zum Abschluß werden Vorschläge zur Verbesserung der Modelle und zu politischen Maßnahmen auf der Basis der Modellaussagen gemacht.

2. Klimamodelle

Die Grundgesetze oder Axiome der klassischen Physik gelten auch für das Klima. Ein Klimamodell muß mindestens die Gesamtmasse, den Drehimpuls und die Gesamtenergie erhalten und den Zustandsgleichungen für Luft, Meerwasser und Eis gehorchen. Die sich hinter den Erhaltungsgleichungen verbergenden, zum Teil prognostischen Differentialgleichungen für die Menge einer bestimmten Substanz, den Windvektor oder die Energie müssen an allen Stellen erfüllt sein, d.h. an jedem sogenannten Gitterpunkt des dreidimensionalen Rechengitters. Beträgt z.B. die Zahl der Stützstellen eines atmosphärischen Zirkulationsmodells in vertikaler Richtung 15 und ist die horizontale Auflösung 200 km, so müssen im zugehörigen Modell an ungefähr $200 \times 200 \times 15 = 600000$ Stellen die erwähnten Differentialgleichungen für kleine Zeitschritte im Bereich von Minuten bis Stunden je nach Ausbaugrad numerisch gelöst werden. Die numerische Lösung ist notwendig, weil in den Gleichungen viele nicht lineare Glieder enthalten sind. Daß für Klimamodellrechnungen die jeweils größten Rechenanlagen für viele Wünsche noch immer zu klein sind, versteht sich von selbst.

Alle Prozesse, die vom Rechengitter nicht aufgelöst werden können, z.B. Schauer und Gewitter oder die Strahlungshaushaltsänderungen bei durchbrochener Bewölkung in Atmosphärenmodellen sowie die ozeanischen Wirbel in Ozeanmodellen, müssen in den vom Modell behandelten Klimavariablen wie Temperatur, Wind oder Strömung und deren Differenzen von Schicht zu Schicht ausgedrückt werden. Dieses in der Fachsprache „Parametrisierung" genannte Vorgehen ist nicht nur besonders schwierig, sondern auch eine wesentliche Fehlerquelle.

Erhält man einen größeren Rechner, entfallen einige Parametrisierungen, weil dann einige Prozesse aufgelöst werden, aber viele werden bleiben, denn eine Halbierung der Gittermaschenweite erfordert 16-fache Rechenkapazität wegen der Halbierung des Abstandes in drei Raumrichtungen und der dadurch notwendigen Halbierung des Zeitschrittes. Die Notwendigkeit zur Parametrisierung entfiele erst, wenn man die in sich geschlossenen Grundgleichungen der Kontinuumsphysik anwenden darf, wenn z.B. die Größe des kleinsten Turbulenzelementes unterschritten würde, d.h. praktisch nie.

Da die Wettervorhersage mit Modellen der allgemeinen Zirkulation der Atmosphäre zur Zeit nach etwa einer Woche wegen der Fehler im Startfeld und im Modell kein wesentliches Vorhersagegeschick mehr enthält und auch bei verbesserten Beobachtungen und Modellen nach wenigen Wochen Schiffbruch erleidet, wird in der Öffentlichkeit die Aussagekraft von Klimamodellen oft generell bezweifelt. Diese Skepsis ist unangebracht, weil ein Klimamodell keine Vorhersage der Zeit eines Frontdurchganges versucht, sondern – falls bei Januarbedingungen gestartet – die Januarmittelwerte, die typischen Schwankungen innerhalb eines Monats und die typischen Schwankungen von Januar zu Januar beschreiben soll. Dies gelingt mit vergröberten allgemeinen Zirkulationsmodellen der Atmosphäre erstaunlich gut, weshalb die Klima-Modelle betreibenden Gruppen diese auch für vom gegenwärtigen Zustand abweichende Randbedingungen rechnen lassen, um daraus im Vergleich zum „Standardklima" die wahrscheinlichen Veränderungen abzuleiten.

Die bei der Näherung der Differentialgleichungen in einem groben Gitter, also bei der Diskretisierung, auftretenden numerischen Fehler werden nach jahrzehntelangem Umgang mit solchen Modellen als gering eingeschätzt.

3. Die Störung des Strahlungshaushaltes

Basis für alle Klimamodellrechnungen, vor allem aber zum Thema zusätzlicher Treibhauseffekt, ist die Kenntnis der Wirkung bestimmter Substanzen in der Atmosphäre auf den Strahlungshaushalt der Erde. Wird dieser gestört, muß die allgemeine Zirkulation in Atmosphäre, Ozean und Inlandeis reagieren. Dies wird die Lebewesen betreffen, die ihrerseits reagieren und erneut, meist über Spurengase, auf die Zirkulation Einfluß nehmen. Da die Strahlungsenergieflüsse in der Atmosphäre von den Spurenstoffen wesentlich bestimmt werden, hat der Mensch, z.B. bei Emission von langlebigen Spurengasen, unbewußt einen großen Hebel in die Hand bekommen. So wird die den Erdboden erreichende Sonnenstrahlung ganz wesentlich von Wasserdampf, flüssigem Wasser, Eis, Ozon und Aerosolteilchen bestimmt, die alle zusammen global gemittelt weniger als drei Promille der Masse der Atmosphäre ausmachen. Da die Position von Absorptionsbanden im elektromagnetischen Spektrum und ihre Stärke recht gut bekannt sind, kann bei Messung einer Konzentrationsänderung die Störung des Strahlungshaushaltes recht zuverlässig berechnet werden. In Abb.1 ist dieser Antrieb für das Klimasystem für Konzentrationsänderungen vieler Gase und Teilchenarten zusammengefaßt. Demnach dominieren bei den für die nächsten Jahrzehnte grob abgeschätzten Änderungen die Substanzen mit Anstoß zur Erwärmung, also erhöhter Treibhauswirkung, allen voran Kohlendioxid. Die Darstellung des Antriebs als

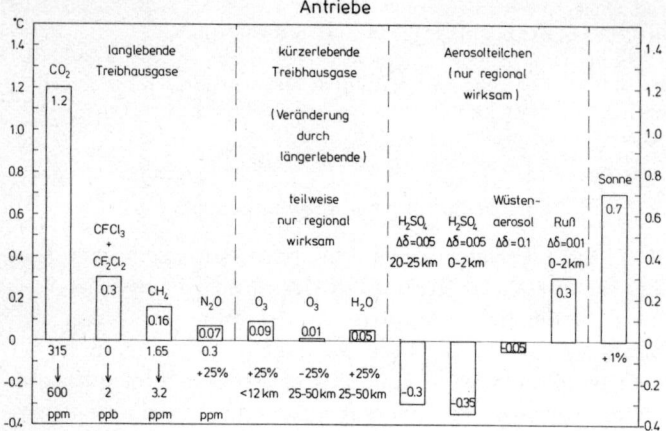

einer Änderung der Gleichgewichtstemperatur ΔT_o an der Oberfläche schließt die in der unteren Atmosphäre typischen vertikalen Umwälzungen durch Konvektion schon ein. Sie enthält aber nicht die Verstärkung der Temperaturänderungen bei mitreagierendem Wasserkreislauf; daher werden alle Werte, z.B. auch das für das dominierende vom Menschen veränderte Treibhausgas Kohlendioxid abzulesende $\Delta T = 1{,}2\,°C$, auch noch mit Faktoren zwischen 2 und 3 in dreidimensionalen Klimamodellen verstärkt. Abb. 1 zeigt weiterhin, daß

– aus Vorläufergasen wie Schwefeldioxid (SO_2) gebildete Aerosolteilchen aus Schwefelsäure (H_2SO_4), in die Stratosphäre (20–25 km) durch Vulkanausbrüche oder die unteren Troposphäre (0–2 km) durch Luftverschmutzung gelangt, nur zeitweilig und/oder nur regional wirksam sind und damit den globalen Effekt langlebiger Spurengase nur schwerlich kompensieren können.

– Rußpartikel trotz der geringen Konzentration und damit

geringen optischen Dicke $\delta = 0,01$ wie ein Treibhausgas wirken,

– die erwarteten und zum Teil schon eingetretenen Änderungen größer sind als die bei Zunahme der Sonnenstrahlung um 1%,

– sogar bei Abnahme des Ozons (O_3) in der Stratosphäre der Treibhauseffekt geringfügig zunimmt (weil die oberen von der Abnahme betroffenen Schichten wärmer sind als die bei Reduktion abstrahlenden unteren Schichten),

– eine Zunahme des Ozons (O_3) in der Troposphäre ($<$ 12 km), obwohl nur etwa 10% des gesamten Ozons darin enthalten sind, den Treibhauseffekt stärker als N_2O erhöht, allerdings nur regional auftritt.

4. Modellergebnisse bei fest vorgegebener Spurengaskonzentration

Da die Verzögerung einer Klimaänderung als Folge veränderten Treibhauseffektes durch die hohe Wärmekapazität des Ozeans nur in wirklich gekoppelten, d.h. sich gegenseitig beeinflussenden, dreidimensionalen Modellen der Atmosphäre und des Ozeans untersucht werden kann, diese Modelle aber erst in der Testphase sind, helfen sich Klimamodellierer mit sogenannten Gleichgewichtsexperimenten. Sie geben eine feste Spurengaskonzentration und/oder Sonneneinstrahlung vor und warten bei der zeitlichen Integration so lange, bis ein (neuer) Gleichgewichtszustand erreicht ist. Die letzten zum Beispiel 30 Tage des Modellaufs werden dann gemittelt und zum Basismonatsmittelwert (mit zugehörigen Abweichungen) erklärt, an dem alle anderen Modellexperimente bei veränderten Randbedingungen gemessen werden. Für den Standardfall, also gegenwärtiges Klima, werden meist mehrere Experimente mit leicht verändertem Startfeld durchgeführt, um die Statistik der Realisierungen zum Beispiel für verschiedene Januare zu bekommen, sie mit Messungen zu vergleichen und somit die Güte des Modells noch besser abschätzen zu können.

Abb. 2a: Temperaturänderung bei verdoppeltem Gehalt an Kohlendioxid (CO_2) als Funktion der geographischen Breite und der Höhe in der Atmosphäre, für Sommer und Winter, übernommen von Washington und Meehl (1984).

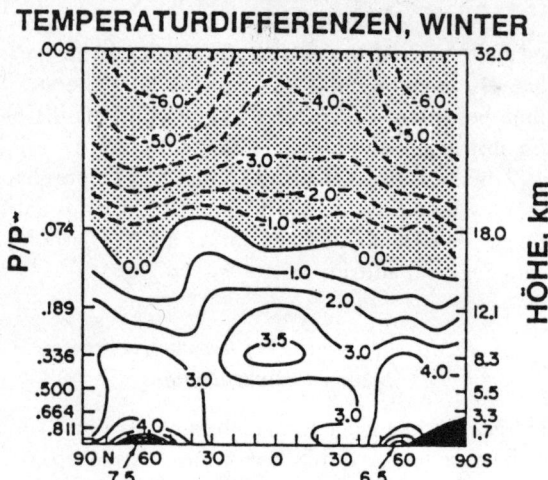

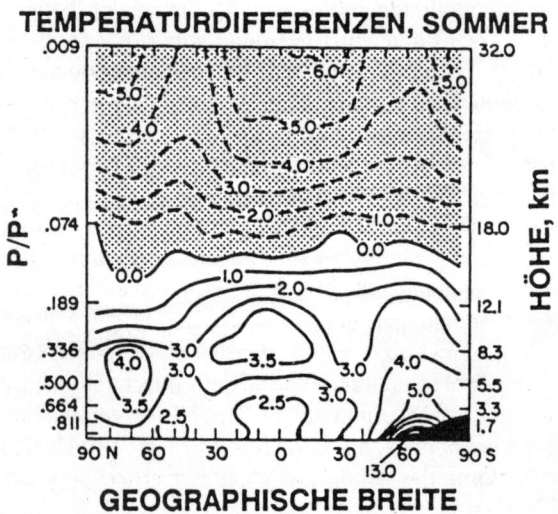

Viele derartige Modellexperimente haben die möglichen Klimaänderungen bei verdoppeltem CO_2-Gehalt der Atmosphäre berechnet. Dies kann für die Gruppe der langlebigen Spurengase ($CO_2 + CH_4 + N_2O + FCKW$) auch als die gemeinsame Wirkung interpretiert werden, wenn dabei die Umrechnungsfaktoren beachtet werden. Da bei gegenwärtigen Konzentrationen, gemessen am CO_2-Molekül, ein zusätzliches CH_4-Molekül schon mehr als 30-fache Treibhauswirkung hat, die sich für FCKW 11 und 12 auf das mehr als 10 000-fache steigert, sind schon recht geringe Konzentrationen dieser Gase ebenso wirksam wie das CO_2. Bei der einfachen Extrapolation der gegenwärtigen Zuwachsraten aller genannten Gase kann die dem $2*CO_2$ gleichkommende Konzentration schon im Jahre 2030 erreicht werden. Daher ist die in Abb. 2 a vorgestellte breiten- und höhenabhängige Temperaturveränderung für Sommer und Winter kein überzogenes Experiment ohne Bezug zur Realität. Die mittlere Temperaturerhöhung in der unteren Atmosphäre und in Oberflächennähe erreicht Werte, die mit der Änderung zwischen Eiszeit und jetziger Warmzeit von etwa 4–5 °C global gemittelt konkurrieren. Ein jüngst für die Eiszeitbedingungen durchgeführtes Modellexperiment am Max-Planck-Institut für Meteorologie in Hamburg ergab ebenfalls diesen aus Paläoklimadaten abgeleiteten Temperaturhub. Der in Abb. 2 b enthaltene Vergleich von drei solcher dreidimensionalen Klimamodelle macht deutlich, daß die Modellaussagen zwar qualitativ übereinstimmen, daß aber noch beträchtliche Unterschiede sogar im Breitenkreismittel bestehen. Dies ist der Grund für die Vermeidung einer breiten- und längenabhängigen Darstellung in dieser Übersicht, weil die Interpretation der regionalen Ausprägung der Temperaturänderung bei typischer Auflösung von etwa 8° in der Breite zur Kaffeesatzleserei würde. Die wesentlichsten Modellunterschiede haben im einzelnen oft nicht anzugebende Gründe, denn sie folgen aus unterschiedlicher räumlicher Auflösung und verschiedenen Parametrisierungen. Zu den Temperaturänderungen gehören selbstverständlich auch Niederschlagsänderungen und viele

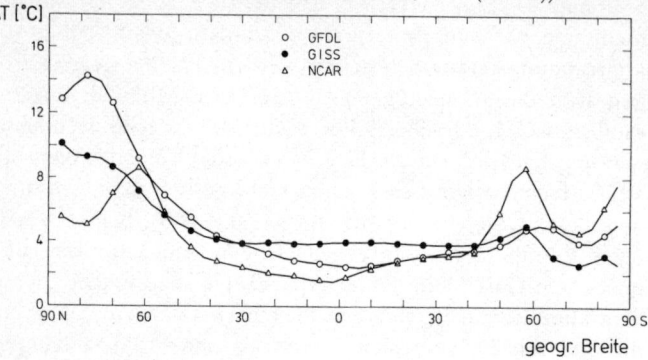

Abbildung 2b: Vergleich der Lufttemperaturänderung in Oberflächennähe bei 2*CO₂ in drei verschiedenen Klimamodellen für den Winter der nördlichen Erdhälfte (Hansen et al., 1984 (GISS), Washington und Meehl, 1984 (NCAR), Wetherald und Manabe, 1986 (GFGL)).

weitere Abweichungen vom gegenwärtigen Klima, die aber alle wegen der auch im Standardlauf beim Vergleich mit Beobachtungen gefundenen Abweichungen nicht so glaubwürdig sind wie die Temperaturwerte.

Aus vielen Modelläufen für verdoppelten CO_2-Gehalt haben sich folgende allgemeine Aussagen herausgeschält:

1. Die globale Mitteltemperatur steigt bei voller Anpassung an die Randbedingungen um $3 \pm 1,5\,°C$. Dabei stammt die untere Grenze von einfacheren Modellen. Würde man allein die dreidimensionalen globalen Klimamodelle berücksichtigen, lägen der Mittelwert und das Maximum bei fast $4\,°C$ bzw. $5,5\,°C$.

2. Zu den Polen hin ist die Erwärmung stärker als im Mittel, weil die Schrumpfung der eisbedeckten Ozeangebiete wegen der zugehörigen Verminderung der Rückstreufähigkeit verstärkend wirkt.

3. In Äquatornähe ist die Erwärmung unterdurchschnittlich, weil die bei höheren Temperaturen stark mit der Temperatur ansteigende Verdunstung einen Teil der Energie wieder verbraucht, diese überwiegend in der mittleren Troposphäre (~5 km) wieder freigesetzt wird und daher ein relatives

Abbildung 3: Jahresmittelwerte der Temperaturabweichung für die Zeit von 1958 bis 2019 für drei verschiedene Zuwachsraten des Antriebes. Bis 1987 ist die gemessene Abweichung vom Mittelwert 1951–1980 ebenfalls angegeben; nach Hansen et al. (1988).

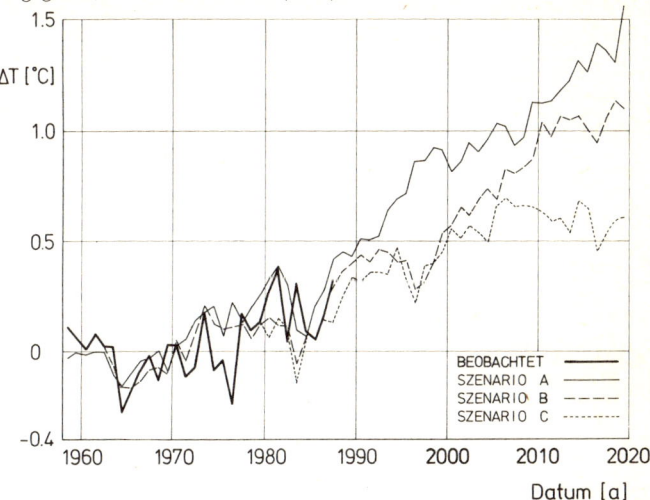

Maximum der Temperaturzunahme in diesen Höhen auftritt.

4. Die Atmosphäre oberhalb 20 km wird generell kälter.

5. Die Niederschlagsgürtel verschieben sich und bei global gemittelt zunehmender Niederschlagsmenge wird vor allem die Breitenzone um 30°N zumindest in einzelnen Jahreszeiten trockener.

5. Zeitlicher Verlauf der Erwärmung durch den zusätzlichen Treibhauseffekt

Nach dem in Abschnitt 4 Gesagten, daß nämlich die Modellierung des zeitlichen Verlaufs eine Kopplung des *strömenden* Ozeans an die rasch zirkulierende Atmosphäre erfordert, kann bei fehlender echter Kopplung nur über eine „Notlösung" berichtet werden, die trotzdem einen wesentlichen

Schritt vorwärts darstellt. Wird für den Ozean breitenabhängig der meridionale Wärmetransport vorgeschrieben und auch die Dicke der obersten durchmischten Schicht (Deckschicht) mit der Jahreszeit variiert, sowie die Diffusion unter der Deckschicht von der Breite abhängig vorgegeben, sowie dem Modell der Atmosphäre der Jahresgang der Bestrahlung der Erde durch die Sonne aufgeprägt, kann die zeitliche Entwicklung bei Vorgabe gemessener und extrapolierter Spurengaskonzentration berechnet werden. Für nicht allzu weit vom jetzigen Klima entfernte Zustände sollte die Vernachlässigung variabler Ozeanströmung noch erträgliche Fehler liefern.

Das Ergebnis eines solchen Experimentes lautet: Die Temperaturzunahme der letzten 30 Jahre wird gut wiedergegeben, sie wird bald einen Wert erreichen, an dem von einer Entdeckung des Signals gesprochen werden kann. Nach Abb. 3 ist die dazu bei einer gemessenen Standardabweichung von 0,13 °C notwendige Temperaturänderung von ~0,4 °C für eine 99%-ige Sicherheit bei der Entdeckung eines Signals Anfang der 90-er Jahre erreicht, wenn die Standardabweichungen der globalen Mitteltemperatur eines Jahres an der Oberfläche für das Modell eindeutig unter der gemessenen bleibt. Dies ist notwendig, weil im Modell die vom strömenden Ozean und Vulkanen verursachten Schwankungen nicht enthalten sind. Die Modellstandardabweichung 0,1K scheint dafür fast etwas zu hoch. Für die drei verschiedenen Szenarien in Abb. 3, die mit den Annahmen: 1) weiter wie bisher keine Vulkane, 2) gleicher Antrieb pro Jahr und Vulkanausbrüche und 3) kein Zuwachs mehr ab 2000 ausgewählt wurden, wird zumindest der bisher wärmste Abschnitt der jetzigen und vorletzten Warmzeit erreicht.

6. Verstärker Wolken?

Die Diskussion um globale Klimaänderungen ist trotz des Anstosses durch langlebige Spurengase mehr zu einer Diskussion um die Reaktion des Wasserkreislaufes geworden.

Erwärmung bedeutet ja höheren Wasserdampfdruck bei Sättigung und damit bei in etwa konstanter relativer Feuchte Zunahme des Haupttreibhausgases Wasserdampf. Der Wasserdampf hat aus dem Antrieb für 2^*CO_2, nämlich $1,20\,°C$ (nach Abb. 1) im globalen Mittel $4,2\,°C$ (z. B. für das gestrichelt gezeichnete Modell in Abb. 2 b) gemacht. Ob die Wolken, die im Modell entstehen, ausregnen und vergehen, dabei zusätzlich verstärkt oder gedämpft haben, ist zunächst unklar.

Nähmen die niedrigen Wolken zu, würden sie dämpfen, die hohen dagegen verstärken. Nähme ihr Flüssigwassergehalt bei Erwärmung zu, könnten sie sogar bei gleicher Ausdehnung dämpfen, falls in geringer Höhe, und verstärken, falls hoch. Würden sie systematisch angehoben, verstärkten sie. Was ist der Nettoeffekt? Alle Details können nicht jeweils in einem neuen, kostspieligen, Großrechner für Wochen beanspruchenden Modellauf durchgespielt werden. Auf der Basis von nur drei Modellexperimenten mit wesentlich verbesserter Beschreibung der Wolkenparameter am Rechner des Deutschen Klimarechenzentrums in Hamburg und begleitenden Rechnungen mit einfacheren Modellen wurde von Roeckner (1988) gefunden:

– Wolken, die entsprechend der Beobachtungen ihren Flüssigwassergehalt als Funktion der Temperatur ändern, haben leichte zusätzliche Treibhauswirkung, weil die Wirkung der verstärkten Emissionsfähigkeit der optisch dünneren hohen Eiswolken bei wärmerem Klima rascher zunimmt als die Rückstreufähigkeit der niedrigeren Wasserwolken.

– Die starke Empfindlichkeit gegenüber relativ geringen Änderungen in der Parameterisierung bestimmter wolkenphysikalischer Prozesse darf nicht dazu verleiten, das Problem als gelöst zu betrachten.

Das manchmal zu hörende Argument, daß Wolken sogar das Vorzeichen ändern könnten, also die Erde kühlen, kann allerdings nicht gelten, solange sie nur auf die von den Spurengasen angestoßene Erwärmung reagieren; sie können diese zwar dämpfen, aber nicht umkehren.

Werden Wolken aber durch andere anthropogene Einflüsse verändert, könnten sie das wohl. Geschehen könnte das durch Zunahme der Kondensationskerne. Diese in der Luft schwebenden Teilchen wachsen bei Abmessungen über 0,05 μm und geringer Übersättigung zu Wolkentröpfchen heran. Nehmen diese Teilchen zu, wird in Wolken das flüssige Wasser auf mehr und damit kleinere Wolkentröpfchen verteilt. Da die Rückstreufähigkeit proportional zum Querschnitt eines Tröpfchens ist, streut die gleiche Flüssigwassermenge, jetzt auf mehr kleine Tröpfchen verteilt, Sonnenlicht stärker in den Weltraum zurück: Wolken in trüberer Luft sind von oben betrachtet heller. Sie könnten eine Erwärmungstendenz nicht nur dämpfen, sondern sogar umkehren.

Bei klimatologisch fixierter Zirkulation der Atmosphäre und bei Abschätzung der natürlichen wie anthropogenen Teilchenquellen hat die eigene Arbeitsgruppe (Newiger, 1985) in einem globalen nur zweidimensionalen Modell versucht, den Nettoeffekt einer zunehmenden Lufttrübung zu bestimmen.

Das Hauptergebnis lautet: Die Rückstreufähigkeit der nördlichen Erdhälfte sollte leicht zugenommen haben, wobei diese Rückstreuung mehr von der Veränderung der Wolken getragen wird als von der zusätzlichen Lufttrübung in wolkenlosen Gebieten. Der zusätzliche Treibhauseffekt durch Spurengase könnte regional also gedämpft werden. Für sicherere Aussagen sind weitere Untersuchungen vor allem in Feldexperimenten notwendig.

7. Sammlung von Indizien

Da die Verzögerung einer vollen Reaktion des Klimasystems auf veränderte Antriebe und die natürlichen Schwankungen das zweifelsfreie Erkennen des anthropogenen Anteils bisher verhinderten, können zur Unterstreichung der Verläßlichkeit der Vorhersagen der Klimamodelle nur Indizien aus Beobachtungen gesammelt werden. Nur einige wesentliche solcher Indizien in Einklang mit Modellaussagen sind im folgenden angeführt:

– Globaler Anstieg der Lufttemperatur in der Nähe der Erd-
oberfläche um im Mittel 0,7 °C seit 1860; in Einklang mit
Modellen bei Beachtung der Zeitverzögerung durch den
Ozean.

– Umverteilung der Niederschläge während der vergangenen
40 Jahre: trockener im Bereich um 5–35°N; feuchter im
Breitengürtel 35–70°N, jedoch konzentriert auf das Winter-
halbjahr.

– Eindeutige Abnahme der Temperatur in der mittleren Stratosphäre seit etwa 30 Jahren.

– Globaler Anstieg der Temperatur der ozeanischen Deckschicht.

– Abschmelzen der Gebirgsgletscher in allen Breitenzonen
seit 1850.

– Zunahme des Wasserdampfgehaltes in der mittleren Troposphäre in den Tropen während der letzten 30 Jahre.

– Anstieg des mittleren globalen Meeresspiegels seit 100 Jahren, mit beschleunigter Rate während der vergangenen
50 Jahre. Die gegenwärtige Rate beträgt etwa 20 cm pro
Jhdt.

– Schwankung des CO_2-Gehaltes der Atmosphäre bei
Schwankungen der Vereisung: Nur etwa 190 millionstel Vo-
lumenanteil CO_2 vor 18 000 Jahren während des Höhepunk-
tes der Vereisung bei etwa 4 Grad niedrigerer mittlerer Temperatur; 280 in der jetzigen Warmzeit vor der Industrialisierung; 1988 sind 350 erreicht worden.

– Die vier wärmsten Jahre seit Beginn direkter Temperatur-
messungen liegen in den vergangenen 8 Jahren.

Bisher nicht gestützt werden die Modelle dagegen von der
Abkühlungsphase von etwa 1940 bis 1970 in der nördlichen
Hemisphäre und der besonders raschen Temperaturzunahme
in den Tropen während der vergangenen 20 Jahre. Allerdings
sollte man bedenken, daß Fluktuationen auch in diesem Zeit-
skalenbereich typisch sind für die natürlichen Schwankungen
und den anthropogenen Anteilen immer überlagert sein werden. Sehr häufig wird auch der Einfluß der Vulkane als für
das Klima sehr bedeutend bezeichnet. Da deren Hauptan-

trieb auf das Klimasystem, nämlich die vermehrte Rückstreuung von Sonnenlicht in den Weltraum jeweils nach der mittleren Verweilzeit der stratosphärischen Aerosolpartikel von etwa 2 Jahren abklingt, wäre eine kräftige Steigerung der Zahl und Intensität der massiven Vulkanausbrüche notwendig, um längerfristig zu wirken.

8. Empfehlungen

Weil die Störung des Strahlungshaushaltes der Erde durch veränderte Zusammensetzung der Atmosphäre schon jetzt vergleichbar ist mit einer Zunahme der Sonnenstrahlung um 1%, hat die Menschheit eindeutig globale Klimaänderungen angestoßen. Über deren genaue Ausprägung wird noch eine Weile Unklarheit herrschen. Da wir aber schon heute angelegt haben, was erst unsere Enkel voll zu spüren bekommen, hilft die Devise, weiterforschen und dann entscheiden, nicht.

Da trotzdem die Klimawirksamkeit jeglicher Maßnahmen zur Minderung der Emission von Spurenstoffen gegenwärtig nur mit den Beobachtungen der Klimatologen und den Aussagen der Klimamodellierer abgeschätzt werden kann, muß der jüngst begonnene Dialog zwischen Wissenschaft und Politik fortgeführt, intensiviert und auf die Wirtschaft ausgeweitet werden. Denn nur dann können die jeweils effektivsten Maßnahmen gefunden und auch bei verbessertem Kenntnisstand verändert werden.

Das heißt im einzelnen:

– Sorgfältige Planung der Klimamodellexperimente, Übergang zu zeitabhängigem Antrieb für die Modelle.

– Rascher Aufbau eines globalen Erdbeobachtungssystems durch die europäische Weltraumbehörde bei überproportionalem Beitrag der Bundesrepublik Deutschland, dabei jedoch Erhalt der langen Meßreihen am Boden.

– Minderung der Spurengasemission bei Energietechniken als ein wesentliches Ziel der Energiepolitik, d.h. Übergang zu effizienteren Methoden und erneuerbaren Energien.

– Durchleuchtung scheinbar nicht klimarelevanter politischer und wirtschaftlicher Entscheidungen.
Beispiele für Veränderungen sind:
– Entwicklungshilfeprojekte, die Tropenwälder zerstören, müssen gestoppt werden.
– Übergang von der Subvention fossiler Energieträger im Verkehrsbereich zur Besteuerung derselben.
– Betrachtung der Gesamtheit der Emissionen eines Energieträgers, um z. B. das Treibhaus- und Klimaänderungspotential als der Summe aus CO_2, CH_4, NO_x und SO_2 zu betrachten. In diesem Lichte ist z. B. Erdgas bei nur etwa 2% Verlust von der Quelle bis zum Verbraucher ebenso treibhausrelevant wie andere fossile Energieträger.
Die gegenwärtige Reihung für Maßnahmen zur Dämpfung des Zusatztreibhauseffektes (aus wissenschaftlicher Sicht) lautet:
– Rasche Beendigung der Nutzung von Fluorchlorkohlenwasserstoffen, also Verschärfung und Ausweitung des bestehenden Montrealer Protokolls.
– Reduktion der Kohlendioxidemission, um über zunächst niedrigere Zuwachsraten, dann Stagnation und schließlich Schrumpfung die hohe Aufnahmekapazität des Ozeans auch zu nutzen und dadurch den in der Atmosphäre verbleibenden Teil des CO_2 zu verkleinern. Dazu muß das 1988 vom Umweltprogramm der Vereinten Nationen und von der Weltorganisation für Meteorologie geschaffene internationale Gremium aktiv unterstützt werden, denn nur im internationalen Konsens ist eine spürbare Reduktion des globalen Ausstoßes zu erreichen. Gelänge dies nicht, zöge sich jeder auf das Argument zurück, Reduktion seines geringen Anteils gemessen an der globalen Emission bringe zu wenig.

Literatur

Hansen et al. (1984): Climate sensitivity. in: Climate Processes and Climate Sensitivity (Herausgeber: Hansen und Takahashi), Maurice Ewing Series 5, AGU, Washington D.C.
Hansen et al. (1988): Journal of Geophysical Research, *93*, 9341–9364.

Newiger, M. (1985): Hamburger Geophysikalische Einzelschriften, Reihe B, Heft 73, Wittenborn u. Söhne, Hamburg.

Roeckner, E. (1988): Habilitationsschrift, Fachbereich Geowissenschaften, Universität Hamburg.

Washington und Meehl (1984): Journal of Geophysical Research, *89*, 9475–9503.

Wetherald und Manabe (1986): Climate Change, *8*, 5–23.

Veerabhadran Ramanathan
Spurengase, Treibhauseffekt und weltweite Erwärmung

1. *Tatsachen und empirisch nachgewiesene Theorie*

a) *Chemische Verschmutzung*

Ich will mit den Tatsachen anfangen: Die chemische Zusammensetzung der Luft ändert sich meßbar. Beobachtungen während der letzten zwei Jahrzehnte haben gezeigt, daß die Konzentration verschiedener Gase in der Atmosphäre erheblich angestiegen ist. Der Anstieg hat vor mehr als einem Jahrhundert begonnen. Die Schadstoffe, die uns heute die meisten Sorgen bereiten, sind: Kohlendioxyd, Methan, Fluorchlorkohlenwasserstoffe und Lachgas. Da diese Gase eine relativ lange Verweildauer in der Atmosphäre haben (Jahrzehnte und länger), werden sie vom Wind rund um die Erde transportiert und in der unteren Atmosphäre verteilt, vom Boden bis in ca. 30 km Höhe.

b) *Der „Treibhauseffekt"*

Spektroskopische Beobachtungen im Labor ergeben, daß die genannten Spurengase effizient Infrarotstrahlung sowohl absorbieren wie emittieren. In der Atmosphäre absorbieren diese Gase die Wärmestrahlung, die von der Erdoberfläche (und auch von der unteren Atmosphäre) abgestrahlt wird; und sie emittieren nach oben (auch nach unten) bei den sehr viel kälteren atmosphärischen Temperaturen. Nach dem Planck'schen Gesetz ist die Energie, die im Bereich der Infrarotwellenlängen ausgestrahlt wird, eine exponentiell ansteigende Funktion der Temperatur. Diese Temperaturabhängigkeit führt dazu, daß die Gase mehr Infrarotenergie von der Erdoberfläche auffangen, als sie nach oben in den Raum abgeben. Dieses „Einfangen" von Infrarotenergie bezeichnet man als Treibhauseffekt.

Die Reduzierung der Infrarotemissionen in den Weltraum, die von Gasen und Wolken verursacht wird, ist durch Satellitenmessungen eindeutig nachgewiesen. (Tabelle 1)

Tabelle 1: Weltweiter durchschnittlicher Treibhauseffekt der Atmosphäre (aus: Earth Radiation Budget Experiment, Ramanathan u. a. 1989)

Aufwärtsemissionen	Oberfläche (A)[1]	TOA (B)[2]	GHE (B-A)[3]	Bemerkungen
klarer Himmel (nur Gase)	390,0	265,0	125,0	Einheit: Watt/qm
normaler Himmel (Gase und Wolken)	390,0	235,0	155,0	TOA-Werte von April 1985

[1] Berechnet nach dem Stephan-Boltzmann-Gesetz unter der Annahme einer weltweiten Durchschnittsoberflächentemperatur von 288 K.
[2] TOA ist die Strahlung am oberen Rand der Atmosphäre (top-of-the-atmosphere), beobachtet vom ERBE-Satelliten im April 1985, wie beschrieben in Ramanathan u. a. (1989)
[3] GHE ist die Strahlungsreduzierung durch den Einfluß der Atmosphäre d. h., wenn sie nicht das Infrarot eingefangen hätte, hätte der Satellit 390 Watt pro qm beim oberen Rand der Atmosphäre gemessen.

Der Treibhauseffekt der Atmosphäre beträgt 155 Watt pro m^2, verglichen mit 4 Watt pro m^2 infolge einer Verdopplung der atmosphärischen Kohlendioxyd-Konzentration. Die Bestandteile, die zum Einfangen der Infrarotstrahlung beitragen, sind vor allem Wasserdampf, Wolken und Kohlendioxyd. Einen etwas kleineren, aber nicht zu vernachlässigenden Beitrag liefern Ozon, Methan und Stickstoffoxyd. Der Anstieg der Spurengase gegenüber dem vorindustriellen Zeitraum bis Mitte der 80er Jahre dieses Jahrhunderts hat mit ca. 2,2 Watt pro m^2 zu den geschätzten Treibhauswirkungen beigetragen. Insofern haben die menschlichen Aktivitäten den Treibhauseffekt der Atmosphäre um ca. 1,5% gesteigert.

c) Weltweites Energiegleichgewicht

Das beobachtete Weltklima wird von einem Gleichgewicht zwischen einfallender Sonnenstrahlung, reflektierter Sonnenstrahlung und emittierter Infrarotstrahlung aufrechterhalten. Alle Größenangaben beziehen sich auf den Oberrand der Atmosphäre. Die Differenz zwischen der einfallenden Sonnenstrahlung (S) und der reflektierenden Sonnenstrahlung (R) ist die Energie, die der Planet absorbiert hat und die durch die emittierte Infrarotstrahlung IR (E) ausgeglichen wird, d.h., als Reaktion auf die absorbierte Sonnenenergie ($=S-R$) erwärmt sich der Planet und strahlt solange Infrarotstrahlung aus, bis die Emission (E) die absorbierte Energie ausgleicht. Mathematisch gesagt ist $S-R-E=0$. Dieses Gleichgewicht existiert nicht jeden Tag. Wenn man aber die Bilanz über einen längeren Zeitraum zieht (ein Jahr oder mehr), dann ist anzunehmen, daß dieses Gleichgewicht existiert. (Tabelle 2)

Tabelle 2: Beobachtete Anzeichen für ein weltweites Energiegleichgewicht: Jahresdurchschnitte

Einfallende Sonnenstrahlung	(S) : 343 Watt/qm
Reflektierte Sonnenstrahlung	(R): 106 Watt/qm
Emittierte Infrarotstrahlung	(E): 237 Watt/qm

Die Schlußfolgerung ist, daß das Strahlungsverhältnis an der Oberkante der Atmosphäre das grundlegende Kriterium ist, das die Klimaentwicklung bestimmt. Der Anstieg von klimaschädlichen Spurengasen in der Atmosphäre hat den Effekt, daß diese Strahlungsbilanz gestört wird. Wie bereits erwähnt, hat der Anstieg der Spurengase von industrieller Zeit bis heute die Infrarotemissionen um ca. 2,2 Watt pro qm^2 verringert.

d) Wiederherstellung des Gleichgewichtes durch eine weltweite Erwärmung

Wie wird die Erde auf dieses Energieungleichgewicht reagieren? Intuitiv wäre zu erwarten, daß die zusätzliche Infrarotstrahlung den Planet erwärmen sollte. Aber die Größenordnung, in der dies geschieht, muß von einer Art Regulationsmechanismus gesteuert werden. Dieser Mechanismus ist die weltweite Energiebilanz, die folgendermaßen zu erklären ist: Die Erwärmung, als Energie des Treibhauseffektes, erhöht die Emission von Infrarot-Strahlung (infolge des Planck'schen Gesetzes). Insofern wird sie dazu führen, daß das Strahlungsungleichgewicht wiederhergestellt wird, das durch die zusätzlich in die Atmosphäre freigesetzten Spurengase gestört ist. Folgt man dieser Theorie, dann entspricht die zu erwartende Höhe der Erwärmung der notwendigen Temperaturdifferenz zur Wiederherstellung des Strahlungsgleichgewichtes.

Bereits heute gibt es hinreichend empirisch gestützte Daten, um die Schlußfolgerung zu ziehen, daß die infolge des Anstiegs der Spurengase erhöhte Strahlungswärme auf den Planeten zu einer weltweiten Erwärmung führt. Dazu ein Beispiel: Die Erwärmung durch Sonnenstrahlung ist in den Tropen um einen Faktor drei größer als in polaren Breiten. Als Resultat sind die Tropen ca. 50 °C wärmer als die Polargebiete. Die wärmeren Tropen strahlen ebenfalls mehr Infrarot-Strahlung aus als die Polarregionen, was mit der Hypothese über den Ausgleich der Energieungleichgewichte übereinstimmt. Insgesamt existiert das Strahlungsungleichgewicht jedoch nur auf einer globalen Bemessungsgrundlage und als solches nicht in jedem beliebigen Breitengrad. Dies liegt daran, daß durch die atmosphärischen Luftzirkulationen ein Teil der Wärme von den warmen, niedrigen Breiten zu kälteren höheren Breitengraden transportiert wird, bevor die überschüssige Sonnenwärme wieder in den Weltraum zurückgestrahlt werden kann. Dadurch entstehen Strahlungsungleichgewichte in Abhängigkeit von den Breitengraden, und diese bilden die zentralen Triebkräfte der weltweiten Zirkulation der Atmosphäre und der Ozeane.

2. Vorhersagen

An diesem Punkt müssen wir uns auf Theorien und Modelle verlassen, die, im besten Falle, unvollständige Wiedergaben der Wechselwirkungen in der Atmosphäre sind. Sie bauen dennoch auf soliden physikalischen Prinzipien auf, aber sie können nur sehr unzureichend alle wichtigen Wechselwirkungen einschließlich Chemie, Wolken, Ozeane und Biosphäre wiedergeben, die mit der Atmosphäre existieren. Schon Prognosen über die Untergrenze der Erwärmung sind schwierig, die Obergrenzen der vorhergesagten Erwärmung in den Modellen liegen aber so weit auseinander, daß in den nächsten 50 Jahren eine Klimaveränderung nicht ausgeschlossen werden kann, die die abgeschätzte Erdtemperatur während der letzten 50 Mio. Jahre übersteigt. Durch verbesserte Beschreibung der physikalischen Prozesse stabilisieren sich in neuen dreidimensionalen Klimamodellen die Aussagen zwar auf höheren Temperaturwerten, dennoch bleiben grundsätzliche Unsicherheiten bestehen.

a) Änderungen in den grundlegenden Triebkräften des Klimas

– Die Zunahme der gesamten Strahlungswärme des Planeten pro Jahrzehnt ist heute signifikant größer als in den früheren Jahrzehnten dieses Jahrhunderts. Andere Spurengase tragen heute in einem Ausmaß zum Treibhauseffekt bei, der mit dem des Kohlendioxyd-Anstiegs vergleichbar ist. Die wichtigsten nicht-CO_2-Gase sind: Methan, FCKW, Lachgas, Ozon und stratospherischer Wasserdampf.

– Der Anstieg der Spurengase seit Mitte des 19. Jahrhunderts bis zur Gegenwart hat die Strahlungserwärmung des Planeten um einen Betrag geändert, der einem veränderten solaren Ausstrahlungsbetrag von 0,5 bis 1% entspräche.

– Die Ozeane halten einen Teil der Strahlungserwärmung zurück und verzögern das Erreichen des Gleichgewichtspunktes der Erwärmung. Die Rückhalterate ist nicht exakt bekannt, aber die aktuellen Theorien gehen von einem Wert von 50 bis 70% der erhöhten Wärmeeinstrahlung aus, der bisher noch von den Ozeanen aufgenommen wird.

b) Veränderungen des Klimas

– Der kumulative Anstieg der Treibhauskräfte hat bis jetzt eine globale Verschiebung des Wärmegleichgewichts von 0,8 bis 2,5 Kelvin verursacht.

– Wegen der Trägheit der Ozeane dürfte sich bisher nur ein Drittel bis die Hälfte dieser Erwärmung realisiert haben.

– Wenn jahrzehnteweise der Anstieg der Wachstumsraten der Spurengase, wie er in den 70er und 80er Jahren dieses Jahrhunderts beobachtet wurde, weitergeht, steigt die Erwärmung um 0,2 bis 0,5 °C pro Jahrzehnt an. Wenn dieser Prozeß unverändert 50 Jahre weitergeht, dann kommt es zu einer Globalerwärmung, die zwischen 1,5 und 5 °C erreicht.

– Die kumulative Erwärmung der Erdoberfläche wird im Laufe der nächsten zwei Jahrzehnte groß genug sein, um zweifelsfrei in den globalen Temperaturbeobachtungen nachgewiesen werden zu können.

Gleichzeitig mit dieser globalen Erwärmung sagt das dreidimensionale Klimamodell weitere erhebliche Veränderungen voraus:

– Eine signifikante Abkühlung der Stratosphäre.

– Ein Rückzug des Packeises in Richtung Pol und eine überdurchschnittliche Erwärmung in den Polarregionen. Polwärts des 50. Breitengrades Nord und Süd ist die vorhergesagte Erwärmung um einen Faktor zwei oder drei größer als im globalen Durchschnitt. Ein Abschmelzen des Packeises würde den offenen Ozean freilegen, dessen Albedo um einen Faktor zwei größer ist als die des Packeises. Der damit einhergehende Anstieg in der Absorbtion der Sonnenstrahlung verursacht eine Vervielfachung der Erwärmung in den Polargebieten. Eine ähnliche Vervielfachung wird auch für bestimmte Kontinentalflächen vorhergesagt, da das frühere Schmelzen des Schnees oder das Auftauen von Eisflächen vergleichbare Effekte verursacht. Über den Ozeanen wird das Maximum der Erwärmung im Winter liegen, während es sich über den Kontinenten bis in den Frühling erstrecken wird.

– Ein Anstieg der weltweiten Regenfälle ist zu erwarten. Die

Erwärmung der Ozeane führt zu einer höheren Verdunstungsrate, die letztlich als Niederschläge wieder zu Boden
fallen.
– Hinzu kommt ein Anstieg des Meeresspiegels. Die thermische Ausdehnung der erwärmten Ozeane und das Abschmelzen der Kontinentalgletscher verursachen einen Anstieg des
Meeresspiegels.

3. Unsicherheiten

Die Beobachtung der Temperaturen an der Erdoberfläche und
in der Atmosphäre sowie der Niederschläge liefern die besten
Hinweise zur Verifikation von Klimaverschiebungen. Dennoch sind bei den Wirkungen der Spurengase folgende Unsicherheiten zu beachten.

a) Frühere Veränderungen in der Strahlungsbilanz

Die in den 70er Jahren begonnenen Satellitenbeobachtungen
haben deutlich gemacht, daß es z. B. nach Vulkanausbrüchen
Variationen in der optischen Dichte der Stratosphäre und der
solaren Energieabgabe gibt, die in einem Jahrzehnt den von
Treibgasen verursachten Wirkungen entsprechen oder sie sogar übertreffen können. Es gibt weitere potentiell klimawirksame Faktoren, die in den vergangenen Jahrzehnten Schwankungen unterworfen gewesen sein könnten:
– Anstieg der troposphärischen Aerosole und Wolken (Anzahl und Dichte) infolge der Emissionen von Schwefelabgasen
durch industrielle Aktivitäten. Dieser Prozeß, der größtenteils
auf kontinentale Industrieregionen beschränkt ist, vermindert
die Absorbtion solarer Strahlung und wirkt als Abkühlungseffekt.
– Ein Anstieg der troposphärischen Ozonkonzentration infolge des Anstiegs von Methan-, Kohlenstoff- und Stickoxyd-
Emissionen mit dem Effekt einer Erwärmung.
– Eine Zunahme des Wassergehalts der Stratosphäre infolge
eines steigenden Methangehaltes einerseits und einer Erwär-

71

mung der Tropopause in den tropischen Breiten infolge der Wärmeeffekte der FCKW andererseits. Dies erzeugt einen Wärmeeffekt in der Nähe der Erdoberfläche und einen Abkühlungseffekt in der unteren Stratosphäre.

– Da keine angemessenen Beobachtungen im Weltmaßstab existieren, sind die Schwankungen und der Einfluß dieser Effekte in den letzten Jahrzehnten nicht hinreichend bekannt. Das bedeutet, daß bei der Beurteilung vergangener Temperaturschwankungen noch erhebliche Unsicherheiten bestehen.

b) Strahlungsbeeinflussung durch Wolken und Rückkopplungsprozesse

In der unzureichenden Simulation von Wolken-Strahlungs-Interaktionen liegt eine weitere Unsicherheit für Klimamodelle. Der entscheidende Grund hierfür ist die deutliche Differenz zwischen den räumlichen Maßstäben. Klimamodelle gehen typischerweise von 500 km aus, während die Wolkenbildungen von einigen wenigen bis zu Tausenden von Kilometern reichen. Die Wolkenbildung spielt jedoch bei der strahlungsbedingten Erwärmung des Planeten eine dominante Rolle.

Wolken haben zwei gegensätzliche Wirkungen: Einerseits kühlen sie die Erde ab, indem sie die Sonnenstrahlungen reflektieren, andererseits verstärken sie den atmosphärischen Treibhauseffekt mit der Folge einer Erwärmung. Der Nettoeffekt der Wolken, die Wolken-Strahlungs-Kraft, ist kürzlich von dem „Experiment zur Bestimmung der Erdstrahlungsbilanz (ERBE)" für den Monat April 1985 bestimmt worden. Die Daten zeigen ausgeprägte Abkühlungseffekte (bis über 100 Watt pro qm^2), die durch die zyklonalen Wolkensysteme über den Ozeanen (Nordatlantik und Pazifik) und durch die marinen Stratocumulus über dem Pazifik (vor der Westküste Südamerikas) hervorgerufen werden. In den Tropen sind der Treibhauseffekt und die Sonnenstrahlungsreflektion sehr hoch (ca. 50 bis 100 Watt pro qm^2), aber sie heben sich gegenseitig nahezu auf und ergeben nur einen kleinen Rest.

Weltweit war die Reflektion der Sonneneinstrahlung durch Wolken 44 Watt pro qm², und ihr Treibhauseffekt betrug ca. 31 Watt pro qm². Daraus ergibt sich, daß beim gegenwärtigen Klima der Solareffekt dominiert, wobei die Wolkenbildung netto einen Abkühlungseffekt hat. Warum das so ist, konnte bislang nicht geklärt werden.

Die Zirkulation von Atmosphäre und Ozean bestimmen die Verteilung von Temperatur, Feuchte und Wind, die ihrerseits wiederum die Wolkenbildung determinieren. Diese Variablen reagieren auf die Quellen und Senken von Strahlung und thermodynamischer Energie, die ihrerseits wiederum durch die Verteilung der Wolken beeinflußt wird. So könnte eine Veränderung des Klimas die Wolkenbedeckung ändern, die ihrerseits wiederum eine Rückwirkung auf das Klima hätte. Zur Zeit wissen wir noch nicht, ob diese Veränderungen den Effekt der Spurengase verstärken oder abschwächen. Die ERBE-Daten belegen jedoch, daß schon relativ geringe Veränderungen einen merkbaren Einfluß auf die Strahlungsbilanz unseres Planeten haben können.

Die Wolken spielen außerdem eine wichtige Rolle in der Chemie der unteren Atmosphäre. Gase, die durch menschliche Aktivitäten freigesetzt werden, stören auch das chemische Gleichgewicht der Atmosphäre. Die löslichen Produkte dieser chemischen Reaktionen, wie Salzsäure, Schwefelsäure und Salpetersäure, werden durch Regenfälle ausgewaschen. Die Sulfatpartikel sind wiederum wichtige Kristallisationskerne für niedrighängende Wolken, die einen merkbaren Abkühlungseffekt auf die Ozeane ausüben. Dies verdeutlicht, daß die Wolken eine wichtige Rolle bei der Wechselwirkung zwischen Chemie und Atmosphäre spielen. So können in einer spurengasreichen Atmosphäre auch Veränderungen der Wolkenbildung indirekt durch chemische Wechselwirkungen auf das Klima zurückwirken.

c) Wechselwirkungen Ozean – Atmosphäre

Während die unzureichenden Kenntnisse über die Wechselwirkungen von Wolken und Klima die Hauptursache für vorhandene Unsicherheiten bei der Klimavorhersage sind, ist das mangelnde Wissen über die ozeanische Dynamik eine wichtige Quelle für die Unsicherheit in den heutigen Modellen, eine vorübergehende Erwärmung abzuschätzen. Ein unerwarteter schneller Transport der erhöhten Strahlungswärme durch mehrere hundert Meter Ozean hindurch kann die Erwärmung für mehr als ein Jahrhundert verzögern. Falls andererseits die Erwärmung die oberen Schichten der Ozeane stabilisiert und die Vermischung mit den unteren Schichten verlangsamt, kann der Zeitraum zwischen Anstieg der Spurengase und Oberflächenerwärmungen auf ein Jahrzehnt zusammenschrumpfen.

4. Forderungen an die Politik

Sowohl der vorhergesagte Umfang möglicher Auswirkungen als auch die Unsicherheiten der Aussagen sind noch sehr groß. Einige dieser Unsicherheiten können mit neuen Technologien (z. B. durch die Verfügbarkeit von „Supercomputern") in nächster Zeit reduziert werden. Andere Unsicherheiten erfordern vielleicht noch Jahrzehnte intensiver Forschung, bevor eine allgemein zufriedenstellende Erklärung gefunden ist. Einige wichtige Fragen, wie z. B. die nach der Variation der Strahlungsfaktoren in der Vergangenheit, werden vielleicht nie beantwortet werden können.

Dies läßt vermuten, daß wir, die Menschen, die Ordnung unseres Planeten stören, ohne überhaupt zu verstehen, wie die Erde auf diese Störungen reagiert und reagieren wird. Dabei kann die Möglichkeit nicht ausgeschlossen werden, daß die Veränderungen zunehmend irreversibel sein werden. Offensichtlich sind unsere technologischen Fähigkeiten, sich unbefugt an der chemischen Umwelt zu schaffen zu machen, unseren wissenschaftlichen Fähigkeiten zur Erfassung der Folgen weit vorausgeeilt.

Wir haben grundsätzlich zwei Möglichkeiten, auf diese potentielle Bedrohung zu reagieren:

– Die erste besteht darin, solange zu warten, bis die Ungewißheiten deutlich geringer geworden sind. Das kann Jahrzehnte dauern, und in der Zwischenzeit, wenn sich die theoretischen Hypothesen als richtig herausstellen, hätten wir unseren Planeten bereits noch nie erlebten Erwärmungsraten ausgesetzt. Und der verbleibende Handlungsspielraum wäre nur noch sehr gering.

– Die zweite Möglichkeit besteht darin, jetzt vorbeugend Aktionen zu ergreifen, um den Anstieg der Spurengase zu verringern. Da dieser Ansatz jedoch insbesondere für jene Staaten der Dritten Welt Härten mit sich bringt, wo Kohlendioxyd- und Methanfreisetzungen vor allem die Folge einer Sicherung des nackten Lebensunterhalts sind, wird auch dieser Weg nicht einfach zu gehen sein. Während vernünftige Maßnahmen wie Wiederaufforstung, Steigerung der Energieeffizienz und Reduzierung der Abfallmengen noch relativ leicht eingeleitet werden können, müssen wir uns aber darüber klar werden, daß alle Maßnahmen, die in den nächsten zwei bis drei Jahrzehnten nicht zu einer global mindestens 30 bis 50%-igen Verringerung des heutigen Anstiegs klimaschädlicher Emissionen führen, möglicherweise letztlich nichts weiter als symbolhafte Handlungen bleiben könnten.

Zweifellos sind aber auch die wissenschaftlichen Unsicherheiten noch groß, und somit werden gewisse Nationen sich wohl davor hüten, die kostspieligsten und sozial schwierigsten Gegenmaßnahmen zu ergreifen. Hieraus folgt mit größter Dringlichkeit die kritische Bedeutung einer Intensivierung der weltweiten Klima- und Umweltforschung, auch zum Zweck der Information und allgemeinen Bewußtseinsbildung über dieses lebenswichtige Problem.

Literatur

Bruhl, C., and Crutzen, P. J. (1988): Scenarios of possible changes in atmospheric temperatures and ozone concentrations due to man's activities, estimated with a one-dimensional coupled photochemical climate
model. In: *Climate Dynamics,* 3 (1988).

Dickinson, R. E. and Cicerone, F. J. (1986): Future global warming from
atmospheric trace gases. In: *Nature,* 319, 109–114.

Ellis, J. S. and Vonder Haar, T. H. (1976): Zonal average earth radiation
budget measurements from satellites for climate studies. In: *Atmos. Sci.
Rep.* 240. Fort Collins, CO: Colorado State University.

Grotch, S. L. (1988): Regional intercomparison of general circulation
model predictions and historical climate data. Department of Energy
report, DOE INBB-0084, Washington, DC 20545.

Hansen, J. E., Lacis, A., Rind, D., Russel, G., Stone, P., Fung, I., Ruedy,
R. and Lerner, J. (1984): Climate sensitivity: analysis of feedback
mechanisms. In: Climate Processes and Climate Sensitivity, Series 5, ed.
W. C. Clark, pp. 248–286. New York: Clarendon Press.

Lacis, A., Hansen, J., Lee, P., Mitchell, T., and Lebedeff, S. (1981):
Greenhouse effect of trace gases, 1970–1980. In: *Geophys. Res. Lett.,* 8,
1035–1038.

Ramanathan, V., Callis, L., Cess, R., Hansen, J., Isaksen, I., Kuhn, W.,
Lacis, A., Luther, F., Mahlman, J., Reck, R., and Schlesinger, M.
(1987): Climate-chemical interactions and effects of changing atmosphere trace gases. In: *Rev. Geophys.,* 25, 1441–1482.

Ramanathan, V., Cess, R. D., Harrison, E. F., Minnis, P., Barkstrom,
B. R., Ahmad, E., and Hartmann, D. (1989): Cloud-Radiative Forcing
and Climate: Insights from the Earth Radiation Budget Experiment. In:
Science, 243, 57–763.

Schlesinger, M. E., and Mitchell, F. B. (1987): Climate Model Simulations
of Equilibrium Climate Response to Increased Carbon Dioxide. In:
Rev. Geophys., 25, 760–798.

Washington, W., and Meehl, G. A. (1986): General circulation model
CO_2 sensitivity experiments: snow-sea ice albedo parameterizations and
globally averaged surface-air temperature. In: *Clim. Change,* 8,
231–241.

II. REGIONALE PERSPEKTIVEN

Eneas Salati
Entwicklungen und Umweltprobleme im Amazonasgebiet

1. Einleitung

Das Amazonasgebiet erstreckt sich über eine Fläche von circa. 7 000 000 km^2 und vereint die folgenden Länder Südamerikas: Brasilien, Kolumbien, Peru, Bolivien, Ekuador, Venezuela, Surinam, Guyana und Französisch-Guayana.

In diesem Gebiet gibt es verschiedene ökologische Systeme, die sich nicht nur durch das Klima, sondern auch durch die Vielfalt der Flora und Fauna unterscheiden. Der gemeinsame Nenner der Region ist das überwiegend warme und feuchte Klima und eine kaum fruchtbare Erdoberfläche, die jedoch mit einer äußerst vielseitigen Biota bedeckt ist. Dieses Gebiet wird auch von großen Flüssen geprägt, von denen der Amazonasfluß circa 160 000 m^3 Wasser pro Sekunde in den Ozean entlädt.

Die ökologischen Veränderungen im Amazonasgebiet begannen mit der europäischen Kolonisation im Jahre 1541, als Kapitän Orellana den Amazonasfluß von den Anden bis zur Mündung an der Atlantikküste erforschte.

Die Erschließung des Amazonasgebietes von 1541 bis 1840 wurde hauptsächlich durch die Portugiesen bestimmt, die von der Küste in Richtung Westen 3000 km des Amazonasflusses eroberten.

Die Spanier kolonisierten den westlichen Teil in der Nähe der Anden. Während dieses Zeitraumes der Eroberung und Besetzung waren die Umwelteinflüsse sehr gering, jedoch erfuhr das Gebiet eine erhebliche Veränderung, was seine Bewohner anbelangt. Die Gemeinden der Ureinwohner litten unter dem Druck der Kolonisatoren. Einige Gruppen wurden völlig ausgelöscht, andere zogen sich zunehmend in den inneren Teil zurück, und vereinzelte vermischten sich mit den Europäern.

In den Jahren 1840–1910 erlebte das Amazonasgebiet eine wirtschaftliche Blüte durch die Gummigewinnung, für die es einen wachsenden Markt besonders in Europa und den Vereinigten Staaten gab. Städte wie Manaus und Belém entwickelten sich schnell und tragen noch heute die Merkmale der goldenen Vergangenheit der Gummiproduktion. Die mit dieser Tätigkeit verbundenen ökologischen Veränderungen sind von geringer Bedeutung, da der Gummi von einheimischen Bäumen gewonnen wurde und somit praktisch kein Eingriff in die Pflanzenwelt erfolgte. Es gab allerdings einige Einflüsse in der Fauna, da die Bevölkerung nicht nur ihren Fleischbedarf deckte, sondern auch Tierprodukte (Leder, Felle, Federn) gehandelt wurden.

Im Zeitraum von 1910 bis zum Ende des zweiten Weltkrieges stand das Amazonasgebiet unter einer Depression und blieb praktisch ohne Investitionen, sei es zur Gewinnung von Pflanzen- und Mineralprodukten oder zur Einführung von Landwirtschaft.

Die wirklich großen Veränderungen im Amazonasgebiet begannen in den 60iger Jahren und beschleunigten sich im Laufe der letzten zwanzig Jahre. Alle im Moment verfügbaren Daten über die verschiedenen Teile der Region zeigen, daß die Abholzung des tropischen Regenwaldes im Jahre 1970 ungefähr 1% betrug. Seitdem wurden mindestens 13% der Gesamtfläche völlig abgeholzt und wahrscheinlich 20–25% der Fläche in irgendeiner Form gestört, d. h., daß der Wald verändert wurde.

Das Ziel dieses Beitrages besteht in der Analyse einiger möglicher ökologischer Veränderungen auf dem lokalen, regionalen und globalen Niveau, die mit der Beeinflussung des Waldes durch bestimmte Nutzungsarten wie Viehzucht und jährlichen Anbau in Zusammenhang stehen.

2. Die wichtigsten Umweltprobleme

Die Umweltprobleme sind nicht nur als Konsequenz der Zerstörung der Umwelt selbst von Wichtigkeit. Sie haben eine zusätzliche Dimension, wenn man die Mißerfolge der Kolonisierungsprojekte, die auf der Eigenart der Ökosysteme beruhen, betrachtet und die gravierenden wirtschaftlichen Konsequenzen mit ihren sozialen Problemen verschiedener Größenordnungen überlegt. Diese sozial-wirtschaftliche Dimension der Umweltprobleme steht unmittelbar mit dem Charakter des tropischen Regenwaldes in Zusammenhang und wird noch durch die Schnelligkeit, mit der die Erschließung voranschreitet, erhöht. Die zunehmende Geschwindigkeit der Veränderungen macht eine technologische und soziale Anpassung, die mit den biologischen Prozessen vereinbar wäre, unmöglich.

Im Vergleich zur Größe des Gebietes und der Kompliziertheit der zu lösenden Probleme sind die Grundkenntnisse über das Ökosystem des Amazonasbeckens gering. Kürzlich wurden die Daten, die den Ausgangspunkt für eine tiefere Analyse bilden, in einigen Veröffentlichungen zusammengetragen. Diese Werke sind folgende: Salati et al. (1983), Sioli (1984), Prance und Lovejoy (1985), Dickinson (1987). Außerdem gibt es Informationen in Fachschriften wie zum Beispiel *Acta Amazônica, Amazoniana* und *Boletim do Museu Paraense Emílio Goeldi.* Vor kurzem wurde eine Studie über die chemische Zusammensetzung der Atmosphäre in Zusammenarbeit mit der NASA (Nordamerikanische Raumfahrtbehörde) abgeschlossen, deren Ergebnisse in der Zeitschrift *Journal of Geophysical Research,* Vol. 93, Nummer D2, im Februar 1988 veröffentlicht wurden.

Unter den Umweltproblemen sind die offenkundigsten:
– Abholzung
– Verschlechterung des natürlichen und kulturellen Erbgutes der Ureinwohner
– Zerstörung der biologischen Vielfalt
– Verschmutzung der Gewässer und der Biosphäre mit Quecksilber in den Gebieten der Goldgewinnung

- Beeinträchtigung der Wassersysteme
- Bodenerosion
- Umweltverschmutzung durch den Einsatz von chemischen Substanzen in der Bodenbearbeitung
- Änderung der Wasserdynamik der Flüsse durch den Bau großer Dämme. Als Konsequenz treten auch Änderungen in den biologischen und physikalisch-chemischen Eigenschaften der Gewässer und im Transport von Ablagerungen auf.
- Mikroklimatische Veränderungen und mögliche regionale Klimaveränderungen, die auf Änderungen der Wasser- und Energiezyklen zurückzuführen sind, mit Auswirkungen auf das Amazonasbecken und Nachbargebiete.
- Auf globalem Niveau ist die Erhöhung des Treibhauseffektes durch Verringerung des Kohlenstoffs der Biomasse der gestörten Ökosysteme beunruhigend. (Die Biomasse der Wälder und die im Boden lagernden organischen Substanzen sind in tropischen Regenwäldern weitaus größer als in Flächen, die für Weide- und Anbauzwecke benutzt werden.)

Eine der Hauptursachen der Umweltprobleme ist die Abholzung, die – wie schon erwähnt – in exponentieller Form vorangeschritten ist und im Jahre 1987 das Ausmaß von 6–7 Millionen Hektar erreichte. Die Abholzung selbst wird durch die Kolonialisierung, den Bau großer Dämme zur Energieerzeugung, der Mineralgewinnung, der Gold- und Edelsteingewinnung, der Suche nach und Produktion von Öl, der Viehwirtschaft, der Bodenspekulation und der Landvergabe der Zuwanderer hervorgerufen. In jedem Land des Amazonasbeckens sind die Ursachen verschieden und können jeweils in Umfang und Aktualität variieren.

Im allgemeinen sind die internen Probleme mit der Einkommensverteilung und Bodenreform verbunden, die soziale Konflikte hervorrufen, deren Lösung in der Erschließung neuer landwirtschaftlich-nutzbarer Gelände gesehen wird. Man kann allerdings auch externe Einflüsse beobachten. Diese beruhen auf zahlreichen Faktoren, haben einen Niederschlag in der Gesamtwirtschaft und sind mit der Verschuldung der Länder der Region eng verknüpft.

Der Druck der Schulden- oder Zinsenabzahlung führt die Länder in eine Wirtschaftspolitik, bei der der Export von land- und forstwirtschaftlichen Produkten sowie Mineralien eine große Rolle spielt. Zum Beispiel führte der Anstoß zu großen Plantagen für die Produktion von Sojabohnen, die für den Export bestimmt sind, im südlichen Teil Zentralbrasiliens dazu, daß Landarbeiter ohne Arbeitsplatz und Bodenbesitz sowie kleine Landwirte, die ihre Güter verkauften, in das Amazonasgebiet umzogen, weil der Bau von Straßen den Zuzug erleichterte.

Wie schon angedeutet, bildet der Straßenbau eine der Hauptursachen der Umweltprobleme im Amazonasgebiet. In Brasilien begann der Bau von Fernstraßen, die die Region von Norden nach Süden und von Osten nach Westen durchkreuzen, in den 50iger Jahren mit der Belém-Brasília Fernstraße, die den Kraft- und Lastwagenverkehr vom nördlichen Staat Pará bis zur Industriezone im Süden Brasiliens ermöglichte. Eine zweite Fernstraße von großer Bedeutung war die „Transamazonica" der 70iger Jahre, die den Nordosten mit dem westlichen Teil des Amazonasgebietes verbindet. Eine andere Fernstraße, die durch die ausgelösten und mit der rapiden Kolonisation zusammenhängenden Umweltprobleme berühmt wurde, ist die BR-364. Sie verbindet die Stadt Cuiaba im Staate von Mato Grosso mit Porto Velho und durchquert den Staat Rondonia.

Ähnliche, von der Kolonisation entlang der Fernstraßen hervorgerufene Probleme sind auch in Ekuador und Peru zu beobachten. Innerhalb der letzten zwanzig Jahre hat sich die Bevölkerung des Amazonasbeckens von 2–3 Millionen auf beinahe 20 Millionen Einwohner erhöht. Diese Bevölkerung übt einen zunehmenden Druck auf die Umwelt aus, da sie versucht, die Viehzucht zu entwickeln.

Ein ernsthaftes Problem besteht darin, daß die Versuche zur Entwicklung einer mit der Umwelt harmonierenden Landwirtschaft sehr schwierig sind, wenn man die schlechten Bodenbedingungen, klimatischen Verhältnisse, Pflanzenkrankheiten, Insektenplagen usw. in Betracht zieht. Es besteht zweifellos in einigen Teilen des Amazonasgebietes ein Potential der landwirtschaftlichen Nutzung, nur gibt es noch nicht die geeigneten Methoden, die sich der sozial-wirtschaftlichen Realität anpassen. Die Anfangsschwierigkeiten der Viehzucht auf großen oder kleinen Gütern führte nach den ersten Versuchen zum Verlassen der abgeholzten Gebiete. Es gibt schätzungsweise 10 Millionen Hektar dieser brachliegenden Flächen. Die mit dem Beginn der landwirtschaftlichen Nutzung auftretenden Probleme haben ihren Ursprung im ökologischen Charakter der feuchten Tropen. Das dynamische, ökologische Gleichgewicht der feuchten Regenwälder basiert auf einem schnellen Rücklauf der Nährstoffe, die besonders in der pflanzlichen Biomasse konzentriert sind. Durch Abholzung und anschließendes Verbrennen werden diese Rücklaufprozesse zerstört, oder starke Regenfälle sorgen für Erosion und Auswaschung der Nährstoffe, und weitere chemische und physikalische Veränderungen des Bodens erschweren die landwirtschaftliche Nutzung erheblich.

Ein weiterer externer Druck, der schon spürbar ist und sich in den kommenden Jahren noch verstärken wird, stammt vom Holzbedarf der Industrieländer. Es ist mit einer Verringerung der Waldbestände in Asien zu rechnen und einer verstärkten Nachfrage, die sich auf den letzten großen tropischen Wald der Welt konzentriert, d.h., das Amazonasgebiet.

3. Klimatische Veränderungen

Eine der großen Sorgen ist die mögliche klimatische Veränderung der Region und ihre Konsequenzen auf die Nachbargebiete und die Welt. Dieses Thema ist von verschiedenen Wissenschaftlern mit Hilfe der Wasserbilanz, Sonnenenergiebilanz, des Wasserdampfflusses in die Atmosphäre und isotopischen Methoden untersucht worden. Die jetzt verfügbaren Daten wurden durch mikro-klimatische Beobachtungen und in Anlehnung an das Niveau der hydrographischen Gegebenheiten gesammelt. Es wurden auch Versuche unternommen, Änderungen im gegenwärtigen klimatischen Gleichgewicht anhand von Simulationsmodellen (Salati, 1985; Salati & Marques, 1984(a); Salati & Vose 1984(b); Franken & Leopoldo, 1984; Henderson-Sellers, 1987; Molion, 1987) vorauszusagen.

Die wichtigsten Kenntnisse über das Klima des Amazonasbeckens und die Bedingungen, die das gegenwärtige dynamische Gleichgewicht der Atmosphäre bestimmen, können wie folgt zusammengefaßt werden:

(1) Die Sonnenenergie, die den obersten Teil der Atmosphäre des Amazonasgebietes erreicht, bleibt praktisch während des ganzen Jahres konstant und entspricht ungefähr 800 Kalorien/cm^2 pro Tag. Die Energie, die den obersten Teil des Waldes erreicht, wird hauptsächlich von den Wolken bestimmt und entspricht 50% der Energie, die den obersten Teil der Atmosphäre erreicht. Messungen zeigen, daß die Sonnenenergie, die die Baumspitzen erreicht, im Durchschnitt 420 Kalorien pro Tag entspricht. Die Sonnenenergie, die die Bodenoberfläche in den Waldgebieten erreicht, bewegt sich in der Größenordnung von 1% der Energie, die die Baumspitzen erreicht.

Die Energiebilanz zeigt, daß 75% der Niederschläge im Wasserverdampfungsprozeß durch die Transpiration der Pflanzen und die Verdampfung von Wasser an den Baumspitzen verbraucht wird.

(2) Die Temperatur zeigt kleine Variationen in den monatlichen Messungen besonders im Zentrum der Amazonas- und Solimões-Flüsse. Zum Beispiel ist die durchschnittliche Jahreshöchsttemperatur in Belém 26,9 °C und der niedrigste Stand 24 °C. Diese Isothermik ist mit dem Wasserdampfgehalt der Atmosphäre eng verbunden.

(3) Es gibt im ganzen Amazonasgebiet starke Regenfälle, die einen Durchschnitt von 2300 mm pro Jahr erreichen. Die Verteilung des Niederschlages variiert jedoch. Im atlantischen Teil verzeichnet man Werte von 3500 mm pro Jahr, im Zentrum und im Süden ungefähr 2000 mm pro Jahr oder weniger. Die schwersten Regenfälle findet man im Gebiet der Anden, wo die Werte bei ca. 5000 mm pro Jahr liegen. Die jährliche

Verteilung des Niederschlages ist auch unterschiedlich. In der nördlichen Region treten die stärksten Regenfälle in den Monaten Juli–August auf und im südlichen Teil im Laufe des Februars und März.

(4) Die Wasserbilanz der hydrographischen Becken in der Nähe von Manaus zeigt, daß im dichten, feuchten Regenwald circa 50% der Niederschläge in Form von Dampf durch die Transpiration der Pflanzen an die Atmosphäre zurückgegeben werden; 25% der Niederschläge bleiben in den Pflanzenspitzen und kehren in die Atmosphäre durch direkte Verdampfung zurück. Die kleineren als „igarapés" bekannten Flüsse nehmen 25% des Regens auf, der im hydrographischen Becken fällt. Diese Daten zeigen, daß fast 75% der Niederschläge in Form von Wasserdampf an die Atmosphäre zurückgegeben werden. In seiner Gesamtheit weist das Amazonasgebiet eine Wasserbilanz auf, bei der circa 46–52% der Niederschläge vom Amazonasfluß aufgenommen werden und in den Ozean zurückfließen. Ungefähr 48–54% der Niederschläge kehren in die Atmosphäre in Form von Wasserdampf durch Transpiration zurück.

(5) Der Wasserdampf und die Winde bewegen sich vorwiegend von Osten nach Westen. Auf diese Weise bildet der atlantische Ozean die Hauptquelle des primären Wasserdampfes.

(6) Der niederschlagsträchtige Wasserdampf des Gebietes entspricht 35 mm. Die über der Region lagernde Wasserdampfmasse liegt im Bereich von $0,21 \times 10^{12}$ Tonnen. Diese große Wasserdampfmasse ist für die gegenwärtige Energiebilanz, die Regenbildungsprozesse und die Isothermik des Amazonasbeckens verantwortlich. Als eine der Besonderheiten der feuchten Tropen läßt sich deren verhältnismäßig hohe Luftfeuchtigkeit durch diese Wasserdampfmasse über der Region erklären.

(7) Ein Versuch, die Wasserbilanz des Gebietes festzustellen, hat ergeben, daß der Niederschlag einer Wassermenge von $13,8 \times 10^{12}$ Tonnen entspricht, die kaum nur dem primären Fluß aus dem Ozean zuzuschreiben ist. Um die erhaltenen

Werte zu erklären, sollte auf den im Gebiet vorhandenen Rücklauf des Wasserdampfes verwiesen werden. Diese Hypothesen wurden von Salati et al. im Jahre 1979 mittels einer Verteilungsstudie von O^{18} und D in den Niederschlägen über dem Gebiet bewiesen. Es wird geschätzt, daß 50–60% der Regenfälle im Amazonasbecken durch den Rücklauf von Wasserdampf verursacht werden.

(8) Auf Grund der im vorhergehenden Text genannten Daten und einiger Beweise, die mathematischen Modellen entnommen wurden, ist anzunehmen, daß mit einer intensiven Abholzung Veränderungen der Sonnenenergie- und Wasserbilanz auftreten.

Gegenwärtige Schlußfolgerungen weisen darauf hin, daß mit einer Zunahme der Entleerung von Flüssen und einer verringerten Wassermasse für die Verdampfungs- und Transpirationsprozesse gerechnet werden muß. Die Tendenz wird eine Erhöhung von Temperaturen und eine Verringerung des Wasserdampfrücklaufes sein. Ein neues dynamisches Gleichgewicht der Atmosphäre hängt von der Ausweitung der abgeholzten Flächen ab. Die Veränderungen im Wasserdampfkreislauf können klimatische Änderungen in den Nachbargebieten des Amazonasbeckens hervorrufen.

(9) In der Perspektive des Weltklimas gesehen, tragen die tropischen Wälder in verschiedener Form zur Erhaltung des dynamischen Gleichgewichtes und der chemischen Zusammensetzung der Atmosphäre bei. Die Wälder bilden einen Reservoir von Kohlenstoff sowohl in der Luft als auch im Strahlungssystem und den im Boden verankerten organischen Substanzen. Es wird angenommen, daß die Tropenwälder eine Kohlenstofflagerung besitzen, die mit einem Faktor von 1,5 bis 2 den Kohlenstoffgehalt der Atmosphäre übertrifft. Auf diese Weise kann die Zerstörung der Wälder die Erwärmung der Atmosphäre durch den Treibhauseffekt beschleunigen.

4. Was getan werden kann, um die Umweltprobleme im Amazonasgebiet zu verringern

Nachdem die Ursachen der Probleme bekannt sind, können viele Schritte zu deren Lösung unternommen werden. Nachfolgend einige Beispiele:

– Verminderung des Drucks der Verschuldung. Auf diese Weise können die Amazonasländer mehr Zeit gewinnen, um sowohl die erneuerbaren Naturprodukte als auch die Mineralien rationeller zu nutzen.

– Hilfe bei der Entwicklung geeigneter Technologien für die Einführung umweltverträglicher Landwirtschaft einschließlich Maßnahmen zur Überwachung der Erosion und der Aufforstung usw.

– Intensivierung der Grundlagenforschung über das Ökosystem und seiner Gleichgewichtsprozesse einschließlich der biologischen, geologischen und chemischen Zyklen.

– Schaffung ökologischer Reserven, um die biologische Vielfalt (Tier- und Pflanzenarten) zu erhalten und zu schützen.

– Bildung wirtschaftlicher ökologischer Zonen, die mit der sozialwirtschaftlichen Realität und den Eigenschaften der Ökosysteme vereinbar sind. Die zu entwickelnden Schritte müssen für einen langen Zeitraum zur Anwendung kommen besonders im Hinblick auf die Nutzung erneuerbarer Naturprodukte.

– Schutz der Ureinwohner und ihrer Traditionen, damit die über lange Epochen gesammelten Kenntnisse, die noch heute von diesen Stämmen benutzt werden, nicht verlorengehen.

– Beginn der Aufforstung von bereits abgeholzten Gebieten mit dem Ziel, die Bedingungen des ökologischen Gleichgewichtes zu verbessern und den Kohlenstoffbestand im Ökosystem der Erde zu erhöhen.

– Verbesserung der Methoden der Walderhaltung und Nutzung der Waldprodukte.

– Vertiefung der Studien über chemische Bestandteile der tro-

pischen Pflanzen, die zur Herstellung von pharmazeutischen Produkten von Interesse sind.
- Assistenz bei Versuchen, die landwirtschaftliche Nutzung der bereits abgeholzten Flächen zu erhöhen, um auch das augenblickliche Tempo der Abholzung zu verlangsamen oder zu vermindern.
- Entwicklung von Lehrmaterial für Grund-, Mittel- und Hochschulen sowie Einführung von Kursen über Umweltprobleme auf dem Niveau der Land- und Stadtgemeinden.
- Unterstützung und Aktualisierung der Behörden, die für Umweltfragen im Zusammenhang mit Entwicklungsprojekten zuständig sind.

Literatur

Dickinson, R., Hrsg. (1987): The Geophysiology of Amazonia. Vegetation and Climate Interactions. John Wiley & Sons.

Franken, W., Leopoldo, P.R. (1984): Hydrology of catchment area of Central-Amazonian forest streams. In: H.Sioli (Hrsg.), The Amazon: Limnology and Landscape Ecology of a Mighty Tropical River and its Basin. W.Junk, Dordrecht, Holland.

Henderson-Sellers, A. (1987): Effects of change in land use on climate in the humid tropics. In: R.E.Dickinson (Hrsg.), The Geophysiology of Amazonia. John Wiley & Sons.

Mollion, L.C.B. (1987): Micrometereology of an Amazonian rain forest. In: R.E.Dickinson (Hrsg.), The Geophysiology of Amazonia. John Wiley & Sons.

Oberndorfer, D. (1989): Schutz der tropischen Regenwälder durch Entschuldung. C.H.Beck, München.

Prance, G.T., Lovejoy, T.T., Hrsg. (1985): Amazonia. Pergamon Press.

Salati, E., Schubart, H.O.R., Junk, W., Oliveira, A.E.O. (1983): Amazonia: Desenvolvimento, integração e ecologia. Editora Brasiliense/ CNPq.

Salati, E. (1985): The climatology and hydrology of Amazonia. In: G.T.Prance, Amazonia. Pergamon Press, Oxford, England.

Salati, E., Marques, J. (1984a): Climatology of the Amazon region. In: H.Sioli (Hrsg.), The Amazon: Limnology and landscape ecology of a mighty tropical river and its basin. W.Junk, Bordrecht, Holland.

Salati, E., Vose, P.B. (1984b): Amazon basin: A system in equilibrium. Science 225, 129–138.

Salati, E., Dall'Olio, A., Matsui, E., Gat, J.R. (1979): Recycling of water in the Amazon basin: An isotopic study. Water Resource. Res. 15, 1250–1258.

Sioli, H., Hrsg. (1984): The Amazon: Limnology and landscape ecology of a mighty tropical river and its basin. Dr. W. Junk Publishers.

A. Barrie Pittock
Der Treibhauseffekt: Eine australische Perspektive

1. Die australische Erfahrung

Klimaveränderungen sind Teil der Geschichte Australiens, und sie sind tief verankert in der Erfahrungswelt der Eingeborenen, die bereits in Australien siedelten, bevor der Höhepunkt der letzten Eiszeit erreicht war. Die Eingeborenen mußten sich von den großen Ebenen des Sahul Shelf und dem zurückziehen, was jetzt der Arafura-See ist, der im Norden Australiens liegt. Andere wurden in Tasmanien im Süden Australiens abgeschnitten, als die Gewässer in Reaktion auf die Klimaveränderung vor 9000 Jahren anstiegen. Das heutige Australien erlebt im Abstand von wenigen Jahren eine relativ große Klima-Variabilität mit Trockenheiten und überflutenden Regenfällen, die mit dem „El Nino Phänomen", mit Temperaturstörungen weit entfernt im tropischen Pazifik zusammenhängen. Der vom Menschen verursachte Treibhauseffekt und damit die Gefahr einer großen Klimaveränderung, die möglicherweise die Spannbreite zwischen der letzten Eiszeit und Gegenwart umfaßt, aber in einer sehr viel kürzeren Zeit, ist erst kürzlich ins Bewußtsein der Bevölkerung Australiens gerückt. Die wissenschaftliche Welt wurde durch die Warnungen der „Villach-Konferenz", die 1985 in Österreich abgehalten wurde, aufgeschreckt.

Die Dringlichkeit der Beschäftigung mit dem Thema ergab sich, als klar wurde, daß neben dem Kohlendioxyd auch andere Treibhausgase in den nächsten Jahrzehnten ungefähr so viel zur globalen Erwärmung der Erde beitragen werden, wie das Kohlendioxyd selber. Dadurch verschiebt sich theoretisch der Zeitpunkt, an dem der Effekt einer Kohlendioxyd-Verdoppelung eingetreten wäre, auf ca. das Jahr 2030, also innerhalb des Planungshorizonts für viele öffentliche und private

Investitionen sowie innerhalb der Lebensspanne vieler Menschen. Daraus ergab sich für die Wissenschaftler die Notwendigkeit, die Entscheidungsträger zu alarmieren, aber nicht nur die Politiker, sondern auch Ingenieure, Planer, Investoren und die allgemeine Öffentlichkeit. Im Jahre 1986 beschlossen wir in der CSIRO, Abteilung für Atmosphärenforschung, in dieser Frage eine Zusammenarbeit mit der „Zukunftskommission" in der Regierung zu organisieren, deren Aufgabe darin besteht, die Bevölkerung auf neue wissenschaftliche und technische Themen aufmerksam zu machen, um besser informiert und verantwortlich Entscheidungen treffen zu können. Wir entwickelten ein Programm „Das Treibhausprojekt" mit zwei größeren Aktivitäten.

Das erste Projekt „Treibhaus '87" war eine nationale Konferenz von Wissenschaftlern und Entscheidungsträgern, um die Konsequenzen eines vorgegebenen Treibhausszenarios (das mögliche zukünftige Klima Australiens im Jahre 2030) auszuloten. Die Teilnehmer behandelten ein weites Spektrum, von den Auswirkungen auf die Landwirtschaft und die Wasserressourcen über das Küstenmanagement und die Stadtplanung bis hin zum Versicherungswesen und dem Schutz der Gesundheit.

Nach dieser Konferenz wurde unter der Federführung der Zukunftskommission das „Treibhaus '88" organisiert, eine ebenso beeindruckende Konferenz, die gleichzeitig in 10 Städten Australiens abgehalten wurde und deren 6000 Teilnehmer über Satelliten miteinander verbunden waren. Sie beschlossen ein Dokument, das sich mit den Ursachen, Auswirkungen und möglichen Handlungsansätzen beschäftigte.

Die Treibhausproblematik hat damit im öffentlichen Bewußtsein einen Sprung nach vorne gemacht: Meinungsumfragen belegen, daß rund 75% der Australier die großen Handlungsnotwendigkeiten sehen.

Innerhalb CSIRO baut die Abteilung für Atmosphärenforschung die notwendigen Kapazitäten auf, um ein Simulationsmodell für regionale Klimaeffekte zu erstellen. Dies geschieht in Kooperation mit dem Forschungszentrum des Amtes für

Meteorologie und mit dem meteorologischen Dienst von Neuseeland. Andere Abteilungen innerhalb von CSIRO entwickeln wichtige Programme in Bereichen wie Ozeanographie, Naturschutz und Ökologie, Pflanzenreaktionen, Landwirtschaft und Wasserressourcen.

Der Bedarf nach detaillierter und zuverlässiger Information über den Treibhauseffekt wächst in Australien ständig. Wir müssen darüber Klarheit bekommen, was legitimerweise heute auf der Basis des gegenwärtigen Wissensstandes entschieden werden kann und welche Entscheidungen so lang zurückgestellt werden sollten, bis bessere Informationen vorhanden sind. Diesem Thema widmet sich der Beitrag.

2. Was wir wissen

Verschiedene Treibhausgase in der Atmosphäre verzeichnen eine ansteigende Konzentration. Kohlendioxyd und Methan tun dies seit Anfang der industriellen Revolution und im Zusammenhang mit dem massiven Anstieg der Weltbevölkerung in den letzten ein bis zwei Jahrhunderten. Genaue atmosphärische Messungen über die letzten Jahrzehnte und Messungen aus Luftblasen, die im arktischen Eis oder in Grönland eingeschlossen waren, haben dieses zweifelsfrei feststellen lassen. Darüber hinaus haben Messungen der Isotopenzusammensetzungen der Luft nachgewiesen, daß die Hauptursache für den Anstieg des Kohlendioxyds die Verbrennung von Erdöl, Kohle und Erdgas ist.

Methan, dessen Entstehung z.B. mit bewässerten Reisfeldern und der Haltung von Nutztieren zusammenhängt (und damit mit der Nahrungsherstellung der wachsenden Weltbevölkerung), hat sich in dieser Zeit mehr als verdoppelt. Stickoxyde steigen ebenfalls allmählich an. Andere Treibhausgase industriellen Ursprungs, wie die FCKW, sind in kurzer Zeit noch sehr viel schneller als andere klimaschädliche Gase angestiegen. Es kann keinen Zweifel daran geben, daß ein Anstieg der Konzentration dieser Treibhausgase insgesamt dazu führt, daß sich die Erdoberfläche erwärmt.

Es ist mehrfach argumentiert worden, daß das klimatische System der Erde zu stabil sei, als daß eine größere Erwärmung geschehen könne und, daß einige negative Rückkoppelungsprozesse, d.h. Reaktionen, die den beschriebenen Effekt weitgehend wieder kompensieren, abliefen. Eine derartige Möglichkeit bestünde darin, daß jede Temperaturerhöhung zu einer verstärkten Wolkenbildung führte, die ihrerseits wiederum die Reflexion des Sonnenlichts verstärkte und somit die Erwärmung reduzierte. Dies ist jedoch unwahrscheinlich, da die Daten, die aus den Eisbohrkernen gewonnen wurden, eine nahezu perfekte Korrelation zwischen der jeweiligen Erdtemperatur und der atmosphärischen Konzentration von Kohlendioxyd und Methan während der letzten 160 000 Jahre zeigen. Mit anderen Worten, Rückkoppelungsprozesse, von denen man hätte erwarten können, daß sie die Wirkung der Gase ausgleichen, hat es während der letzten 160 000 Jahre nicht gegeben. Dabei bleibt allerdings die Frage offen, was die großen Veränderungen im Klima und der Zusammensetzung der Atmosphäre während der vergangenen Erdzeitalter bewirkt hat. Die wahrscheinlichste Antwort darauf ist, daß es die Veränderungen in der Erdumlaufbahn um die Sonne gewesen sind, die mit einer Periodizität von 120 000 Jahren auftreten („Milankovitch-Theorie"), und daß diese Kräfte zumindestens teilweise von Treibhausgasen verstärkt wurden, deren Quellen und Senken von der Temperaturentwicklung modifiziert werden. Solche Prozesse wie die Veränderung in der gebundenen Biomasse, in der Löslichkeit des Kohlendioxyds im Ozean oder in der Carbonatbindung durch ozeanische Biomasse hängen alle von der Oberflächentemperatur ab. Dies bedeutet, daß – wenn überhaupt – diese Rückkoppelungskräfte die ursprünglichen Temperaturänderungen wahrscheinlich verstärken und nicht verringern.

Die gegenwärtige Konzentration an Treibhausgasen ist größer als je zuvor in der Geschichte der Menschheit. Es erscheint unvermeidbar, daß dies zu einem historisch noch nie dagewesenen Anstieg der Oberflächentemperaturen auf der Erde führen wird, obwohl die große Wärmespeicherkapazität der Ozeane die Erwärmung verlangsamt und dafür sorgt, daß die Veränderung der Oberflächentemperatur hinter der Veränderung der Erdatmosphäre mehrere Jahrzehnte zurück bleibt. Nicht nur das vermutete Ausmaß der Erwärmung wird größer sein als jemals in der Geschichte der Menschheit, auch die Geschwindigkeit der Veränderung wird alles bisher Erlebte übertreffen.

Dies beinhaltet einen sehr kritischen Punkt. Die Unsicherheit über unsere zukünftigen Umweltbedingungen einschließlich Klima und Meeresspiegel sind trotz des Wissenszuwachses der letzten Jahrzehnte groß. Das ist eine zentrale Tatsache, die bei jeder Entscheidungsfindung in Betracht gezogen werden muß. Wir können nicht länger annehmen, daß die Bedingungen der Vergangenheit eine gute Abschätzung der Zukunft ermöglichen. Jede Planung muß diese Unsicherheit und die Möglichkeit überraschender Veränderungen mit berücksichtigen. Zahlreiche, weitgehend noch unbekannte oder wenig erforschte mögliche Kumulations- und Rückkoppelungsprozesse können nicht ausgeschlossen werden.

3. Was wir nicht wissen

Viele Faktoren, die unser Klima bestimmen, können von Wissenschaftlern in mathematischen Gleichungen ausgedrückt werden. Diese sind sehr kompliziert und müssen in kurzen Zeitabständen wiederholt berechnet werden. Dazu sind sehr große und teure Computer erforderlich. Wenn wir von Klimamodellen reden, beziehen wir uns auf diese komplexen Computerprogramme. Sie ermöglichen es uns, zumindest im großen Maßstab Vorhersagen über durchschnittliche Temperaturveränderungen zu machen, sogar über die Veränderungen der durchschnittlichen Niederschlagsmengen in bestimmten Breitengraden – zumindest die Richtung und Größenordnung der erwarteten Veränderung.

Auf der regionalen Ebene geben die Computerprogramme jedoch noch keine präzisen Vorhersagen. Sie weichen bei Regionalprognosen tatsächlich in erheblichem Ausmaß voneinander ab. Dies trifft besonders für die Verdunstungsrate und die Bodenfeuchtigkeit zu. Für diese Unsicherheiten auf regionaler Ebene gibt es verschiedene Gründe:

– Der wahrscheinlich wichtigste ist, daß die Modelle, damit sie in die gegenwärtige Generation von Supercomputern zu vertretbaren Kosten implementiert werden können, die Klimavariablen nur für Punkte berechnen können, die typischerweise in einem 500 km-Raster liegen. Dies reicht für die Realität jedoch nicht hin, denn Prozesse, die in feineren räumlichen Dimensionen ablaufen, werden oft nur grob und ungenau gemittelt.

– Ein weiterer wichtiger Grund liegt in der unvollständigen Wiedergabe der grundsätzlichen ozeanischen Prozesse. Die Zirkulation in der Tiefsee, Ozeanströmungen oder das „El Nino Southern Oscillation (Enso)-System", das die Ozeantemperaturen und die Klimamuster quer über den tropischen Pazifik und Indischen Ozean verändert, sind in den Modellen entweder nicht enthalten oder können nicht hinreichend wiedergegeben werden.

Insofern kommen die Modelle zu sehr unterschiedlichen regionalen Veränderungen in Niederschlag und Bodenfeuchtigkeit. Insgesamt stimmen die Modelle allerdings darin überein, daß die Erwärmung über den Landflächen größer sein wird, insbesondere in dem Gürtel von 50 bis 70° Nord.

Eine bedeutende Unsicherheit für hohe Breitengrade in der südlichen Hemisphäre sind die Reaktionen der aufsteigenden Wassermassen polwärts des antarktischen Zirkulationsgürtels. Da dieses Wasser von weit unterhalb der Erdoberfläche kommt, wo es vielleicht für Jahrhunderte oder mehr mit der Erwärmung nicht in Berührung kommt, könnte die sich fortsetzende Strömung aus der Tiefe die Oberflächentemperaturen in den höheren Breiten der südlichen Halbkugel in etwa konstant halten. Die konvektiven Umwälzungen des Wassers in hohen Breitengraden der südlichen Ozeane sind jedoch großen Veränderungen ausgesetzt (mögliche Veränderungen der Oberflächentemperatur und des Salzgehaltes). Dies könnte noch unerwartete Ergebnisse hervorrufen.

Daraus ergeben sich die bisher wenig erforschten Fragen nach kurzfristigen Effekten der Erwärmung. Aus der Tatsache, daß die große Wärmekapazität der Ozeane dafür sorgen wird, die Oberflächentemperatur der Meere unter denen der Landflächen zu halten, entstehen regionale Temperatursprünge, die auch zeitlich variieren und regionale oder lokale Veränderungen in der Atmosphärenzirkulation und im regionalen Klima hervorrufen.

Die Geschwindigkeit, mit der der weltweite Meeresspiegel ansteigen kann, ist eine weitere Unbekannte. Man vermutet, daß die hierfür wichtigsten Faktoren in den nächsten 50 bis 100 Jahren die thermische Ausdehnung der Ozeane und das Abschmelzen von Gletschereis sein werden. Der Wärmefluß der Ozeane hängt jedoch von den Zirkulationsprozessen der Tiefsee ab, die bisher wenig verstanden sind. Die besten der gegenwärtig verfügbaren Schätzungen für den weltweiten Anstieg des Meeresspiegels in den nächsten 40 bis 50 Jahren reichen von 20 bis 140 cm. Für einen größeren Zeitmaßstab ist zu vermuten, daß das Abschmelzen des antarktischen und grönländischen Eispanzers weitaus stärker zum Anstieg des Meeresspiegels beitragen wird. Aber auch dabei bestehen beträchtliche Unsicherheiten, weil es ebenso zu neuen Eisbildungen im Inneren der Eisflächen, zu höheren Schneefällen und aufsteigenden kalten Wasserströmen im Ozean kommen kann.

Mangelhaft sind auch unsere Kenntnisse über das Ausmaß der Wechselwirkungen zwischen Klima und Organismen, deren Verhaltensänderungen dazu beitragen könnten, die Klimaänderung zu modifizieren. Solche möglichen Effekte können sich z.B. aus Änderungen in der Vegetationsbedeckung und im Reflektionsverhalten der Oberflächen, aus der Stimulationswirkung eines erhöhten Kohlendioxyd-Gehalts auf das Pflanzenwachstum oder aus einer veränderten Produktivität der Ozeane ergeben.

Nicht zuletzt hätte eine fortgesetzte Abnahme der stratosphärischen Ozonkonzentration eine vermehrte ultraviolette Strahlung zur Folge – mit negativen Auswirkungen auf die Vegetation ganzer Landstriche und das Phytoplankton der

Meere, das die Grundlage der ozeanischen Nahrungsketten bildet. Dieses Problem wird möglicherweise dadurch weiter kompliziert, daß es negative Wechselwirkungen zwischen dem Treibhauseffekt und der Ozonzerstörung gibt. Wir wissen inzwischen, daß die deutliche und schnelle Ozonzerstörung über der Antarktis im südpolaren Frühling auch von der Bildung von Eiskristallen in der sehr kalten Stratosphäre während des antarktischen Winters abhängt. Diese Eiskristalle beschleunigen die chemische Umsetzung der FCKW-Moleküle in der Ozonschicht. Der Treibhauseffekt könnte dieses Problem weiter verschärfen, indem er eine Abkühlung der Stratosphäre hervorruft und so die Bildung von Eiskristallen in anderen Breiten und zu anderen Jahreszeiten ermöglicht. Dies könnte wiederum durch die steigende Konzentration von Methan in der Atmosphäre verstärkt werden, das in der Stratosphäre oxidiert und dabei zusätzliche Wassermoleküle freisetzt, die zur Eiskristallbildung beitragen. Veränderungen in der Zirkulation der Atmosphäre können auch signifikante Auswirkungen auf den globalen Ozonhaushalt haben, während Veränderungen in der Ozonkonzentration ihrerseits wiederum Einfluß auf die atmosphärische Zirkulation und die Oberflächentemperatur haben.

Die Häufigkeit extremer Wettervorfälle (Frostperioden, Überflutungen, Trockenheit oder Stürme) wird zunehmen. Dies gilt insbesondere für Überschwemmungen und Wirbelstürme in Ländern tropischer Breiten. Diese Wirbelstürme werden auch in höheren Breitengraden auftreten können, da sie sich nur dann bilden, wenn die Oberflächentemperatur des Meeres über 27° Celsius liegt. Deshalb müssen wir beachten: Die Höhe der Sturmwellen, die durch tropische Zyklone den größten Schaden an den Küsten auslösen können, müssen zum Anstieg des Meeresspiegels hinzugerechnet werden, um den vollen Umfang möglicher Auswirkungen zu erfassen, den die Wetterbildung unter veränderten Treibhausbedingungen erreichen kann.

4. Politisches Handeln

Politisches Handeln muß zwei Ziele haben:
a) Alle Maßnahmen ergreifen, um sich den unvermeidlichen Veränderungen so gut wie möglich anzupassen.
b) Wirkungsvolle Strategien entwickeln, um das zu erwartende Ausmaß des Treibhauseffektes zu verringern und seine Geschwindigkeit so weit wie möglich zu verlangsamen.

a) Anpassungsstrategien

Die erste politische Maßnahme muß darin bestehen, in Planungs- und Regulierungsprozessen neue Mechanismen einzubauen, die eine regelmäßige Überprüfung und Aktualisierung unseres Wissensstands erlauben. Wir sollten versuchen, die möglichen Gewinne von Klimaveränderungen zu maximieren und gleichzeitig die möglichen Verluste, so weit es geht, zu minimieren. Dazu sollten internationale Abstimmungs- und Lenkungsformen entwickelt werden, die eine größere Flexibilität und Anpassungsfähigkeit möglich machen, einschließlich der Bildung von Kapitalreserven, Materialvorräten und möglicher Ausgleichsverträge.

Potentielle Gefahrengebiete und verletzliche Ökosysteme müssen identifiziert und geschützt werden. So sollten z. B. Küstengebiete und Flußtäler mit größeren Sicherheitsbarrieren gegen die Erhöhung des Meeresspiegels und eine mögliche Überflutung ausgestattet werden.

In vielen Fällen wird dies zudem eine verstärkte Grundlagenforschung erfordern, um z. B. bestimmte Pflanzenarten und Getreidesorten zu entwickeln, die auf ein verändertes Klima, erhöhte Kohlendioxydkonzentration und vermehrte UV-B-Strahlung weniger empfindlich reagieren. Auch die wirtschaftlichen Auswirkungen müssen unter Berücksichtigung einer veränderten Produktivität und den Konsequenzen für Angebot und Nachfrage modelliert werden.

In der (international abgestimmten) Klimaforschung muß die Entwicklung von Klimamodellen eine hohe Priorität erhalten, die regionale Klimaveränderungen und deren Auswirkungen vorhersagen. Schließlich sind internationale Hilfsprogramme zu planen, wie mit den potentiellen Umweltflüchtlingen umzugehen ist. Wenn der Meeresspiegel bis zum Jahre 2030 um einen Meter steigen sollte, was ist dann die politische Antwort der Weltgesellschaft, wenn die Bevölkerung der Malediven oder von Bangladesh umgesiedelt werden muß?

b) Begrenzungsstrategien

Das allgemeine Bild ist klar: Wenn wir uns nicht ernsthaft bemühen, die großen und schnellen Klimaveränderungen zu begrenzen, werden sie eine katastrophale Größenordnung erreichen und kaum noch zu korrigieren sein. Die entwickelten Staaten werden vielleicht, wenn auch zu hohen Kosten, fähig sein, sich eine zeitlang einem rapiden Klimawechsel anzupassen, für viele der ärmeren Länder auf dieser Erde wird dies jedoch nicht möglich sein. Letztlich aber wird es keine „Gewinner" geben können. Das vorrangige Ziel besteht deshalb darin, die Emissionen von Treibhausgasen zu reduzieren und so schnell wie möglich zum Stillstand zu bringen. Dies erfordert eine möglichst schnelle Einstellung der Produktion von Fluorchlorkohlenwasserstoffen und eine Reduzierung der Kohlendioxyd-Emissionen in den nächsten Jahrzehnten um mindestens 50% – unter der Voraussetzung, daß die Ozeane weiterhin so viel Kohlendioxyd wie bisher aufnehmen, was jedoch eine Fehleinschätzung sein kann.

Extrem schwierig, wenn nicht sogar unrealistisch, ist es, die Emissionen von Methan zu reduzieren, die eng mit der Lebensmittelproduktion verbunden sind. Es kann sein, daß nur eine deutliche Reduzierung der Weltbevölkerung in diesem Bereich einen größeren Fortschritt erhoffen läßt. Gewaltige Aufforstungsprogramme können helfen, den Druck der Emissionsreduzierungen von Methan und Kohlendioxyd zu verringern, aber dies würde Aktionen in einer bisher unbekannten Größenordnung erfordern.

c) Internationale Zusammenarbeit

Die Verringerung der Treibhausgase ist ein weltweites Problem und muß global angegangen werden. Verhandlungen über einen Vertrag oder eine Konvention zum Schutz der Atmosphäre sind dringend notwendig. Ein derartiger Vertrag würde international akzeptable Ziele festsetzen, ihre Einhaltung verbindlich machen und einen Apparat aufbauen, der regelmäßig die Situation neu überprüft. Die unterschiedlichen Probleme und Potentiale der Industrie- und der Entwicklungsländer müssen dabei anerkannt werden, einschließlich der überdurchschnittlichen Reduktionsziele im Verbrauch der reicheren Industrieländer. Der Zuwachs der Weltbevölkerung muß gebremst werden, wobei die wichtigen Beiträge einiger großer Entwicklungsländer durch erfolgreiche Bevölkerungsprogramme zu berücksichtigen sind. Schließlich muß die Verbindung zwischen Armut und Bevölkerungswachstum gesehen werden.

Auf vielen Gebieten ist eine internationale Zusammenarbeit in Forschung und Entwicklung notwendig. Angepaßte Investitions- und Entwicklungsprogramme über internationale Grenzen hinweg können viel zu neuen, umweltverträglichen Lösungen beitragen.

Wo immer notwendig, sind Kompensationsmaßnahmen und Hilfspakete vorzubereiten; dazu gehören auch Planungen wie Umsiedlungs- und Auswanderungsprogramme aus möglicherweise schwerbetroffenen Gebieten.

Die Menschheit weiß heute bereits genug über die Gefahr einer Erderwärmung. Wir müssen dringend ihre Wachstumsgeschwindigkeit und ihr Ausmaß reduzieren, um eine Katastrophe zu verhindern. Daraus ergeben sich unmittelbar national und international wichtige Handlungsanleitungen.

Besondere Bedeutung hat die internationale Kooperation. Nationale Maßnahmen sind notwendig, aber allein bleiben sie wirkungslos, wenn sie nicht in ein internationales Konzept eingebunden sind. Umgekehrt werden internationale Maßnahmen nur möglich werden, wenn auch einzelne Länder mit

Gegenmaßnahmen Ernst machen. Erste Priorität haben eine verbesserte Zusammenarbeit im Forschungsbereich und Verhandlungen über eine internationale Konvention zum Schutz des Klimas. Darüber hinaus gilt es Übereinkommen zu entwickeln, wie die Weltgesellschaft mit den Veränderungen fertig wird, die nicht mehr zu vermeiden sind.

III. HANDLUNGSSTRATEGIEN

Jill Jäger
Vorbeugende und vorbereitende Maßnahmen für eine Klimaveränderung

1. Einleitung

Auf verschiedene Weise verändert menschliches Handeln das Gesicht der Erde. Diese Veränderungen finden in verschiedenen Zeit- und Raumabschnitten statt. Seit Jahrhunderten z.B. werden Waldflächen gerodet, um Land bewirtschaften zu können. Das auf diese Art betroffene Gesamtgebiet ist groß und die Abholzung der Wälder in den tropischen Gebieten schreitet in beängstigendem Maße voran. Ein weiteres Beispiel sind die durch Urbanisierung hervorgerufenen Veränderungen: Staub- und Gasemissionen in die urbane Atmosphäre, Wärmeabstrahlung, sowie das Versiegeln des Bodens durch Gebäude und asphaltierte Straßen machen Städte wärmer als ihre ländliche Umgebung.

Da die Atmosphäre in ihrer Funktion als lebenserhaltendes System einzigartig ist und eine starke Wechselwirkung zwischen Atmosphäre und den anderen Bereichen des klimatischen Systems (Ozeane, Landoberfläche, Tier- und Pflanzenleben, Eis- und Schneeschicht) besteht, ist man beunruhigt über das Ausmaß der beobachteten und vorhergesagten Veränderungen der Atmosphäre als Ergebnis menschlichen Handelns. Diese Beunruhigung erwächst teilweise dem Gefühl, daß die Ereignisse „außer Kontrolle" geraten. Die Emissionen von Treibhausgasen in die Atmosphäre nehmen zum Beispiel in einigen Fällen ziemlich schnell zu. Diese und viele andere, die Umwelt verändernden Prozesse haben sich besonders in den letzten 30 Jahren beschleunigt. Es kommt hinzu, daß viele Veränderungen der Atmosphäre, des Klimas und der Umwelt irreversibel sind. Selbst wenn wir heute die CO_2-Emissionen in die Atmosphäre stoppten, würde es Jahrhunderte dauern, bis die CO_2-Konzentration in der Atmosphäre ihr vorindustrielles Niveau wieder erreichen würde, und in der Zwischenzeit werden weiterhin klimatische Veränderungen stattfinden. Ebenso ist eine Wiederherstellung des klimatischen und ökologischen Zustands der Zeit, bevor das Abholzen der Wälder stattfand, im Grunde unmöglich. Einer der Hauptgründe dafür, daß diese Veränderungen irreversibel sind, ist die Komplexität des Klimas – selbst wenn die durch menschliches Handeln hervorgerufenen Veränderungen anfänglich nur auf einen Bereich des klimatischen Systems einwirken, z.B. auf die Atmosphäre, auf Tier- oder Pflanzenleben oder auf das Meer, gibt es zahlreiche Wechselwirkungen zwischen diesen verschiedenen Teilbereichen.

Ein weiterer Grund zur Beunruhigung ist das Ausmaß möglicher ökonomischer Schäden. Wissenschaftler haben zum Beispiel errechnet, daß die durch Treibhausgase hervorgerufene globale Erwärmung den gegenwärtigen Anstieg des Meeresspiegels beschleunigen und wahrscheinlich um ca. 30 cm, bis Mitte des nächsten Jahrhunderts sogar um möglicherweise 1,5 m erhöhen wird. So ein Anstieg des Meeresspiegels würde für die Gesellschaft hohe Kosten mit sich bringen. Ebenso würden andere Veränderungen, wie der Ozonabbau in der Stratosphäre oder grenzüberschreitende Umweltverschmutzung mit hohen Verlusten verbunden sein.

Die folgenden Abschnitte handeln von den hauptsächlichen Veränderungen der Atmosphäre, die in den nächsten 50 Jahren zu erwarten sind und von den als Antwort auf diese Veränderungen zur Verfügung stehenden politischen Optionen. Zuletzt werden Prioritäten für sofortiges Handeln diskutiert.

2. Der Treibhauseffekt

Einige Spurengase in der Atmosphäre, von denen die wichtigsten H_2O, O_3, CO_2, N_2O, CH_4 und die Fluorchlorkohlenwasserstoffe (FCKW) sind, bezeichnet man mit dem Sammelbegriff Treibhausgase, da sie in der Erdatmosphäre Energie festhalten und damit den „Treibhauseffekt" bewirken. Wenn die Konzentration eines Treibhausgases in der Atmosphäre ansteigt, wird die Erdoberfläche und die untere Atmosphäre erwärmt.

Auf einer von der UNEP, WMO und ICSU im Jahre 1985 in Villach abgehaltenen Konferenz („World Climate Programme", 1986) waren sich die Wissenschaftler darüber einig, daß „infolge der steigenden Konzentration der Treibhausgase ... in der ersten Hälfte des nächsten Jahrhunderts ein Anstieg der globalen Durchschnittstemperatur eintreten könnte und zwar in einem Ausmaß, das es noch nie in der Geschichte der Menschheit gegeben hat".

In den letzten Jahren sind viele Untersuchungen über die möglichen klimatischen Veränderungen als Folge der steigenden Konzentration von Treibhausgasen durchgeführt worden. Man verwendet Computermodelle des klimatischen Systems, um die Reaktion auf Veränderungen der Konzentration von Treibhausgasen in der Atmosphäre abzuschätzen. Die Modelle zeigen, daß eine Verdoppelung der CO_2-Konzentration in der Atmosphäre (oder Änderungen der Konzentration anderer Treibhausgase, die die gleiche Wirkung wie eine CO_2-Verdoppelung hätten) die durchschnittliche globale Gleichgewichtsoberflächentemperatur um 1,5–4,5 °C erhöht. Die größte Unsicherheitsquelle bei der Bestimmung der globalen Oberflächentemperaturänderung liegt in der Schwierigkeit, Wolken, Ozeane und die Wechselwirkungen zwischen Eisschicht und Atmosphäre im Modell darzustellen.

Neue Schätzungen (Jäger, 1988) gehen davon aus, daß die Fortsetzung der gegenwärtigen Entwicklung von Treibhausgasemissionen bzw. eine verstärkte Entwicklung in den nächsten 50 Jahren zu einem Temperaturniveau und zu Ausmaßen einer globalen Temperaturänderung führen könnten, die höher sind, als es in den letzten 100 Jahren der Fall war.

Es besteht zwar Einigkeit über die Größe der Auswirkungen einer Verdoppelung der CO_2-Konzentration auf die globale durchschnittliche Gleichgewichtsoberflächentemperatur, die Auswirkungen klimatischer Elemente wie Temperatur und

Niederschlag sind jedoch unter Verwendung zur Verfügung stehender Modelle auf regionaler Verteilung schwieriger zu schätzen. Auf der Basis von Modellergebnissen können einige Behauptungen über regionale klimatische Veränderungen gemacht werden: in einer sich erwärmenden Welt würde der größte Temperaturanstieg im Winter in den hohen Breiten der nördlichen Hemisphäre eintreten, wo Veränderungen das 2–2,5fache der durchschnittlichen globalen Jahreswerte an Größe und Geschwindigkeit erreichen könnten. Andererseits werden Veränderungen in den niedrigen Breiten wahrscheinlich etwas geringer sein und langsamer stattfinden als die globalen Durchschnittswerte.

Schätzungen über regionale Niederschlagsänderungen sind sehr unsicher. Modelluntersuchungen lassen darauf schließen, daß Veränderungen in den hohen Breiten verstärkten Winterschneefall mit sich bringen könnten, verstärkte Regenfälle in jenen Zonen der niedrigen Breiten, die gegenwärtig regnerisch sind und eventuell ein Nachlassen sommerlicher Regenfälle in den mittleren Breiten.

3. Die Auswirkungen zu erwartender klimatischer Veränderungen

Da die Hälfte der Menschheit in *Küstenregionen* lebt, könnten die Auswirkungen einer Klimaänderung weitreichende sozialökonomische Konsequenzen haben. Die aufgrund einer wachsenden Konzentration von Treibhausgasen eintretende globale Erwärmung wird den Anstieg des gegenwärtigen Meeresspiegels beschleunigen und bis Mitte des nächsten Jahrhunderts aufgrund der Wärmeausdehnung des Meerwassers und des Schmelzens von Festlandeis um möglicherweise 1,5 m erhöhen. Ein Anstieg des Meeresspiegels wird folgende Auswirkungen haben: Erosion von Stränden und Küstenstreifen; Veränderungen in der Landnutzung; Verlust von Feuchtregionen; Veränderung der Häufigkeit und Stärke von Überschwemmungen; Schäden an Hafenanlagen und Küstenstrukturen sowie Schäden an Schleusen- und Kanalsystemen.

In den Regionen *mittlerer Breite*, zwischen dem 30. und 60. Breitengrad, wird die durch Treibhausgase bedingte Erwärmung etwas größer als die globale durchschnittliche Erwärmung sein. Wenn die Temperaturanstiegsrate so schnell steigt wie in neueren Szenarios für hohe Emissionen von Treibhausgasen angenommen, schätzt man, daß bereits im Jahr 2000 das Waldsterben in den mittleren Breiten seine Ursache in den schnellen klimatischen Veränderungen haben wird. Andererseits legen Schätzungen die Vermutung nahe, daß vor dem Jahre 2100 keine größeren Auswirkungen in den Wäldern der mittleren Breiten auftreten würden, falls aufgrund einer drastischen Abnahme von Treibhausgasemissionen die Temperaturanstiege weit geringer sein würden.

Hinsichtlich der *Landwirtschaft in den mittleren Breiten* gilt es als sicher, daß eine durch Treibhausgase ausgelöste Erwärmung intra-regionale Verschiebungen im Bereich der Produktivität verursachen würde. In jedem Fall, es sei denn, die Erwärmung nimmt sehr schnell zu, sollte eine auf landwirtschaftlicher Forschung basierende Anpassung die Erhaltung der weltweiten Lebensmittelversorgung gewährleisten. Es gäbe jedoch lokale Versorgungsschwierigkeiten. Im Falle schnellerer Erwärmungsraten wäre es denkbar, daß die Anpassung auf dem Gebiet der Landwirtschaft nicht mit der Zeit, in der die Klimaänderung sich auswirkt, schritthalten kann und es dadurch zu unberechenbaren Versorgungsengpässen kommen kann.

In den *halbtrockenen tropischen Regionen* ist die klimatische Variabilität bereits ein Problem und zukünftige klimatische Veränderungen könnten die gegenwärtigen, kritischen Probleme der halbtrockenen Tropen verschlechtern. Zu den klimatischen Veränderungen, die bis Mitte des nächsten Jahrhunderts aufgrund der steigenden Konzentration von Treibhausgasen eintreten könnten, gehören: ein Anstieg regionaler Temperaturen in der Größenordnung von 0,3–5 °C; eine abnehmende Tendenz der Niederschlagsrate in einer oder mehreren Jahreszeiten; und eine Reduktion der Bodenfeuchtigkeit. Es wird erwartet, daß hauptsächlich die Verfügbarkeit von Lebensmitteln, Wasser und Brennholz betroffen sein werden sowie menschliche Besiedelung und Ökosysteme. Steigende Temperaturen sowie Veränderungen der Niederschlagscharakteristika und der CO_2-Konzentration würden das landwirtschaftliche Produktionspotential innerhalb einer Region, die bereits hoch empfindlich auf Klimaauswirkungen reagiert und in der Landwirtschaft oft nur begrenzt möglich ist, verändern. Veränderungen der Produktivität könnten gegenwärtige Schwierigkeiten, den Bedarf an Grundnahrungsmitteln zu decken, verstärken. Zusätzlich könnte die wachsende Verwüstung eine Verschlechterung der Lebensgrundlagen mit sich bringen.

Für das nächste halbe Jahrhundert wird durch die Zunahme der Treibhausgase eine Erwärmung der *feuchttropischen Gebiete* um 0,3–5 °C erwartet. Diese Erwärmung wird mit Veränderungen in der Niederschlagsverteilung einhergehen. Die hauptsächlichen Auswirkungen klimatischer Veränderungen wären auf einen Anstieg der Wasserspiegel an Küsten und Flüssen aufgrund des ansteigenden Meeresspiegels und häufiger auftretender, tropischer Sturmfluten zurückzuführen. Außerdem hätten die sich ändernden, räumlichen und zeitlichen Temperatur- und Niederschlagsverteilungen Auswirkungen auf Industrie, Besiedelung, Landwirtschaft, Weideland, Fischfang und Wälder.

In den *Regionen hoher Breiten* könnte die mittlere Wintertemperatur bis Mitte des nächsten Jahrhunderts aufgrund des Anstiegs der Treibhausgase um 0,8 bis merklich über 5 °C ansteigen. Die Klimaveränderungen hätten folgende bedeutsame Auswirkungen:
– ein Rückgang von Sommerpackeis
– eine Zunahme von Bewölkung und Niederschlägen
– ein allmähliches Verschwinden des Permafrosts
– Veränderungen in der Tundra und der nördlichen Grenze des Borealwaldes.
Solche Veränderungen könnten weitreichende Auswirkungen in den Regionen der hohen Breiten haben. Die möglichen Veränderungen von Eis im Meer zum Beispiel würden es er-

möglichen, die Nordost- und Nordwestrouten häufiger zu befahren. Einige Schwierigkeiten bei der Entwicklung der Ölgewinnung im Meer könnten verringert werden, die Entwicklung an der Küste könnte jedoch in Gebieten, wo der Dauerfrost schmilzt, schwieriger und kostenaufwendiger werden. Es ist anzunehmen, daß eine Erwärmung die Möglichkeiten der Landwirtschaft verbessert, jedoch nur über begrenzte Gebiete hinweg, da es in den Regionen hoher Breite an geeignetem Boden fehlt. Schnelle Verschiebungen der Wachstumsbedingungen könnten eine Verlagerung bzw. Zerstörung von Ökosystemen sowie eine Grenzbewegung von Land- und Forstwirtschaft nach Norden verursachen. Die nordischen Regionen spielen eine wichtige Rolle im globalen Kohlenstoffkreislauf, und eine Klimaerwärmung könnte die Methanemissionen aus der Tundra erheblich ansteigen lassen und somit einen Anstieg der Emissionen von Treibhausgasen in die Atmosphäre bewirken. Wenn zusätzlich der Permafrost in Regionen des Borealbodens zurückgeht und der Boden austrocknet, würde CO_2 freiwerden und in die Atmosphäre gelangen, was wiederum den Treibhauseffekt verstärken würde.

4. Allgemeine Faktoren, die zu einer Änderung der Atmosphäre beitragen

Zunehmende Emissionsraten von Treibhausgasen in der Atmosphäre sowie von anderen Gift- und Schadstoffen, die zunehmende Abholzung der Wälder und Veränderungen in der Landnutzung bewirken alle Veränderungen der Atmosphäre. Sämtliche Veränderungen sind auf die gleichen Ursachen zurückzuführen. Die Weltbevölkerung wächst und wird weiterhin wachsen. Der Bedarf an Lebensmitteln, Wasser, Energie und Land wächst ebenso, und wenn man ihm gerecht werden will, muß man die Emissionen von Gasen und Partikeln in die Atmosphäre und die in großem Maßstab eintretenden Veränderungen der Landnutzung mit einbeziehen.

Es ist klar, daß atmosphärische Veränderungen nicht isoliert auftreten. Man kann damit rechnen, daß ein Wachsen von Städten und Industrie den Gehalt von Schadstoffen in Luft und Wasser erhöht und ein erhöhter Bedarf an Energie, Lebensmitteln, Wasser und Land wird auch einen allgemeinen Abbau der Ressourcen mit sich bringen. Sämtliche Faktoren stehen in einer Wechselwirkung zueinander, und die Notwendigkeit, zu verstehen, wie diese komplexen Wechselwirkungen auftreten werden, kann nicht genug hervorgehoben werden.

Die hauptsächlichen Faktoren atmosphärischer Veränderungen hängen eng zusammen. So bestehen z. B. zwei starke Verbindungen zwischen der Erwärmung durch Treibhausgase und dem Abbau von stratosphärischem Ozon: erstens wirkt das troposphärische Ozon als Treibhausgas, zweitens sind es Kohlenmonoxid und Treibhausgase (Methan, Stickstoffoxid und Fluorchlorkohlenwasserstoffe), die den Ozongehalt in der Atmosphäre ändern. Die Erwärmung durch Treibhausgase und die Folgen einer grenzüberschreitenden Verschmutzung haben die gleiche Ursache, nämlich die fossile Brennstoffverbrennung mit Emissionen von SO_2 und besonders CO_2. Die Gesamtproblematik ist komplex und enthält große Unsicherheiten. Sie alle könnten schwer umkehrbare, globale Langzeitprobleme sein. Diese Zusammenhänge legen die Notwendigkeit nahe, die Probleme zusammen zu berücksichtigen, wenn Prioritäten für politisches Handeln gesetzt werden.

5. Reaktionen auf unannehmbare Veränderungen

Die Methoden, auf die Klimaänderung zu reagieren, kann man in zwei Kategorien einteilen: Adaptionsstrategien passen die Umwelt bzw. die Art, sie zu nutzen, den Veränderungen an, um die Folgen einer Klimaänderung zu reduzieren; Limitierungsstrategien kontrollieren oder stoppen das Wachstum der Treibhausgaskonzentration in der Atmosphäre und schränken die Klimaveränderung ein. Es wäre sinnvoll, sowohl mit Limitierungs- als auch mit Adaptionsstrategien auf eine Klimaänderung zu reagieren. Selbst bei sofortigen, sehr engagierten Bemühungen zur Einführung von Limitationsstrategien wäre ein gewisses Maß an Adaption dennoch notwendig, weil aufgrund der Treibhausgase, die bereits in die Atmosphäre gedrungen sind, klimatische Veränderungen stattfinden werden.

Sowohl Adaptions- als auch Limitierungsstrategien werden hohe Kosten mit sich bringen. So hat man z. B. errechnet, daß eine Teiladaption an den in den nächsten 50 Jahren wahrscheinlich eintretenden Anstieg der Meeresspiegel infolge bereits emittierter Treibhausgase einen weltweiten Kostenaufwand für Instandhaltungsmaßnahmen in den Küstenbereichen von 30–300 Milliarden US Dollar mit sich bringen könnte und zwar in einem Zeitraum der Planungs- und Konstruktionsphase von 20–40 Jahren.

Die globale Temperaturänderungsrate, die eintreten würde, wenn die gegenwärtige Emissionsentwicklung von Treibhausgasen weiter fortschreiten würde, ist groß, verglichen mit historischen Veränderungen, und sie hätte schwerwiegende Auswirkungen auf Ökosysteme und die Gesellschaft. *Aus diesem Grund scheint eine koordinierte und internationale Reaktion unerläßlich und schnelles Handeln in dieser Richtung ist dringend erforderlich!*

Um auf klimatische Veränderungen in geeigneter Weise reagieren zu können, werden eine Reihe von Maßnahmen notwendig sein, die sich über einen längeren Zeitraum erstrecken. *Einige dieser Maßnahmen sollten jetzt Priorität haben,* da institutionelle Gegebenheiten zu ihrer Durchführung bestehen und sie unverzüglich eingeleitet werden könnten.

(1) *Ozonprotokoll:* Das Protokoll von Montreal über Substanzen, die die Ozonschicht abbauen, sollte unverzüglich ratifiziert werden. Weiterhin sollte man, wie in der Konferenz von Toronto über Veränderungen der Atmosphäre im Juni 1988 vorgeschlagen, das Protokoll im Jahre 1990 überarbeiten, um bis zum Jahre 2000 eine nahezu komplette Eliminierung der Emission von vollständig halogenierten Fluorchlorkohlenwasserstoffen sicherstellen. Zusätzliche Maßnahmen

zur Limitierung weiterer Ozon zerstörender Stoffe sollten in Erwägung gezogen werden. Die Eliminierung von FCKW-Emissionen ist wichtig zum Schutz der Ozonschicht und ebenso für die Limitierung der Treibhausgase.

(2) *Energiepolitik:* Das Workshop in Bellagio (Jäger, 1988) machte den Vorschlag, daß die Regierungen unverzüglich damit anfangen sollten, ihre langfristigen, auf höhere Energieausnutzung abzielenden Energiestrategien nochmals zu überprüfen und somit viele Arten der Luftverschmutzung und der CO_2-Emissionen zu reduzieren. Als *anfängliche Zielsetzung* wurde auf der Konferenz von Toronto im Jahre 1988 vorgeschlagen, die globalen CO_2-Emissionen bis zum Jahre 2005 um ca. 20% der Werte von 1988 zu reduzieren. Es ist klar, daß die Industrienationen eine große Verantwortung tragen, hierbei die Führung zu übernehmen, und die Festsetzung eines globalen Ziels verpflichtet die industrialisierte Welt, Emissionen um mehr als 20% zu reduzieren, um den Entwicklungsländern Zeit und Gelegenheit zur Weiterentwicklung zu geben. Es wurde vorgeschlagen, die Energieeinsparung etwa zur Hälfte durch hohe Energieausnutzung und andere Sparmaßnahmen zu erreichen und die andere Hälfte durch Modifizieren der Energieversorgung. Zur Stabilisierung der CO_2-Konzentration in der Atmosphäre wird schätzungsweise eine Reduzierung von über 50% der gegenwärtigen Emissionswerte notwendig sein. Dies deutet auf die Notwendigkeit detaillierter Untersuchungen über die Verflechtungen des globalen Energiesystems und die Verwirklichung der Reduktionsziele durch Veränderungen von Angebot und Nachfrage hin.

(3) *Forstpolitik:* Die Abholzung der Wälder ist eine Quelle für Kohlendioxyd und andere Treibhausgase. Maßnahmen, die Rodung sowohl in tropischen als auch in nicht-tropischen Gebieten durch Aktionspläne, die auf die örtlichen Gegebenheiten abgestimmt sind, zu reduzieren, sind bereits durch eine Reihe umweltpolitischer Gründe gerechtfertigt. Einige Initiativen zur Limitierung der Abholzung wurden bereits unternommen. Der wachsende Treibhauseffekt ist ein weiterer Grund,

die Abholzung der Wälder zu reduzieren und zunehmend aufzuforsten. Im Jahre 1988 wies die Konferenz von Toronto darauf hin, zu diesem Zweck Vorschläge aus dem Bericht der „Welt-Kommission für Umwelt und Entwicklung" zu Rate zu ziehen, dazu gehört auch die Einrichtung eines Fonds, der Entwicklungsländern einen geeigneten Anreiz geben soll, Maßnahmen zur Erhaltung ihrer tropischen Waldressourcen einzuleiten.

(4) *Politik im Küstenbereich:* Die Gebiete, die von einem Anstieg des Meeresspiegels betroffen sein könnten, sollten identifiziert werden, und die Planung von Anlagen in Meeresnähe sollte die Risiken eines zukünftigen Meeresspiegelanstiegs einkalkulieren.

(5) *Forschung und Überwachung:* Ein Großteil der wissenschaftlichen Forschung, die aufgrund bleibender Unsicherheiten über Klimaveränderung notwendig ist, wird national organisiert und von einzelnen Institutionen ausgeführt werden. Die Förderung einer wissenschaftlichen, auf internationalem Niveau ausgeführten Forschung sollte hohe Priorität haben. Besonders Programme wie das „World Climate Programme" und das „International Geosphere Biosphere Programme" sollten diese Unterstützung erhalten, um so zum Verständnis der globalen Klima- und Umweltänderung beizutragen.

(6) *Die Entwicklung eines umfassenden, globalen Übereinkommens:* Die kürzlich stattgefundenen internationalen Treffen in Villach, Bellagio und Toronto haben gezeigt, daß eine koordinierte, internationale Behandlung der Probleme der atmosphärischen Veränderung dringend notwendig ist. Die Konferenz von Toronto (1988) schlug vor, die Entwicklung eines weltweiten Übereinkommens in Gang zu setzen, um Protokolle über den Schutz der Atmosphäre aufzustellen. Während man sich jedoch über das Übereinkommen einigt, sollte national, bilateral und regional etwas unternommen werden und die Behandlung spezifischer Probleme wie die Emissionen von Treibhausgasen, Ozonabbau und Luftverschmutzung aktiv vorangetrieben werden.

(7) Als Antwort auf eine Klimaveränderung ließen sich zahlreiche Tätigkeiten auflisten. Bei dieser Auflistung von Tätigkeiten, die Priorität haben sollten, darf die Notwendigkeit eines *wachsenden Bewußtseins* nicht unterschätzt werden. Um in vernünftiger Weise auf die Herausforderung zu reagieren, die sich uns durch eine Veränderung der Atmosphäre stellt, ist es erforderlich, das Bewußtsein für die Probleme und ihre Lösungsmöglichkeiten zu stärken. Dabei ist sorgfältig darauf zu achten, daß das Problem ohne Übertreibung oder Sensationslust ausgewogen dargestellt wird. Die Erfahrung lehrt, daß national wie international erst dann etwas gegen derartige Probleme unternommen worden ist, wenn das Problembewußtsein tatsächlich ein beachtliches Niveau erreicht hatte. Besonders in Mitteleuropa hat das Phänomen des Waldsterbens, das durch den Transport von Schadstoffen in der Luft über weite Strecken hinweg verursacht wird, zu aktivem Handeln angeregt. In ähnlicher Weise führte die Entdeckung des „Ozonlochs" dazu, daß die Aufmerksamkeit der Medien auf das Ozonproblem in der Stratosphäre gelenkt wurde.

Auf der Konferenz von Toronto (1988) wurden einige konkrete Vorschläge gemacht, wie die Bewußtseinssteigerung erreicht werden könnte. Erstens sollten nicht-staatliche Organisationen finanziell verstärkt unterstützt werden, um die Einführung und Erweiterung von Umwelterziehungsprogrammen und Maßnahmen zur Bewußtseinsschulung der Öffentlichkeit in bezug auf atmosphärische Veränderungen zu ermöglichen. Zweitens sollte die Umwelterziehung auch in Grund- und Hauptschulen sowie auf weiterführenden Schulen und Universitäten finanziell unterstützt werden. Derartige Bemühungen würden dazu beitragen, das Wahrnehmungsvermögen für die Probleme zu schärfen und Wertvorstellungen und Verhalten der Öffentlichkeit bezüglich der Umwelt zu ändern.

Literatur

World Climate Programme (1986): Report of the International Confer-
ence on the Assessment of the Role of Carbon Dioxide and of Other
Greenhouse Gases on Climate Variations and Associated Impacts.
WMO-No. 661, World Meteorological Organization, Geneva.

Jaeger, Jill (1987): Developing Policies for Responding to Climatic
Change. WCIP-1, WMO/TD - 225, World Meteorological Organization, Geneva.

William C. Clark
Für eine neue Qualität politischer und
wissenschaftlicher Zusammenarbeit[1]

1. Der globale Zusammenhang

Im letzten Jahrzehnt sind die Fragen, die mit den sich ändernden Eigenschaften in der Weltatmosphäre zusammenhängen,
intensiv untersucht worden. Die Frage aber bleibt: Was ist zu
tun? Was sind die Schlußfolgerungen für die Politik?

Dieser Beitrag versucht einen Rahmen zu entwickeln, in
dem über die Antwort auf die Frage „Was tun?" nachgedacht
werden kann. Er versucht somit nicht, selbst die Antwort zu
geben oder die Antwort von anderen zusammenzufassen.

Politische Entscheidungsträger und die Bürger allgemein
sind zunehmend unzufrieden mit der „Gemeinde der Wissenschaftler", die einerseits die Möglichkeiten erschreckender
Unfälle und Fehlschläge aufzeigen, aber andererseits nie bereit
zu sein scheinen, verbindliche Auskünfte darüber zu geben,
wie groß die Wahrscheinlichkeit ist und welche Gegenmaßnahmen erforderlich sind. Warum also sollte dieser Essay nicht
einmal versuchen, eine Abschätzung von Grundlinien für die
politischen Konsequenzen der globalen Klimaveränderung
vorzunehmen? Und dazu gehört auch die Frage: Können derartige Rahmenaussagen wirklich eine sinnvollere Herangehensweise sein? Meine Antwort auf diese Herausforderung
basiert auf den grundsätzlichen Charakteristika, die in den aktuellen Szenarien möglicher weltweiter Klimaveränderungen
besonders hervorstechen:[2]

– Mögliche Ursachen und Auswirkungen der atmosphärischen Veränderungen sind eng mit den Problemen Energie,
Landwirtschaft, Bevölkerung und Umwelt verbunden. Diese
Verbindungen sind stofflicher, biologischer, wirtschaftlicher
und politischer Art. Handlungen, die unternommen werden,

um Probleme wie das der stratosphärischen Ozonausdünnung anzugehen, werden die Fragen nach dem „Treibhauseffekt" neu beeinflussen. Die politischen Implikationen können solange nicht sinnvoll bestimmt werden, wie man die Verbindung zwischen diesen eng verwandten Problemen nicht für die Lösungen berücksichtigt.

– Die Probleme der Atmosphärenveränderung sind gleichzeitig lokal und global. So sind zum Beispiel alle Länder der Erde potentiell von den Umweltveränderungen betroffen, die mit dem „Treibhauseffekt" zusammenhängen; kein Land kann dies unilateral verhindern. Die Art und die Schwere sowie der Umgang mit den Klimaveränderungen werden dennoch von Volk zu Volk und von Ort zu Ort unterschiedlich sein. Eine sinnvolle Bestimmung der politischen Handlungsnotwendigkeiten muß die unterschiedlichen Auswirkungen eines an sich globalen Problems widerspiegeln.

– Über jeden Teilaspekt der weltweiten Atmosphärenveränderung herrscht noch Unsicherheit vor, so von den Emissionsraten über die ökologischen Konsequenzen bis hin zu den sozial-ökonomischen Auswirkungen. Abschätzungen, die diese grundlegenden Unsicherheiten nicht mitberücksichtigen, werden extrem irreführend sein. Politische Analysen müssen bei diesen unvollständigen wissenschaftlichen Erkenntnissen eine Möglichkeit finden, auch noch nicht eindeutig absehbare Auswirkungen mit einzubeziehen. Sie müssen sozusagen das Unmögliche und das Unwahrscheinliche herausarbeiten und gleichzeitig die wahrscheinlichsten Auswirkungen des anthropogenen Einflusses auf die Atmosphäre betonen.

2. Das Problem

Die weltweiten Veränderungen der Atmosphäre haben somit viele Gemeinsamkeiten mit anderen großen Herausforderungen der Gegenwart, wie Bevölkerungswachstum oder weltwirtschaftliche Unsicherheiten. Diese vielschichtigen, komplexen Probleme können besser als „Irrgärten" beschrieben werden. Erfahrungen mit solchen „Irrgärten" lassen vermuten, daß jeder Lösungsversuch solange nutzlos sein wird, wie er von der Existenz weniger Schlüsselentscheidungen oder weniger Entscheidungsträger ausgeht.[3]

Wie andere „Irrgärten" auch erfordert die Gefahr einer Klimaveränderung unterschiedliche praktische Konsequenzen für verschiedene Zweige der Wirtschaft, verschiedene Nationen und verschiedene Generationen. Jeder wird seine eigene Interpretation von Kosten, Nutzen, Unsicherheiten und sinnvollen Reaktionen entwerfen, und dennoch muß es zugleich einen engen Dialog geben. Die meisten der sozialen Reaktionen werden sich jedoch wahrscheinlich aus den wachsenden Anpassungsanstrengungen an das sich zuspitzende Problem der globalen Atmosphärenveränderung ergeben. In einem solchen „Irrgarten" der realen Welt mit ihren unterschiedlichen Akteuren und Aktionen ist mit einer einzigen Grundlinien-Abschätzung nicht geholfen, die für alle Menschen und für alle Zeiten verbindlich zu sein vorgibt.

Nützlicher wäre eine Kollektion effektiver Handlungsinstrumente und -ansätze, aus denen sich verschiedene Nationen und Interessengruppen die benötigten heraussuchen können, um mit den praktischen Auswirkungen der globalen Atmosphärenveränderung flexibel umzugehen.[4] So wäre der gemeinsame Nutzen durch die Abstimmung regionaler oder sogar globaler Antworten gegeben, zugleich aber würden auch angepaßte lokale Reaktionen gefördert.

Verschiedene Studien der jüngsten Zeit haben damit begonnen, wichtige Komponenten für einen derartigen Instrumentensatz zu entwerfen. Trotz einiger erfreulicher Fortschritte ist er jedoch noch lange nicht vollständig. So tendieren zum Beispiel auch die besten Politikanalysen noch dazu, ihre Fragestellungen auf die naturwissenschaftlichen Fragen der Atmosphärenforscher zu begrenzen, während andere wichtige Aspekte ausgeblendet bleiben. Aber, wie Thomas Schelling (1983) in der bisher gründlichsten Abhandlung über die sozialen Konsequenzen der globalen Atmosphärenveränderung gezeigt hat, läßt dieser Ansatz viele Fragen aus, die für die Praxis besonders wichtig sind. Es fehlen somit Perspektiven, die helfen könnten, die Frage der Klimagefahren in den Kontext der damit zusammenhängenden ökonomischen Trends, ökologischen Probleme und politischen Aufgabenstellungen einzuordnen. Tatsächlich ist die Atmosphärenveränderung ein Querschnittsthema. Deshalb müssen sowohl die Auswirkungen, die für die Entwicklung der Gesellschaft wichtig werden können, bedacht als auch jene Optionen herausgearbeitet werden, die den Gesellschaften offen stehen, um die Gefahren abzuwenden.

3. Vernetzungen bei der globalen Veränderung der Atmosphäre

Die verschiedenen Veränderungen in der globalen Atmosphäre sind eng miteinander verkoppelt, nicht nur physikalisch und chemisch, sondern auch durch ihre gemeinsamen menschlichen Quellen und Auswirkungen. Zur Entwicklung wirksamer Politikansätze ist deshalb ein zusammenfassender Ansatz notwendig, der von diesen Vernetzungen ausgeht.

Ein Schritt hin zu einem derartigen Verständnisrahmen ist von Crutzen und Graedel entwickelt worden. Der benutzte Ansatz kann als eine Form von Umweltverträglichkeitsprüfung beschrieben werden (Clark 1985 d). Umweltverträglichkeitsprüfungen sind der Versuch, zu einer systematischen und längerfristigen Umweltbewertung zu kommen. Dafür werden explizit einige wichtige Umweltkomponenten ausgesucht und bewertet sowie die Beschaffenheit der Umwelt vor allem dort geprüft, wo sie besondere Aufmerksamkeit oder Schutz verdient (Beanlands und Duinker 1983). Die Bewertung von Umweltkomponenten als solche reflektieren die Werthaltung größerer politischer und gesellschaftlicher Gruppen (oder sollten dies zumindest tun) wie auch der wissenschaftlichen Experten. Zur Illustration wird hier das Verfahren zur Bewertung wichtiger Umweltkomponenten vorgeschlagen, das Crutzen und Graedel identifiziert und beschrieben haben (Abb. 1).[5]

Umweltverträglichkeitsprüfungen zielen darauf ab, einen Kausalzusammenhang zwischen Umweltkomponenten und

117

Abbildung 1: Ein synoptischer, zusammenfassender Rahmen für die Umweltbewertung atmosphärischer Komponenten (aus: Crutzen und Graedel, 1986)

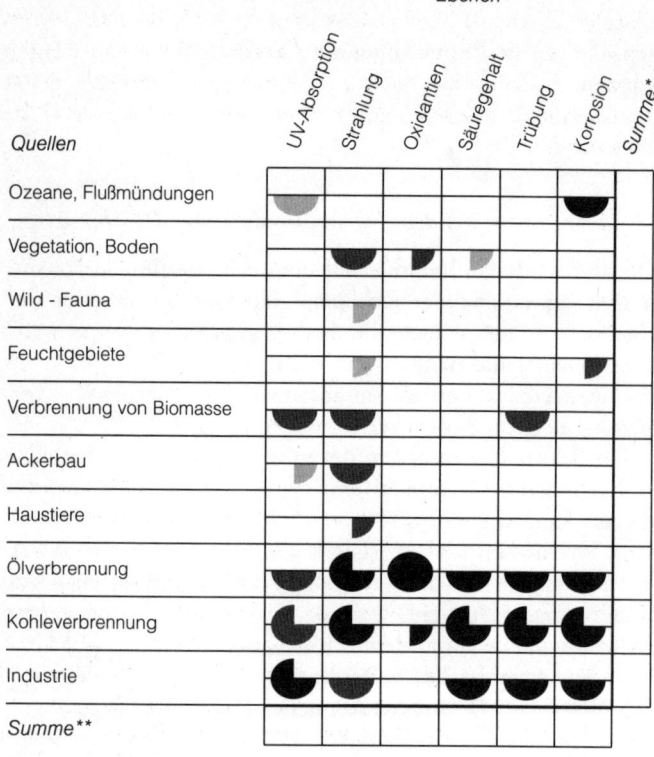

* (Netto-Effekt jeder Quelle auf alle Komponenten)
** (Netto-Effekt aller Quellen auf der jeweiligen Ebene)

Legende:

Politische Wichtigkeit
(Basisjahr 1985)

entscheidend   spürbar

erheblich   gering

Zuverlässigkeit der Abschätzung
(Basisjahr 1985)

hoch   gering

mittel

118

potentiellen Schadensquellen herzustellen. Im letzten Jahr sind größere Fortschritte im wissenschaftlichen Verständnis der Atmosphäre, ihrer Chemie und Physik und ihrer Wechselwirkungen auf die Biosphäre erzielt worden (US-National Research Council, 1981; Bolin und Cook, 1983; IGBP, 1988). Abbildung 1 zeigt die Ergebnisse der ursprünglichen Bemühungen von Crutzen und Graedel, unsere gegenwärtige Kenntnis über den Einfluß der verschiedenen Quellen auf die Veränderung der Komponenten in der Atmosphäre zusammenzufassen.

Jede Eintragung in das Schema zeigt den relativen Einfluß einer bestimmten Quelle auf die Bewertung der gesamten Atmosphäre. Deutlicher wird dies bei der Beschreibung eines Beispiels, wie zum Beispiel der Einfluß der Kohlenverbrennung auf die Bilanz der Wärmestrahlung (in der Tabelle mit a gekennzeichnet). Die Details einer derartigen Abschätzung können überaus kompliziert sein. So haben sich große Forschungsprogramme, wissenschaftliche Monographien und amtliche Berichte bislang nur auf ein oder zwei Faktoren dieser Matrix konzentriert (zum Beispiel die zahlreichen Arbeiten über „Energie und Klima" – Jaeger 1983, US-National Research Council, 1977, Bach et al. 1983). Schon diese relativ begrenzten Arbeiten führen bereits an die Grenze bisheriger wissenschaftlicher Exaktheit. Crutzen und Graedel haben deswegen an jedem Punkt ihrer Matrix eine qualitative Bestimmung der relativen Unsicherheit vorgenommen. Der nützlichste Aspekt der Gesamtdarstellung ist die zusammenfassende Perspektive, die man durch die Betrachtung gewinnt. Zwei Dimensionen verdienen besondere Aufmerksamkeit:

a) Die „kumulative Folgenbewertung", die sich daraus ergibt, daß durch natürliche Fluktuationen oder menschliche Aktivitäten ein wichtiger Bestandteil der Atmosphäre signifikant beeinflußt wird. Bei der Bilanz der Wärmestrahlung gibt die Abbildung die Kenntnis wider, daß, obwohl die Verbrennung fossiler Brennstoffe zur Zeit die dominierende Quelle der anthropogenen Klimaveränderung ist, andere Faktoren, wie bestimmte industrielle Prozesse, die Verbrennung von Biomasse, landwirtschaftliche Produktionsweisen oder Veränderungen in der biologischen Aktivität der natürlichen Vegetation sowie des Bodens auch eine signifikante Rolle spielen. Wie verschiedene neuere Untersuchungen herausarbeiten, muß zum Verständnis des weiteren Verlaufs möglicher Klimaveränderungen und seiner Konsequenzen die Forschungsanstrengung weit über die Beschäftigung mit einzelnen Chemikalien hinausgehen. Nur so wird es möglich werden, einen zusammenfassenden Ansatz der verschiedenen Quellen und damit eine Bewertung der Gesamtentwicklung zu erreichen.

b) Die zweite wichtige Dimension, die in Abb. 1 zusammengefaßt ist, ergibt sich aus der Bewertung der einzelnen Reihen. Diese Sichtweise gibt einen Überblick über die Atmosphärenkomponenten, die durch menschliche Aktivitäten oder durch eine bestimmte Quelle natürlicher Veränderungen erheblich betroffen sind. Daraus läßt sich eine direktere Antwort auf die Frage nach einer handlungsorientierten Politik ableiten. Abb. 1 zeigt, daß politische Maßnahmen zur Beseitigung bestimmter Störungsursachen in der Atmosphäre nahezu unvermeidlich andere Umweltkomponenten mitbetreffen. In dem genannten Beispiel der Wärmebilanz würden diese Maßnahmen voraussichtlich ebenfalls zu signifikanten Auswirkungen auf die fotochemischen Oxydantien, den Säuregehalt der Niederschläge, die Trübung und die korrosive Wirkung der Atmosphäre sowie möglicherweise auch auf die Absorption von UV-Strahlung führen. Einige wenige Studien haben versucht, zumindest teilweise eine Bewertung dieser Reihen vorzunehmen, unter ihnen die Berichte der Nationalen Akademie der Wissenschaft der Vereinigten Staaten über atomare und alternative Energiesysteme und Atmosphäre-Biosphäre-Interaktionen (US-National Research Council 1979, 1981).

4. Die politischen Optionen vergrößern

Die Anzahl der möglichen politischen Antworten auf die Klimaveränderungen, die bisher untersucht worden sind, ist noch immer sehr gering. In der Regel zielen sie auf eine veränderte

Abbildung 2: Umweltfolgenbewertung und Politik-Ziele

a) *Ein allgemeines Modell der Umweltwirkungen*

menschliche - - →Umwelt- - - → bewertete - - - →soziale
Aktivitäten   ↑ bestandteile ↑ Komponenten ↑ Konsequenzen

b) *Ziele einer gesellschaftlichen Reaktion*

Produktions- - - →Emissions- - - →Umwelt- - - - → Anpassung an
umstellungen | rückhaltung | veränderungen | die Veränderungen

Tabelle 1: 4 Ziele einer politischen Antwort (Schelling, 1983)

Produktionsumstellung	*Immissionsrückhaltungen*
Energiemanagement	Energiemanagement
– Gesamtverbrauch	– Rauchgasreinigung in Schornsteinen
– Anteil fossiler Brennstoffe	– Deponieprobleme
– fossile Brennstoffe mit wenig C, S	
– saubere Verbrennung	
Landmanagement	Landmanagement
– Umwandlung der Wälder	– Veränderung der Waldflächen
– Umwandlung von Feuchtgebieten	– Veränderungen der Walddichte
– Düngung	– Düngung von Bäumen
– Verbrennung von Biomasse	– Veränderung der Feuchtgebiets-
	flächen
Management der Ozeane	Management der Ozeane
– biologische Pumpe	– biologische Pumpe
– Düngung	
sonstiges Management	sonstiges Management
– industrielle Emissionen	
Umweltveränderungen	*Anpassung an die Veränderungen*
Wärmestrahlungsbilanz	Landwirtschaft
– Treibhausgase	– veränderte Landnutzung
– Albedo	– Wechsel der Anbaupflanzen
	– verbesserte Anbaupflanzen
	– verbesserter Handel
	– veränderte Ernährung
Wasserhaushalt	Wohngebiete
– Stauseen	– auswandern
– Flußumleitungen	– Klimaanlagen
	– Schutzkleidung
	– Anpassungen an den Meeresspiegel
chemische Umwelt	andere Anpassungsleistungen
– pH-Anpassung	– Konstruktionen
– katalytischer Abbau	– Transport
	– militärische Operationen
	– Kompensationsleistungen

Energiepolitik, um die Emission von Schadstoffen, wie Kohlendioxyd oder Schwefeldioxid, zu verringern. Wesentlich weniger Aufmerksamkeit finden bisher die Möglichkeiten, sich veränderten landwirtschaftlichen Bedingungen, einem steigenden Meeresspiegel oder anderen Auswirkungen einer möglichen Klimaveränderung anzupassen. Auch sind bislang die Handlungsoptionen, beschädigte Systeme wieder in Ordnung zu bringen, weitgehend ignoriert worden. Dringend gebraucht werden deshalb Szenarien, die einen systematischen Überblick darüber bieten, wo mögliche politische Ansatzpunkte liegen: In der Abfolge der Wechselwirkungen von menschlichen Handlungen auf die Natur, über Umweltveränderungen bis hin zu sozialen Konsequenzen.

Ein möglicher Ansatzpunkt für Gegenstrategien ist das Modell der Umweltverträglichkeitsprüfung, wie es in der oberen Zeile der Abb. 2 gezeigt wird. Zum Beispiel kommt es durch die Verbrennung fossiler Brennstoffe zu stark vermehrtem Kohlendioxyd und damit aufgrund menschlicher Aktivitäten zu einer Verzerrung der komplexen Realität: Denn diese Substanzen gehen Wechselwirkungen mit einer Vielzahl anderer Umweltbestandteile und Umweltprozesse ein. Veränderungen ergeben sich dann in einer oder mehrerer der wichtigen Umweltkomponenten, wie zum Beispiel dem Klima. Und diese Veränderungen haben wiederum weitreichende soziale Konsequenzen, zum Beispiel durch eine Verminderung landwirtschaftlicher Erträge.

Die bisherigen politischen Eingriffsmodelle setzen in der Regel nur bei Endpunkten an: Entweder bei den Verschmutzungsaktivitäten oder bei den sozialen Auswirkungen.[6] Schelling (1983) hat jedoch nachgewiesen, daß politische Reaktionen grundsätzlich in einem viel umfassenderen Maße möglich sind. Als Hilfestellung für die Entwicklung und die Bewertung bestimmter politischer Optionen hat er einen Rahmen vorgeschlagen, der aus vier möglichen Zielen besteht. In einer leicht veränderten und verallgemeinerten Form sind diese Ziele im unteren Teil der Abb. 2 aufgezeichnet. (Korrespondierend mit Tabelle 1)

– *Veränderte Produktionsprozesse* mit dem Ziel geringerer Schadstoffemissionen setzen an der Quelle der Umweltverschmutzung an. Die Verringerung von Emissionen aus der Verbrennung fossiler Brennstoffe hätte eine positive Wirkung auf eine große Anzahl wichtiger Umweltkomponenten.

– *Die Rückhaltung von Emissionen* ist eine andere mögliche Lösung. Sie ist im großen Umfang beim Kampf gegen den sauren Regen angewandt worden, wird aber bislang kaum als eine mögliche politische Maßnahme gesehen, um auf das Treibhausproblem zu reagieren.

– Gesellschaftliche Reaktionen mit dem Ziel, unerwünschten *Veränderungen in der Umwelt* entgegenzuwirken, könnten in anderen Bereichen zu unerwünschten Konsequenzen führen. Eine lange Tradition von Umweltmanagement, Folgenbegrenzung oder nachsorgender Umweltaktivität spiegelt wider, daß sich die bisherigen politischen Anstrengungen vor allem auf diesen Rahmen konzentrieren. Vielleicht werden durch die heraufziehenden globalen Probleme neue Aktivitäten hervorgerufen, zum Beispiel zur gezielten Klimabeeinflussung durch Wassertransport über lange Strecken oder im Bereich der Aufforstung.

– Die mögliche Zielsetzung schließlich, sich an einen *Klimawechsel anzupassen,* kann durch eine weitgestreute Zahl von formellen Politikmaßnahmen und mit informellen Aktionen erreicht werden. Damit wird versucht, die Schäden gering zu halten und die Möglichkeiten, die sich aus der veränderten Umwelt ergeben, in wirtschaftliches Handeln umzusetzen.

In der Tabelle 1 sind einige besonders offensichtliche Möglichkeiten zusammengefaßt, die sich aus den unterschiedlichen Strategien ergeben.[7] Die nationale und internationale Politik müssen ermuntert werden, systematisch und phantasievoll den vorgeschlagenen Rahmen mit all seinen Möglichkeiten zu erkunden und zu nutzen.

5. Politische Übungen: Mit der Herausforderung einer globalen Umweltgefährdung fertig werden

Sicherlich sind viele der vorgeschlagenen Instrumente bisher kaum ausprobiert. Keines von ihnen ist so entwickelt worden, wie es hätte sein können; für alle wären weitere Anstrengungen zur Verbesserung nur hilfreich. Aber auch dann hat kein Werkzeug einen Wert, wenn nicht zugleich seine Benutzer damit Erfahrung machen. Erfahrungen können nur in einer langen und andauernden Praxis gelernt werden. Wenn die Instrumente und Lösungsansätze einen praktischen Wert für die Gesellschaft entwickeln sollen, dann müssen sie erprobt werden. Nur so ist ein realistisches Gefühl dafür herzustellen, was der beste Gebrauch ist, wo die Stärken und Grenzen liegen und an welchen Punkten die Werkzeuge verbessert werden müssen.[8]

Wir brauchen eine Praxis, eine neue Praxis. Mit der Erde selbst zu prüfen, hat offensichtlich gefährliche Nachteile. Wissenschaftler sprechen zwar bei der vom Menschen gemachten Freisetzung von Kohlendioxyd in die Atmosphäre von einem „gigantischen geo-physikalischen Experiment", aber der Versuch ist gefährlich und die Ergebnisse dieses Experimentierens können für diejenigen, die im Reagenzglas sitzen, kaum noch Nutzen haben. Die mögliche Alternative, die Übungen mit verschiedenen mathematischen Modellen durchzuführen, läßt ebenfalls zu wünschen übrig. Jede Absicht, die praktischen Konsequenzen bestimmter Reaktionsmöglichkeiten zuverlässig vorherzusagen, verwelkt unter dem betäubenden Ausmaß und der Komplexität der globalen atmosphärischen Veränderungen, den grundlegenden Unsicherheiten in den wissenschaftlichen Modellen sowie der Unfähigkeit zu einer vergleichbar komplexen Steuerung der Entwicklung von Gesellschaft und Umwelt. Selbst bei einfacheren Fällen war es bislang nur selten möglich, eine enge Zusammenarbeit zwischen Wissenschaftlern, Politikern und Interessengruppen zustande zu bringen. Wie soll aber ein sozialer Lernprozeß organisiert werden, wenn es um derartig globale Fragen geht?

Praktikable Modelle für den Umgang mit den komplexen Wechselwirkungen von Umwelt und Gesellschaft sind dringend notwendig. Dem dient das Programm „Nachhaltige Entwicklung der Biosphäre", das jetzt von dem Internationalen Institut für Angewandte Systemwissenschaft in Laxenburg bei Wien ausgeführt wird.[9] Dieses Programm bringt Politiker, Wissenschaftler und Technologien zusammen, um eine „zukünftige Geschichtsschreibung" zu üben, die ein verträgliches Wechselverhältnis in der Entwicklung der gesellschaftlichen Aktivitäten und der globalen Umwelt aufzeigt.

Diese politischen Übungen werden von Ansätzen abgeleitet, die entwickelt wurden, um die politisch-militärisch-strategische Planung während der späten 50er und frühen 60er Jahre zu unterstützen (Goldhamer und Speier, 1959). Diese Überlegungen gingen davon aus, daß formale Modelle nicht in der Lage waren, mit den zum Teil sprunghaften Aktivitäten und Zufälligkeiten in der Entwicklung der Supermächte in geeigneter Form umzugehen. Die starren Modelle tendierten darüber hinaus dazu, die Barrieren zwischen Systemanalytikern und Praktikern eher zu erhöhen, statt sie zu lockern. Herbert Goldhamer von der RAND Corporation versuchte damals problemadäquate integrative Modelle zu entwickeln und stellte fest, daß er damit vor einem ähnlichen Problem steht, das sich immer wieder auch für Historiker ergibt. Er war mit der Herausforderung konfrontiert, eine „zukünftige Geschichte" zu schreiben, um daraus seine Vorstellungen über die Motive und die Einflüsse, die das Verhalten der Supermächte, ihrer Führungskräfte und anderer in der wirklichen Welt beeinflussen, entwickeln zu können (Brewer und Shubik, 1979: 101).

Die von Goldhamer und seinen Kollegen entwickelte Methode der zukünftigen Geschichtsschreibung wurde als „politisches Spielen" bezeichnet. Dabei werden Teams (also menschliche Teilnehmer im Gegensatz zu Computern) mit allgemeinen realistischen Problemszenarien konfrontiert und aufgefordert, sowohl auf die Daten der Szenarien als auch auf die Züge, die von anderen Teams unter diesen Bedingungen gemacht werden, zu reagieren.

Brewer (1986) beschreibt vier „schwierige Fragen, die sich alternativen analytischen Instrumenten entzogen oder deren Kapazität überschreiten". Diese Fragen fassen die Probleme, mit denen auch wir konfrontiert sind, um mit den globalen atmosphärischen Veränderungen umzugehen, so gut zusammen, daß sie berechtigterweise hier zitiert werden:

– Welche politischen Optionen sind angesichts der beschriebenen Konfliktsituation denkbar? Welche Konsequenzen würde jeder einzelne wahrscheinlich ziehen?

– Könnte der politische Erfindungsreichtum verbessert werden, damit diejenigen Politiker, die zur Zeit die Verantwortung tragen, die Entwicklung einer kontrollierten, gesicherten Umwelt durchsetzen und fördern könnten? Wäre die Qualität des politischen Systems, die so entwickelt wird, genauso gut oder sogar besser als diejenige, die konventionell erreicht wird?

– Kann das Spiel besonders wichtige, aber bisher wenig verstandene Themen und Fragestellungen für weitere Studien und Lösungen identifizieren?

– Kann dieses Simulationsmodell Verantwortliche dazu bringen, potentielle Entscheidungen realistischer durchzuführen, unter Berücksichtigung der wahrscheinlichen politischen und gesellschaftlichen Konsequenzen?

Die Erfahrung aus diesen politischen Übungen führte u. a. auch zu der Schlußfolgerung, sie als Modell für gesellschaftliche Reaktionen auf die Probleme der weltweiten Umweltzerstörung zu übertragen. Dabei ergab sich, daß diese politischen Simulationsspiele bessere Resultate liefern als andere Ansätze, wenn „wenig bislang verstandene dynamische Prozesse und institutionalisierte Wechselwirkungen" untersucht werden müssen und zugleich „Partizipationsmöglichkeiten für viele mit unterschiedlichen Perspektiven und speziellen Fähigkeiten auf einer zeitlich kontinuierlichen Grundlage" eröffnet werden (Brewer, 1986). Um nützliche Ergebnisse zu erzielen, müßten diese Übungen zum Problem der weltweiten Umweltzerstörung die wichtigsten Wissenschaftler ebenso miteinschließen wie eine entsprechende Zahl von Entscheidungsträgern aus Politik, Finanzwesen und Industrie. Sie alle müssen an der jeweils aktuellen Folgebewertung beteiligt werden.

Die Orientierung der Simulationsspiele auf „zukünftige Geschichtsschreibung" macht sie zu einem ausgezeichneten Instrument, um mögliche Reaktionen zu untersuchen und den Ablauf und die Koordination von Handlungen zu verfolgen, die dabei eingeleitet werden. Dabei besteht die Anforderung, daß solche Aktionen in sich konsistent sein müssen, auch angesichts neuer Probleme oder kurzfristig schwankender Interessengruppen (Schelling, 1984).

Nicht zuletzt tragen entsprechende Übungen dazu bei, zukünftige Forschungsprioritäten genauer festzustellen, indem die Wissenschaftler von den Politikern hier mit Fragen konfrontiert werden, auf die sie auch in einer unkonventionellen, aber immer noch plausiblen zukünftigen Geschichtsentwicklung eine Antwort brauchen. Die globalen und weitreichenden Fragestellungen, die mit der Atmosphärenveränderung verbunden sind, erfordern einen derartigen realistischen Zukunftsdiskurs, dessen Ergebnisse für politisches und gesellschaftliches Handeln sowie für die wissenschaftliche und technische Arbeit von großer Bedeutung werden können.

Als Schlußfolgerung fasse ich zusammen: Die Gefahr der weltweiten Atmosphärenveränderung hat in der Zwischenzeit ein Stadium erreicht, in dem Gegenstrategien eine sehr viel engere Zusammenschau von politischen und ökologischen Perspektiven erfordern, als das bis jetzt der Fall ist. Eine festzulegende Form von Simulationsübungen mit dem Ziel, zukünftige Geschichtsschreibungen aufgrund eines weltweiten Klimawechsels zu entwerfen und gesellschaftliche Antworten dazu zu formulieren, erscheint heute als eine der wichtigsten Optionen für eine neue Qualität politischer und wissenschaftlicher Zusammenarbeit. Schon im Laufe der nächsten Zeit könnten verschiedene Übungen dieser Art durchgeführt werden, an denen jeweils vielleicht ein Dutzend der bestinformierten und kreativsten Wissenschaftler und Politiker beteiligt

127

sein sollten, die sich mit der weltweiten Umweltzerstörung beschäftigen. Die einzige Möglichkeit herauszufinden, ob wir mit einem derartigen Experiment etwas Nützliches lernen können, ist, es zu versuchen.

Anmerkungen

1 Ein Großteil dieser Darstellung beruht auf Thesen, die ursprünglich in Clark (1985 A) vorgeschlagen wurden.
2 Die knappste Darstellung dieser zentralen Fragestellung ist bei Schelling (1980) zu finden. Vergl. auch Clark (1986).
3 Es gibt eine Menge Literatur über die Nutzlosigkeit der meisten gutgemeinten politischen Analysen. Eine kleine, aber interessante Anzahl von Literatur hat sogar damit begonnen, angesichts von unvollständigen wissenschaftlichen Kenntnissen und eines politisch fragmentarischen Wirrwarrs nützliches Wissen zusammenzustellen (Lindblom und Cohen, 1979; Wildavsky 1979). Ich behandle diese Problematik im Zusammenhang mit der Entwicklungspolitik im 1. Kapitel bei Johnston und Clark (1982). „Irrgärten" im Weltmaßstab werden oft als „Die Globalproblematik" bezeichnet.
4 Die Vorstellung, daß auch noch unvollständige Wissenschaft, in politischen Zusammenhängen eingesetzt, ein nützliches Werkzeug sein kann, ist von dem Wissenschaftsphilosophen Jerome Ravetz (1986) entwickelt worden.
5 S. Crutzen und Graedel (1986), Darmstadter u. a. (1987), Graedel und Crutzen (in Vorbereitung) und Graedel (1989).
6 Vergl. z. B. Lindblom und Cohen (1979); Wildavsky (1979); Clark u. a. (1979).
7 Eine umfassende Anwendung dieser Rahmenüberlegungen auf den Fall des Treibhauseffektes beschreiben Schelling (1983), Clark (1985 A) und Jaeger (1988).
8 Zur Diskussion über Politikanalysen und Angewandte Wissenschaften als „Handwerksarbeit" im allgemeinen vergl. Ravetz (1971), Wildavsky (1979) und Lindblom und Cohen (1979).
9 Vergl. hierzu Clark und Munn (1986), Toth (1986) sowie Toth (1988 A B C).

Die Erklärung im Text benutzter Begriffe siehe im Anhang: Begriffserklärungen.

Literatur

American Meteorological Society (1985): Planned and inadvertent weather modification: a policy statement. In: Bull. Amer. Met. Soc. 66: 447–449.

Bach, W., Crane, A.J., Berger, A.L., and Longhetto, A. eds. (1983): Carbon dioxide: current views and developments in energy/climate research. Dordrecht: Reidel Publ.

Beanlands, G.E. and Duinker, P.N. (1983): An ecological framework for environmental impact assessment in Canada. Halifax, Inst. Environmental Studies of Dalhousie Univ. and Hull, Quebec, Federal Envir. Assessment Review Office.

Bolin, B. and Cook, R.B., eds. (1983): The major biogeochemical cycles and their interactions. Chichester, U.K.: John Wiley.

Brewer, G. (1986): Methods for synthesis: policy exercises. pp. 455–473 in: Clark and Munn (1986).

Brewer, G. and Shubik, M. (1979): The War Game: a critique of military problem solving. Cambridge, MA: Harvard Univ. Press.

Brown, T.A. and Paxson, E.W. (1975): A retrospective look at some strategy and force evaluation games. R-1619-PR. Santa Monica, CA: The Rand Corporation.

Clark, W.C. (1985a): On the practical implications of the carbon dioxide question. WP-85-43. Laxenburg, Austria: International Institute for Applied Systems Analysis.

Clark, W.C. (1985b): The cumulative impact of human activities on the atmosphere. In: US National Research Council and Canadian Environmental Assessment Review Council. Cumulative environmental effects: a binational perspective. Ottawa: Ministry of Supply and Services.

Clark, W.C. (1986): Sustainable development of the biosphere: themes for a research program. pp. 5–48 in: Clark and Munn (1986).

Clark, W.C., Jones, D.D., and Holling, C.S. (1979): Lessons for ecological policy design: a case study of ecosystem management. In: Ecological Modelling 7: 1–53.

Clark, W.C. and R.E. Munn (1986): Sustainable development of the biosphere. Cambridge: Cambridge Univ. Press.

Crutzen, P.J. and Graedel, T. (1986): The role of atmospheric chemistry in environment-development interactions. pp. 213–250 in: Clark and Munn (1986).

Darmstadter, J. et al. (1987): Impacts of world development on selected characteristics of the atmosphere: an integrative approach. (2 vols.) ORNL/Sub/86-22033/1. Oak Ridge, TN.: Oak Ridge National Laboratory.

Goldhamer, H. (1973): Private communication to Brewer and Shubik (1979), quoted on their p. 103.

Goldhamer, H. and Spear, H. (1959): Some observations on political gaming. In: World politics 12: 72–83.

Graedel, T. (1989): Regional environmental forces: a methodology for assessment and prediction. Environment (forthcoming).

Graedel, T. and P. J. Crutzen. (forthcoming): Historical changes in concentrations of atmospheric constituents. In: B. Turner et al., eds. The earth as transformed by human action. Cambridge: Cambridge University Press.

IGBP (International Geosphere-Biosphere Programme) (1988): The international geosphere-biosphere programme: a study of global change. A plan for action. Report No. 4. Paris: ICSU.

Jaeger, J. (1983): Climate and energy systems. Chichester: John Wiley.

Jaeger, J. (1988): Developing policies for responding to climatic change. WCIP-1; WMO/TD – No. 225. Geneva: World Meteorological Organization.

Johnston, B. F. and Clark, W. C. (1982): Redesigning rural development: a strategic perspective. Baltimore: John Hopkins Univ. Press.

Lindblom, C. E. and Cohen, D. K. (1979): Usable knowledge: social science and social problem solving. New Haven: Yale Univ. Press.

National Research Council (1977): Energy and climate. Washington: National Academy Press.

National Research Council (1979): Nuclear and alternative energy systems. Washington: National Academy Press.

National Research Council (1981): Atmosphere-biosphere interactions: towards a better understanding of ecological consequences of fossil fuel combustion. Washington: National Academy Press.

National Research Council (1983): Changing climate. Washington: National Academy Press.

Ravetz, J. R. (1971): Scientific knowledge and its social problems. Oxford. Clarendon Press.

Ravetz, J. (1986): Usable knowledge, usable ignorance: incomplete science with policy implications. pp. 415–432 in: Clark and Munn (1986).

Schelling, T. C. (1980): Letter report of the National Research Council's Ad Hoc Study Panel on Economic and Social Aspects of Carbon Dioxide Increase. Sent to Dr. Philip Handler, President, National Academy of Sciences. April 18, 1980.

Schelling, T. C. (1983): Climatic change: implications for welfare and policy. pp. 449–482 in: National Research Council (1983).

Schelling, T. (1984): Private communication to the author.

Toth, F. (1986): Practicing the future: implementing the policy exercise concept. WP-86-23. Laxenburg, Austria: International Institute for Applied Systems Analysis.

Toth, F. (1988 b): Practicing the future, part 2: lessons from the first experiments with policy exercises. WP-88-12. Laxenburg, Austria: International Institute for Applied Systems Analysis.

Toth, F. (1988 b): Policy exercises: objectives and design elements. Sub-
    mitted to Simulation and games.
Toth, F. (1988 c): Policy exercises: procedures and implementation. Sub-
    mitted to Simulation and games.
Wildavsky, A. (1979): Speaking truth to power: the art and craft of policy
    analysis. Boston: Little, Brown and Co.

Stephen S. Schneider
Die Debatte über die Klimaveränderungen: was wir tun sollten

1. Drei Probleme

Drei eng verbundene Atmosphärenprobleme sind in den letzten zehn Jahren intensiver diskutiert worden. Zwei davon sind sogar relativ alte Themen. Diese Probleme sind:
(1) der mögliche Verlust an stratosphärischem Ozon,
(2) die Entstehung des sauren Regens und
(3) die möglichen Klimaveränderungen durch den Treibhauseffekt.

Saurer Regen ist tatsächlich seit Jahrhunderten bekannt, da der Schwefel, der bei der Kohleverbrennung in London und in anderen industriellen Ballungsräumen frei wurde, zu giftigen Smog-Bildungen führte. Aber erst seit den letzten Jahrzehnten werden sämtliche Auswirkungen auf die Menschen sowie die Wälder und Seen wissenschaftlich systematisch untersucht. Der klimatische Einfluß des Gases Kohlendioxyd – ein Nebenprodukt bei der Verbrennung der fossilen Brennstoffe Kohle, Öl und Erdgas – ist seit über einem Jahrhundert bekannt. Trotzdem wurden in der Öffentlichkeit die langfristigen, weltweiten Umweltgefahren insbesondere aus der Nutzung der Kohleressourcen meist verdrängt und werden es bisweilen auch heute noch. Die Gefahren sind umfassend, so daß ihre Abschätzung immer noch große Unsicherheiten beinhaltet. Ihre Folgewirkungen können sehr lange bestehenbleiben – auch über nationale Grenzen hinweg. Viele Schädigungen sind nach menschlichem Ermessen weitgehend unumkehrbar. Sie erfordern gewaltige Investitionen für vorbeugende Gegenmaßnahmen.

Die Reduzierung des stratosphärischen Ozongehaltes ist vielleicht das Problem, das am ehesten zu lösen wäre. Es ist auch das erste, das zu einer relevanten und international abgestimmten politischen Aktion geführt hat. Bereits in den 70er Jahren kam es in den USA zu einem Verbot bestimmter Fluorchlorkohlenwasserstoffe (FCKW) als Treibmittel in Spraydosen, und seit 1988 gilt eine internationale Vereinbarung (Montrealer Protokoll) mit dem Ziel, die Emissionen bis Ende der 90er Jahre auf ca. die Hälfte der gegenwärtigen Produktionskapazität zu verringern. Dies ist ein Anfang, um die Ausweitung des Ozonloches zu verhindern. Und auch dieser erste Schritt wurde nur durch eine vernetzte Diskussion zwischen nationalen Regierungen, Wissenschaftlern, Umweltverbänden und Wirtschaft möglich. Hinzu kam der Umstand, daß preisgünstige Ersatzstoffe für Spraydosen-Treibgase verfügbar wurden.

Der saure Regen und die grenzüberschreitende Luftverschmutzung sind weiterhin politische Streitpunkte auch zwischen sonst freundlich gesinnten Nachbarn wie z. B. den USA und Kanada oder der Bundesrepublik und den skandinavischen Ländern. Obwohl das Thema wissenschaftlich, d. h. im Sinne der Ursache-Folge-Wirkung, mehr erforscht ist als das der Ozonausdünnung durch chlorierte Verbindungen, sind die direkten politischen Handlungen zur Einschränkung des sauren Regens deutlich geringer geblieben. Dies hat u. a. auch den Grund, daß es Milliarden-Summen kosten würde, den Schwefel aus englischen, deutschen, sowjetischen oder US-amerikanischen Schornsteinen zurückzuhalten. Der Streit geht über Kosten-Nutzen-Analysen und wirtschaftliche Zumutbarkeit sowie über das Fehlen wissenschaftlich gesicherter Abschätzungen, inwieweit eine bestimmte Rückhaltung der Schwefel-Emissionen eine quantitativ vorhersagbare Entsäuerung des Regens und Verringerung der Säuredisposition an bestimmten Stellen der Erdoberfläche mit sich bringen würde.

Das größte globale Umweltproblem ist schließlich der Treibhauseffekt, wobei Gase wie Kohlendioxyd, FCKW, Methan sowie weitere wichtige klimawirksame Spurengase durchaus in der Lage sein können, innerhalb der nächsten zwei Generationen eine nachhaltige Klimaveränderung herbeizuführen, die womöglich größer ist als alles, was die menschliche Zivilisation bisher erlebt hat. Wenn der gegenwärtige Trend in der Freisetzung der Treibhausgase über die nächsten hundert Jahre anhält, dann könnten Klimaveränderungen auftreten, die alle Temperaturschwankungen der neueren Erdgeschichte übersteigen – mit wahrscheinlich grundlegenden und irreversiblen Veränderungen der natürlichen und landwirtschaftlichen Ökosysteme, der menschlichen und tierischen Gesundheit, des Meeresspiegels und der klimatischen Ressourcen. Bislang hat von den drei Themen das Treibhausproblem noch die wenigste politische Aufmerksamkeit gefunden. Dies hat wahrscheinlich mehrere Gründe: Die Vorhersagen sind noch mit beträchtlichen Unsicherheiten belastet. Es gibt sogar Länder und Völker, die sich Gewinne ausrechnen. Auch kann keine einzelne Nation in der Lage sein, allein durch nationale Handlungen ausreichend dazu beizutragen, den Prozeß der Klimaveränderung zu verlangsamen. Eine ernsthafte Gegenstrategie würde zudem gewaltige volkswirtschaftliche Kosten hervorrufen und sogar zwingen, den Lebensstil zu ändern. Und schließlich: Das wichtigste Treibhausgas, Kohlendioxyd, ist ein unvermeidbares Nebenprodukt beim Verbrauch des wichtigsten Rohstoffes für die wirtschaftliche Entwicklung unserer Welt: der fossilen Brennstoffe für die Energieversorgung.

2. Regionale Klimareaktionen

In diesem Buch wird in unterschiedlichen Beiträgen das Treibhausproblem beschrieben, wobei insbesondere auf die Bedeutung des Kohlenstoffkreislaufes hingewiesen wird. Will man jedoch die gesellschaftlichen Auswirkungen der Klimaveränderungen abschätzen, dann muß vor allem die regionale Verteilung einer möglichen Klimaänderung untersucht werden. Wird es im Jahre 2010 z.B. in Iowa/USA trockener sein, sehr heiß in Indien, feuchter in Afrika und New York, oder wird Venedig überflutet? Leider ist es aus technischen Gründen heute noch nicht möglich, eine kleinmaßstäbliche Vorhersage regionaler Klimavariabilitäten wie Temperatur und Regenfall zu geben. Zwar wurden erste Abschätzungen bereits vorgenommen, aber diese Modelle sind noch nicht verläßlich. Trotzdem gibt es zumindest plausible Gründe dafür, daß in den nächsten fünfzig Jahren folgende regionale Szenarien eintreten könnten, die zusammenfassend geschildert werden:

- feuchtere, subtropische Monsunregengürtel;
- verlängerte Wachstumssaison in höheren Breitengraden;
- nassere Frühjahrswetterlagen in höheren und mittleren Breiten;
- trockene Hochsommer in einigen mittleren Breitengraden – ein sehr ernstes Problem für die zukünftige Landwirtschaft und Wasserversorgung insbesondere in den wichtigen getreideproduzierenden Regionen;
- Zunahme extremer Hitzewellen mit möglichen Gesundheitskonsequenzen für Mensch und Tier in bereits heute warmen Klimazonen;
- Anstieg des Meeresspiegels bis zu 1 Meter innerhalb der nächsten hundert Jahre (der weltweite Meeresspiegel ist heute bereits zehn Zentimeter höher als vor hundert Jahren).

Die Ermittlung zukünftiger Gewinner und Verlierer dieser Klimaveränderungen beinhaltet jedoch mehr als die Frage nach Gewinn und Verlust, wenn eine derartige Kalkulation überhaupt zulässig wäre. Sie erfordert vor allem die Frage: „Wer gewinnt und wer verliert?" oder „Wie können die heute nicht mehr vermeidbaren Verluste entschädigt und eventuelle Gewinne besteuert werden?"

Falls z.B. der Getreidegürtel in den USA aufgrund einer Temperaturerwärmung mehrere hundert Kilometer nach Norden „wandern" würde, stünde einem Milliarden-Verlust für die Farmer von Iowa evtl. ein Milliarden-Gewinn in Minnesota gegenüber. Auch wenn einige Makroökonomen hypothetisch aus der Perspektive der USA insgesamt netto keine Verluste sehen würden, brächte eine derartige Verschiebung erhebliche soziale Unruhen mit sich, weil sie die verschiedenen gesellschaftlichen Gruppen unterschiedlich mit Kosten und Vorteilen beträfe. Darüber hinaus wüchse die Erkenntnis,

135

daß die wirtschaftlichen Aktivitäten der einen Nation verheerende klimatische Veränderungen für andere Staaten hervorrufen könnten; dies birgt eine große Sprengkraft für die internationalen Beziehungen. Mit anderen Worten, letztendlich wird es keine Gewinner geben können.

Eine beträchtliche Unsicherheitsquelle in den Vorhersagen ist die träge Reaktion der tiefen Ozeane sowie der biologischen Kreisläufe. Das heißt, die Ozeane wie die Wälder befinden sich nicht in einem Gleichgewicht mit der Atmosphäre; wenn die Treibhausgase so schnell ansteigen, wie dies mit der Erwärmung des Klimas in einem Tempo von einigen Graden Celsius in weniger als 100 Jahren vorhergesagt wird. Dies wäre rd. fünfzigmal schneller als die natürlichen Naturveränderungen seit dem Ende der letzten Eiszeit. Je schneller sich die Temperaturen ändern, desto schwieriger sind die Vorhersagen und desto mehr müssen wir auf Überraschungen gefaßt sein.

3. Politische Reaktionen

Die entscheidende Frage ist die nach den angemessenen politischen Reaktionen. Drei Typen können hypothetisch in Betracht gezogen werden.

Erstens sind dies *Gegenmaßnahmen:* Eingriffe in die Umwelt, um die möglichen Effekte zu minimieren, z. B. durch gezielten Staub-Eintrag die Stratosphäre, der dort das Sonnenlicht reflektieren und so zu einer Abkühlung des Klimas als Gegenmaßnahme zur anthropogenen Erwärmung beitragen soll. Diese Maßnahmen wären jedoch schon deshalb unvertretbar, weil es nicht nur erhebliche Unsicherheiten in der Vorhersage möglicher Klimaveränderungen gibt, sondern wahrscheinlich noch größere über jede gezielte Klimamodifikation. Dadurch könnte ein derartiger Eingriff letztlich eine Therapie sein, die schlimmer ist als die Krankheit, die sie heilen soll. Derartige Manipulationsmöglichkeiten und die dadurch zu erwartenden internationalen Spannungen sind derart erschreckend, und die rechtlichen Instrumente, um mit einem derartigen Vorgehen umzugehen, sind so unzureichend, daß eine solche „Abmilderungsstrategie" ausgeschlossen werden müßte. Akzeptabel ist dagegen eine großangelegte Wiederaufforstung, die nicht nur die Funktion einer Kohlendioxyd-Senke hat, sondern zugleich auch die Bodenerosion zurückdrängt und hilft, die genetischen Reserven der Erde zu schützen.

Die zweite Möglichkeit der politischen Reaktion, die insbesondere von den Volkswirtschaftlern bevorzugt wird, ist die *einfache Anpassung*. Derartige Strategien zielen darauf ab, daß sich die Gesellschaft Umweltveränderungen anpaßt, ohne vorbeugend zu versuchen, sie zu verhindern. Die Menschheit kann sich z. B. auf den Klimawechsel einstellen, indem andere Getreidesorten gepflanzt werden, die in einem veränderten Klimaspektrum optimal wachsen können. Natürlich sind während des Überganges große Verluste wahrscheinlich, da weitgehend unbekannt ist, wie sich die ökologischen Bedingungen ändern oder ob die benötigten Saatgutsorten vorhanden sind. Die Auswirkungen werden wahrscheinlich um so negativer sein, je schneller die Veränderung stattfindet, da sowohl vom Menschen gesteuerte als auch natürliche Umweltsysteme Zeit brauchen, um sich an größere Veränderungen anzupassen.

Schließlich gibt es die aktivste Form der politischen Reaktion, die *Vorbeugung*, z. B. in der Form eines Verbots von FCKW oder einer deutlichen Reduzierung des weltweiten Verbrauchs fossiler Brennstoffe. Eine derartige Strategie stößt heute noch auf Widerspruch, weil sie zumindest in einigen Fällen sofort erhebliche Investitionen in Vorbeugemaßnahmen gegen zukünftige Umweltveränderungen voraussetzt. Und dies, obwohl man der Ehrlichkeit halber zugeben muß, daß diese noch nicht präzise vorherzusagen sind. Zu den Präventivmaßnahmen gehören die Steigerung der Energieeffizienz, die Entwicklung regenerativer Energiesysteme oder ein „Gesetz über die Luft", wie es 1976 von der Anthropologin Mead und dem Klimatologen Kellogg in die Diskussion gebracht wurde. Darin werden unterschiedliche nationale Verschmutzungsrechte vorgeschlagen, um so die Gesamtemission an Kohlendioxyd unter einem bestimmten, weltweit akzeptierten Standard zu halten.

4. Wie reagieren? Eine Wertfrage

Die „angemessene" politische Reaktion wird nicht allein vom Stand der wissenschaftlichen Informationen abhängen, sondern sicherlich auch von Wertentscheidungen der Individuen, Gruppen, Vereinigungen und Nationen, und das bei unterschiedlicher Betroffenheit. *Die* wissenschaftliche Antwort gibt es dagegen nicht und wird es wohl auch nicht geben. Die Wissenschaft hat die Aufgabe, Szenarien zu liefern und die Wahrscheinlichkeit verschiedener Alternativen abzuschätzen. Die Öffentlichkeit und die Politik müssen dagegen lernen, daß Entscheidungen zu treffen sind, auch angesichts von bestehender wissenschaftlicher Unsicherheit und bei einer Anzahl miteinander konkurrierender Werte und Interessen. Nur durch einen derartigen Lernprozeß hat die Menschheit die Chance, über die komplexen technischen Debatten hinaus einen Konsens zu erreichen, der die zentralen Werte der Gesellschaft widerspiegelt.

Wie wir handeln sollen, wie wir mit unserer Zukunft umgehen, ist eine Wertentscheidung, die nur getroffen werden kann, wenn wir hinreichend gut über die mögliche Spannweite der Ergebnisse und der Kosten informiert sind, die mit Handlungen verschiedener Art verbunden sind. Nehmen wir an, auch wenn für die nähere Zukunft dies nicht gesichert ist, daß eine nationale Vereinbarung erreicht wird, den Anstieg des atmosphärischen Kohlendioxyds zu begrenzen, wie es z. B. in den USA bei den FCKW-Treibgasen vor zehn Jahren gemacht wurde. Dennoch wäre damit für das nächste Jahrhundert noch nicht viel erreicht, wenn nicht viele andere Nationen diesem Pfad ebenfalls folgen würden. Atmosphärenprobleme sind grundsätzlich global, sowohl von der Ursache als auch bei den Auswirkungen. Darüber hinaus sind sie eng mit den allgemeinen Problemen der weltwirtschaftlichen Entwicklung verwoben und können von den Fragen der Bevölkerungs- und Ressourcenentwicklung ebensowenig getrennt werden wie von der allgemeinen Umweltsituation und den ökonomischen Verteilungsfragen.

Reiche Nationen können von armen Ländern keine Modifizierung ihrer industriellen Entwicklungspläne verlangen, ohne gleichzeitig selbst Opfer zu bringen und neue Methoden anzubieten, die dazu beitragen, mehr internationale wirtschaftliche Gleichheit zu erreichen. Da die Industriestaaten die Hauptproduzenten von Kohlendioxyd durch die Verbrennung fossiler Brennstoffe sind, muß eine Verringerung ihres überproportionalen Energieverbrauchs ein wichtiger Bestandteil im internationalen Verhandlungsprozeß zum Schutz des Klimas werden. Andererseits werden aber auch dann erhebliche Kohlendioxyd-Emissionen entstehen, wenn bevölkerungsreiche Länder wie Indien oder China auch nur einen Bruchteil ihrer erheblichen Kohlereserven einsetzen wollen, um den Lebensstandard zu erhöhen. Dies macht eine internationale Kooperation zwischen reichen und armen Ländern über den Transfer von Wissen und umweltverträglicher Technik sowie von Kapital notwendig.

Zugleich muß das Bevölkerungswachstum zu einem Verhandlungspunkt zwischen Industrie- und Entwicklungsländern werden. Falls es in Zukunft eine Entwicklung hin zu mehr Gleichheit im Pro-Kopf-Verbrauch fossiler Brennstoffe zwischen armen und reichen Ländern geben soll, dann muß das Bevölkerungswachstum, das vorwiegend in der Dritten Welt stattfindet, ein ebenso wichtiger Faktor bei der Vorsorge vor Klimaproblemen werden, wie der hohe Pro-Kopf-Verbrauch fossiler Brennstoffe in den Industrienationen. Derartige Verhandlungen werden somit viel Zeit brauchen, deshalb ist es wichtig, den Prozeß jetzt zu beginnen.

Die Atmosphärenprobleme Ozonzerstörung, saurer Regen und Treibhauseffekt beinhalten eine grundsätzliche Herausforderung an die traditionelle Philosophie von persönlichen, Gruppen- und National-Interessen. Diese Interessen reagieren normalerweise auf Probleme in einem Zeitrahmen, der sehr viel kürzer gefaßt ist als der, in dem sich diese Umweltveränderungen abspielen. Von daher brauchen wir eine Neubestimmung von kurzfristigen und langfristigen, von nationalen und globalen Ansprüchen. Neue Ziele, wie eine gesteigerte Energieeffizienz oder die Entwicklung nichtfossiler Energiequellen, ist von größter Wichtigkeit, um die Probleme der Luftverschmutzung rasch zu lösen. Falls jedoch die kurzfristige Rentabilität des Kapitaleinsatzes das grundsätzliche Ziel von Individuen, Organisationen oder sogar Nationen bleibt, dann wird sich die Menschheit wahrscheinlich schmerzhaft gezwungen sehen, sich an das weite Spektrum von Konsequenzen anpassen zu müssen, die aus der Fortsetzung gegenwärtiger Emissionstrends drohen. Es ist zu fragen, ob die gegenwärtigen, marktorientierten Kräfte innerhalb des Weltwirtschaftssystems aus sich heraus hinreichende Umweltinvestitionen anstoßen, um die voraussichtlich schwerwiegenden Konsequenzen vorbeugend zu verhindern. Der „freie Markt", wie er heute praktiziert wird, erhebt nämlich keine Abgaben auf den umweltschädigenden Verbrauch von Brennstoff. Der gegenwärtige Markt liefert keine angemessenen Preissignale, um den Gebrauch verschmutzender Brennstoffe oder Technologien zu verringern, und er erhebt von den Nutznießern oder Produzenten dieser Verschmutzung keine Gebühren.

Und schließlich gibt es die ethische Frage, die mit dem Atmosphärenproblem zusammenhängt: Hat die heutige Menschheit das Recht, zukünftige Generationen von Menschen, Pflanzen und Tieren gewaltigen ökologischen Gefahren auszusetzen? Ist aber diese vage Warnung ausreichend, um Handlungen zu mobilisieren? Gibt es einen „rauchenden Colt" im Umweltschutz, der hartgesottene Politiker und Industrievertreter zum Handeln zwingt? Unglücklicherweise können grundsätzliche Atmosphärenveränderungen, wie die Gefahr einer Klimakatastrophe, nur durch das globale Experiment im Labor Erde zweifelsfrei demonstriert werden. Dennoch stabilisieren sich schon heute die Aussagen aus Klimamodellen und geben der Grundannahme erhebliche Glaubwürdigkeit, daß wir vor einer Aufheizung der Atmosphäre stehen. Die Indizien sind nicht mehr von der Hand zu weisen. So ergibt sich aus verläßlichen Datensätzen, daß sich während des letzten Jahrhunderts die Erde um ca. 0,7 Grad Celsius erwärmt hat.

Die 80er Jahre unseres Jahrhunderts waren die wärmste Dekade, die weltweit je gemessen wurde.

Gleichzeitig wissen wir, daß die Kohlendioxyd-Konzentration in der Atmosphäre heute ca. 25 Prozent höher liegt als vor rund einhundert Jahren.

Insofern stimmt das, was auf der Erde bereits passiert, weitgehend mit dem überein, was die Klimamodelle prognostizieren.

5. Zusammenfassung

Es existiert eine weitgehende Übereinstimmung bei den Klima- und Atmosphärenforschern, daß eine Abnahme des stratosphärischen Ozons, ein Anstieg der Säure-Deposition auf der Erde und eine Erwärmung des Klimas durch die Veränderung des Treibhauseffektes die hochwahrscheinlichen Bedingungen für die Zukunft sind. Eine Übereinstimmung besteht auch darin, daß schnelle Klimaveränderungen sowohl ökologische wie auch physikalische Systeme aus dem Gleichgewicht bringen, was detaillierte Voraussagen unmöglich macht. Der wissenschaftliche Konsens beginnt erst zu bröckeln, wenn es um detaillierte Abschätzungen von zeitlichem Verlauf und räumlicher Verteilung potentieller Auswirkungen geht, und er zerfällt über die Frage, ob der gegenwärtige Informationsstand schon hinreichend ist, eine umfassende gesellschaftliche Reaktion einzuleiten, die mehr ist, als eine verstärkte Erforschung der Probleme – eine eigennützige Empfehlung, die die Wissenschaftler irgendwie immer wieder vorbringen werden. Was die Öffentlichkeit jedoch nicht brauchen kann, ist, von der Unsicherheit und einer andauernden Debatte unter den Wissenschaftlern gelähmt zu werden.

Sicherlich hat die Gesellschaft nicht die Ressourcen, um sich gegen alle möglichen negativen Entwicklungen der Zukunft zu schützen. Genausowenig geben auch einzelne Menschen nicht ihr gesamtes Einkommen für die Krankenversicherung aus. Aber es gibt bereits eindeutige Prinzipien, für welche Probleme wir einen Teil unserer wissenschaftlichen

141

und finanziellen Ressourcen einsetzen sollten. Dazu gehört, die Steigerungsrate des Treibhauseffektes dadurch zu bremsen, daß Investitionen in die Effektivierung des Energieeinsatzes gelenkt werden. Die Kohlendioxyd-Anstiegsraten zu vermindern, würde das Ungleichgewicht in physikalischen, biologischen und sozialen Systemen verringern und könnte uns die Zeit verschaffen, sowohl die Bedrohlichkeit des Treibhauseffektes weiter zu erforschen und schließlich leichter eine Anpassung zu ermöglichen. Dies macht auch wirtschaftlich Sinn, Energie effizienter zu nutzen. Auf jeden Fall ist sicher, daß geringere Emissionen aus der Nutzung fossiler Brennstoffe – insbesondere der Kohle – den sauren Regen und Gesundheitsgefahren vornehmlich in Ballungsgebieten reduzieren würden. Auch gelänge es (in einigen Fällen), die Abhängigkeit von Importenergie (insbesondere von Öl) zu vermindern. Mit anderen Worten: Die Gefahr einer Klimaänderung ist ein weiterer Grund, die Politik der Energieeinsparung und erhöhten Energieeffizienz zu verfolgen. Und falls, was möglicherweise auch sein kann, die heutigen Schätzungen einer Klimaveränderung zu gering ausgefallen sein sollten, dann hätte ein effizienterer Einsatz von Energie zumindest die Anstiegsrate der Treibhausgase erst einmal verlangsamt.

Die Entwicklung und Einführung alternativer Energietechnologien ist ein weiteres Beispiel für eine gesellschaftlich sinnvolle zukunftsorientierte Vorbeugestrategie. Allerdings ist aus bestimmten wirtschaftlichen Kreisen mit ideologischem Widerstand gegen eine derartige Politik mit der Begründung zu rechnen, daß derartige Ziele durch individuelle Investitionsentscheidungen in der Marktwirtschaft getroffen werden sollten und nicht durch gezielte staatliche Förderung. Als Entgegnung kann man nur anführen, daß genau diese Art strategischer Investitionen gerade von den konservativsten Politikern immer wieder getroffen werden: Als Investitionen in die militärische Sicherheit aus strategischer Besorgnis. Diese strategische Besorgnis muß erst recht für andere potentielle Bedrohungen der menschlichen Sicherheit gelten, insbesondere für den Schutz der Umwelt.

Sicherlich würde die weitere Atmosphärenforschung die politischen Entscheidungen auf eine festere wissenschaftliche Basis stellen. Aber ich meine, daß detaillierte und glaubwürdige Einzelheiten noch in Jahrzehnten nicht verfügbar sein werden, und dies heißt, nicht bevor die Menschheit bereits großen atmosphärischen Veränderungen ausgesetzt ist. Falls bis Ende der 90er Jahre gewartet wird, bevor vorbeugende Maßnahmen eingeleitet werden, ist das Risiko groß. Wir müßten uns dann an eine sehr viel größere Menge Treibhausgase, sauren Regen und Ozonzerstörung anpassen, als wenn wir heute handeln würden.

Das Dilemma liegt darin, metaphorisch gesprochen, daß wir in eine noch schmutzige Kristallkugel schauen. Und die Entscheidung, die wir treffen müssen, ist genau die, ob wir das Glas weiter polieren müssen, bevor wir handeln, oder ob das, was wir bereits sehen, schon ausreichend ist.

Ausführlicheres zu diesem Thema in: Stephen S. Schneider: Das Treibhausjahrhundert, Sierra-Club, San Francisco 1989.

Iwan T. Frolow
Sozialphilosophische Erfassung des globalen Ökologieproblems

Die weltanschauliche und methodologische Erforschung des Problems der Wechselwirkungen von Mensch und Gesellschaft mit der Natur entspricht einer alten Tradition des philosophischen Denkens. Es wurde in der marxistisch-leninistischen Lehre intensiv entwickelt. Dabei wurden konzeptionelle Betrachtungsweisen an den Tag gelegt, die heute ihre heuristische Effektivität haben.

In bestimmten Etappen der gesellschaftlichen Entwicklung wurden jedoch diese grundlegenden Prinzipien zu einem bedeutenden Grad eingebüßt und durch voluntaristische Vorstellungen von der Notwendigkeit einer „Bezwingung" der Natur entstellt. Die Folge waren einseitige Konzeptionen, deren praktische Verwirklichung der Natur und dementsprechend auch dem Menschen durch maßloses „ökologisches Experimentieren" und Umweltverschmutzung beträchtlichen Schaden zufügte. Heute darf die negative Wirkung dieser praktischen Handlungen, die zur Degenerierung der Natur und zur Verunreinigung der Umwelt des Menschen geführt haben, nicht mehr unterschätzt werden, es muß auch jenes Stereotyp abgelegt werden, das die marxistisch-leninistische Vorstellung der tätigen Natur des Menschen mit dem Mythos verband, der Mensch sei ein „Demiurg" oder „Naturbezwinger".

Derartige Vorstellungen, die unter anderem auch in philosophischen Dogmen verankert wurden, spiegelten nicht nur die verwerflichen Praktiken einer autoritär-bürokratischen Deformation des Sozialismus wider, sie entstellten auch die Konzeption des Marxismus selbst. Deshalb bestand seit dem XX. Parteitag der KPdSU (1956) eine Aufgabe auch darin, die klassischen Auffassungen wiederherzustellen, wozu auch die Ökologieproblematik gehört. Bereits in jenem Zeitabschnitt erschien eine Reihe von Veröffentlichungen, in denen das Problem des wechselseitigen Zusammenhangs und Zusammenwirkens von Mensch und Natur neu interpretiert wurde. Seit Mitte der 50er Jahre entwickelte sich ungeachtet verschiedener sozialer Bedingungen und politischer Einstellungen eine intensive Beschäftigung mit dem Ökologieproblem, angewandt auf die Existenzbedingungen einer höherentwickelten Zivilisation. Die Diskussionen über diese Problematik haben einen gesellschaftlichen Widerhall erfahren und auch spürbare praktische Effekt erbracht. Unter anderem fanden in der Zeitschrift „Woprossy philosophii" (Fragen der Philosophie) in den Jahren 1972 und 1974 Rundtischgespräche statt, die den Themen „Der Mensch und seine Umwelt" und „Die Wissenschaft und die globalen Probleme der Gegenwart" gewidmet waren.[1] Einen neuen Schritt nach vorne bedeutete auch die Erörterung des Problems „Mensch, Gesellschaft und Natur im Zeitalter der wissenschaftlich-technischen Revolution" auf der III.Unionsberatung über philosophische Fragen der neuzeitlichen Naturforschung (1980). Diese Arbeit wurde im Rahmen des Wissenschaftlichen Rates beim Präsidium der Akademie der Wissenschaften der UdSSR fortgesetzt.[2]

Hinsichtlich ihrer Resultate war die geleistete Arbeit zur Erfassung der Ökologieprobleme alles andere als eindeutig. Schon die Fragestellung nach einer Priorität der Ökologieprobleme wurde von den dogmatisch denkenden Vertretern der marxistischen Weltanschauung in der ganzen Welt als „Ablenkung" von den wichtigsten sozialen Problemen des Klassenkampfes abgetan. Gegenwärtig mag es ideal erscheinen, aber die Verteidigung der selbständigen Bedeutung einer marxistischen Konzeption des Ökologieproblems war von grundsätzlicher Bedeutung und die Gemeinschaftsarbeit von Philosophen mit Naturforschern (B.L.Kapiza, J.K.Fjodrow) förderten in der UdSSR eine Veränderung der dogmatischen Bewußtseinsstereotypen. Verengte Betrachtungsweisen, die die Einstellung des Menschen zur Natur auf einen reinen Technokratismus, bar jeder umfassenden sozialen und humanistischen Weltsicht, reduzierten, hatten allerhand Schaden angerichtet.

Bedauerlicherweise sind solche Betrachtungsweisen bis auf den heutigen Tag noch nicht endgültig überwunden, und somit ist die Erfassung des Ökologieproblems unter den neuen Bedingungen sich schöpferisch entwickelnder marxistischer Positionen von großer Bedeutung. Die klassisch-marxistische Auffassung, die Geschichte könne von zwei Seiten aus betrachtet werden, sie lasse sich in die Naturgeschichte und die Geschichte der Menschen einteilen, bildet den Schlüssel für eine umfassende Betrachtung. Beide Seiten sind unlöslich miteinander verbunden: Solange es Menschen gibt, bedingen die Naturgeschichte und die Geschichte der Menschen einander wechselseitig: „Der Mensch", schrieb Karl Marx, „*lebt* von der Natur, d. h.: Die Natur ist *sein Leib*, mit dem er in beständigem Prozeß bleiben muß, um nicht zu sterben".[3]

Eine Abhängigkeit des Menschen von der Natur besteht in einer gleichzeitig umgekehrten Abhängigkeit der Natur vom Menschen. Die wissenschaftlich-technische Revolution und die dadurch ausgelöste intensive industrielle Entwicklung haben dies mit aller Deutlichkeit manifestiert. Die umfassende Tätigkeit des Menschen (v. a. die Produktionstätigkeit) hat die Möglichkeit für seine umgekehrte, dabei auch negative, Einwirkung auf die Natur geschaffen. Damit wird eine vernunftwidrige Zerstörung des eigenen „Leibes" möglich, d. h., die Selbstvernichtung des Menschen. Und dies ist leider keine metaphorische Übertreibung. Das Zusammenwirken von Mensch und Gesellschaft mit der Natur, die Wechselwirkungen von Mensch und Umwelt, haben durch das stürmische Wachstum der Industrieproduktion in der ganzen Welt, die sich auf der Basis von ressourcenintensiven und abfallreichen Technologien vollzieht, eine Dimension erreicht, die die Existenz der Menschheit als solche in Frage stellt, und zwar als Ergebnis einer Erschöpfung der natürlichen Ressourcen und einer für das Leben des Menschen gefährlichen Verschmutzung der natürlichen Umwelt. Die Zerstörung der Ozonschicht um die Erde und die Gefahr einer weltweiten Klimakatastrophe sind das Ergebnis dieses fortgesetzten Prozesses vernunftwidriger Einwirkungen des Menschen auf die Natur.

Im neuen Denken zu Fragen der Wechselwirkung von Mensch und Natur werden der Gegenstand der sozialen Öko-logie bzw. Ökologie des Menschen umrissen und die Formen und Methoden einer theoretischen und praktischen Lösung der Ökologieprobleme entwickelt. Das Umweltproblem ge-hört zu den Fragen von großer sozialer und humanistischer Tragweite, es muß deshalb für die marxistische wissenschaftli-che Analyse in seinen Beziehungen zu den verschiedenen Aspekten des gesellschaftlichen Seins geklärt werden. Außer dem rein wissenschaftlichen (erkenntnistheoretischen) und dem technologischen, sozialökonomischen und politischen (darunter auch dem völkerrechtlichen) Aspekt hat das Ökolo-gieproblem auch eine große Bedeutung unter sozio-kulturel-len, ideologischen, ethisch-humanistischen und schließlich auch ästhetischen Gesichtspunkten. Jeder dieser Aspekte bildet seinerseits ein umfangreiches und selbständiges Problem, den-noch besteht zwischen ihnen ein bestimmter wechselseitiger Zusammenhang, eine hierarchische Mitunterstellung unter die gesellschaftlichen Bedingungen als Ganzes. Deshalb ist eine wissenschaftliche Philosophie notwendig, deren Rolle in der Zusammenführung der einzelnen Wissensbereiche kontinuier-lich zunehmen muß. Ohne die Illusion des unteilbaren Erken-nens aus der Zeit der Antike wiedererstehen zu lassen, fordert eine derartige Philosophie die Schaffung einer interdisziplinä-ren Basis zur Erforschung der Wechselwirkungen von Mensch und Natur. Dadurch wird der grundsätzliche Ausgangspunkt für eine humanistische Analyse und Lösung der globalen Um-weltprobleme bestimmt. Eine solche Herangehensweise ver-meidet eine einseitige, oberflächliche Auffassung, die in natur-philen Begriffen bleibt, die mit der sozialen Wirklichkeit in keinem Zusammenhang gebracht werden und dadurch zu Schlußfolgerungen kommen, die einen reaktionär-utopischen, einen einseitigen Verbotscharakter aufweisen. Solche rous-seauistischen Konzeptionen sind letzten Endes antihumani-stisch, denn sie setzen die Notwendigkeit voraus, den kultu-rellen Fortschritt der Menschheit im Interesse der Erhaltung der Natur in deren natürlichen Gegebenheit zu beschränken.

Eine moderne Gesellschaftspolitik lehnt jedoch auch die Idee vom Vorrang des aktiven, schöpferischen Menschen, eines „Demiurgen" ab, der über der ihm feindseligen Natur steht. Eine solche entstellte Auffassung von der menschlichen Freiheit führt zu ökonomisch-produktionsbezogenen Denk- und Verhaltensweisen, die mit der Natur unvereinbar sind und zu einer Quelle der Umweltzerstörung werden. Statt dessen werden wir uns erst jetzt der ganzen Bedeutung der Schluß- folgerung von Karl Marx in vollem Maße bewußt, daß die „assoziierten Produzenten ihren Stoffwechsel mit der Natur rationell regeln, unter ihre gemeinschaftliche Kontrolle bringen, statt von ihm als von einer blinden Macht beherrscht zu werden; ihm mit dem geringsten Kraftaufwand und unter den, ihrer menschlichen Natur würdigsten und adäquatesten Be- dingungen vollziehn".[4]

Bedauerlicherweise herrschten in verschiedenen Etappen der Entwicklung der sozialistischen Staaten entweder falsche ökologische Vorstellungen, von denen eingangs die Rede war, oder mehr oder weniger richtig verkündete Prinzipien vor, die jedoch nicht zur Praxis wurden, wie es in den vorausgegange- nen Jahren der Fall war. Deshalb ist der Kurs der Umgestal- tung, der sich nach dem April-Plenum des ZK der KPdSSU (1985) durchgesetzt hat, substantiell auch für die Umweltpoli- tik in der Sowjetunion.

In den letzten Jahren ist eine Reihe von Maßnahmen zur Sanierung der Umwelt eingeleitet worden. Gegenwärtig wird ein umfassendes Programm für den Umweltschutz und die ra- tionelle Nutzung der natürlichen Ressourcen bis zum Jahre 2005 ausgearbeitet. Umfangreiche Arbeiten werden im Rah- men des Programms für biosphärische und ökologische For- schungen für den Zeitraum bis zum Jahr 2015 geleistet. Das Programm der Akademie der Wissenschaften der UdSSR legt das wissenschaftliche Fundament für das staatliche Programm und die internationale Zusammenarbeit der Sowjetunion bei der Lösung globaler Umweltprobleme. Darin geht es um die Ursachen für ökologische Krisensituationen in vielen Regio- nen der Sowjetunion und auf dem Erdball insgesamt. Dabei wird der Zweck verfolgt, negative ökologische, ökologisch-ökonomische und ökologisch-soziale Auswirkungen zu überwinden bzw. zu verhindern und die Naturnutzung zu optimieren. Es werden mathematische Modelle für die Ökosysteme unterschiedlicher Dimension erstellt und langfristige Prognosen erarbeitet. In diesem allgemeinen Rahmen werden alternative Varianten für eine technologische Strategie der Naturnutzung in der Energiewirtschaft, Industrie, Agrarproduktion, Forstwirtschaft, im Städtebau und in anderen wichtigen Zweigen der Volkswirtschaft untersucht. Dazu gehört auch die Analyse der wissenschaftlichen Grundlagen für eine Ökologisierung des gesellschaftlichen Bewußtseins, der Herausbildung von ökologisierten Systemen der staatlichen und persönlichen Vorzüge und Prioritäten sowie der moralisch-ethischen Richtwerte.

Große Bedeutung hat in diesem Zusammenhang der 1988 gefaßte Beschluß des ZK der KPdSSU und des Ministerrates der UdSSR: Damit wurden zahlreiche staatliche und wissenschaftliche Strukturen geschaffen, die die Lösung der Umweltschutzprobleme in ihrem sozialen, wissenschaftlichen und humanistischen Aspekten zu fördern haben. Doch das wichtigste ist das neue Denken, die Herangehensweise in diesem Bereich, um die Einheit von Wort und Tat durchzusetzen. Für uns heißt das die Durchsetzung neuer ökologischer Prioritäten, der neuen ökologischen Weltanschauung und Ethik im Bewußtsein aller sowjetischen Menschen.

Die XIX. Unionskonferenz der Partei hat 1988 die Aufgabe formuliert, im Verlauf der Perestroijka einen qualitativ neuen Zustand der sowjetischen Gesellschaft zu erreichen, ein neues – humanes und demokratisches – Sozialismus-Bild zu entwickeln, bei dem der Mensch im richtig verstandenen Sinne zum „Maß aller Dinge" wird.

Im Konferenzbericht wird festgestellt: „Aus der Vergangenheit lernend müssen wir sachkundig und in großen Dimensionen eine Begutachtung wissenschaftlich-technischer und ingenieurtechnischer Projekte unter der Heranziehung einer breiten Öffentlichkeit vom sozialen Standpunkt aus in die Wege leiten, um ökologische oder sonstige schwerwiegende Folgen, die eine unkontrollierte Ausarbeitung und Verwirklichung solcher Projekte haben können, auf ein Minimum zu reduzieren oder, noch besser, ganz und gar auszuschließen".[5]

Man kann nicht sagen, daß für uns heute alle Fragen klar sind, sei es auch in allgemeiner, theoretischer Form. Das gilt auch für die konzeptionelle Auffassung der ökologischen Probleme. Hier sind neue Forschungen und weitere internationale Diskussionen erforderlich. Nach meiner Ansicht gehört zu den wichtigsten Aufgaben der Zukunft das weltweite Zusammenführen von ökologischen und humanistischen Herangehensweisen. Die Geschichte, hob Friedrich Engels hervor, bewege sich zur „Versöhnung der Menschheit mit der Natur und mit sich selbst".[6] Wir begreifen jetzt immer besser, daß bei der Lösung der Umweltprobleme nicht das soziale Herangehen im allgemeinen entscheidend ist, sondern daß vor allen Dingen von den menschlichen Prioritäten und Werten ausgegangen wird.

Eine solche Humanisierung des Ökologieproblems erscheint überaus fruchtbar, sie vermag es, bei der Bildung und Erziehung der Menschen, ja bei der Entwicklung der humanistischen Kultur im allgemeinen, viel zu bieten. In diesem Sinne steht die Wissenschaft ebenso wie die Kultur insgesamt an einer „ökologischen Kreuzung". Die Frage der Wechselbeziehung von Gesellschaft und Natur bildet – wie fundamental sein Status in der Dynamik der naturwissenschaftlichen Prozesse auch sein mag – lediglich eine Teilfrage eines anderen globalen Problems, nämlich der dauerhaften Existenzbedingungen des Menschen überhaupt, dessen Antwort eine komplexe Analyse und eine entsprechende Orientierung des neuzeitlichen Wissens um Natur und Gesellschaft voraussetzt. Die marxistisch-leninistische Philosophie nimmt traditionell die integrativen Funktionen wahr, indem sie das Zusammenwirken von Wissenschaften bei der Lösung von komplexen Problemen organisiert und lenkt, dem die prognostische Idee von Marx zugrunde liegt, die Idee der einheitlichen Wissenschaft von Mensch und Natur.

Dabei kommt es besonders auf die Entwicklung einer globalen Abstimmung und Zusammenarbeit bei der Lösung der Ökologieprobleme an. Hier hat die Wissenschaft in der Sowjetunion einiges geleistet. Davon zeugen unter anderem die jahrelange Tätigkeit der Sektion für globale Probleme des wissenschaftlichen Rates der Akademie der Wissenschaften und die Gründung der internationalen Bewegung der Wissenschaftler „Ökoforum für den Frieden". Wir gehen davon aus, daß die Menschheit eine einheitliche globale Strategie der weltweiten Entwicklung erarbeiten und in die Tat umsetzen kann, ja muß. Ihre Verwirklichung setzt die Lösung von zwei existenziellen Problemen voraus, nämlich die Sicherung des Friedens und den Erhalt der Natur, die in einer engen Wechselbeziehung zueinander stehen. Und in diesem Sinne bildet das ökologische Denken einen Bestandteil der allgemeinen Tendenz, zu einer „Globalisierung des Denkens" zu kommen, bei der die Realitäten in einem weltweiten Zusammenhang interpretiert werden und die Beziehungen „Gesellschaft – Natur" einen besonderen Stellenwert einnehmen.

Es kommt darauf an, eine reale Perspektive der Menschheit zu konstruieren. Es leuchtet ein, daß man bei der Einschätzung von Prognose-Tendenzen vom wechselseitigen dialektischen Zusammenhang aller Faktoren dieser Prozesse ausgehen sollte. Mit anderen Worten, es kommt darauf an, nicht nur die globalen Gefahren und Schwierigkeiten einzuschätzen, sondern auch positive Tendenzen zu entwickeln, die einen Grund für realen Optimismus bieten. Von enormer Bedeutung ist hierfür die Konzeption, die den vorrangigen Charakter der allgemein menschlichen Werte, einschließlich der ökologischen Werte, über allen anderen behauptet. Die Gefahr einer weltweiten Klimakatastrophe ist Anlaß, unsere Bemühungen zu verstärken.

Nur auf diesem Weg kann das Überleben der Menschheit und die Verwirklichung der Ideale des sozialen Fortschritts unter den Bedingungen einer neuen Gesellschaft gewährleistet werden. Dies ist, um einen Ausdruck von Karl Marx zu gebrauchen, „die vollendete Wesenseinheit des Menschen mit der Natur, die wahre Resurrektion der Natur, der durchgeführte Naturalismus des Menschen und der durchgeführte Humanismus der Natur".[7]

1 Vergleiche „Woprossy Philosophii", 1973, Heft 1–4; 1974, Heft 8–11.
2 Zusammengefaßte Resultate dieser Arbeit in: „Horizonte des ökologischen Wissens (Sozialphilosophische Probleme)", Moskau, 1986.
3 Marx-Engels-Werke, Ergänzungsband, Schriften bis 1844, 1. Teil, Seite 516.
4 Marx-Engels-Werke, Band 25, Seite 828.
5 XIX. Unionskonferenz der KPdSU. Dokumente und Materialien. Bericht des Generalsekretärs des ZK der KPdSU, Michail Gorbatschow. Verlag der Presseagentur Nowosti, Moskau, 1988, S. 28.
6 Marx-Engels-Werke, Band 1, Seite 505.
7 Marx-Engels-Werke, Ergänzungsband. Schriften bis 1844. 1. Teil, Seite 538.

IV. ENERGIEWENDE – DER AUSWEG AUS DER KLIMAKATASTROPHE

Irving M. Mintzer/ William R. Moomaw
Energiepolitik, Luftverschmutzung und der Treibhauseffekt

1. Einleitung

Verschiedene miteinander verbundene Probleme, die ein integraler Bestandteil der technologischen Gesellschaft sind, stehen seit einiger Zeit im Vordergrund des öffentlichen Interesses. Dies gilt in besonderer Weise für den Zusammenhang von industriellem Wachstum und Luftverschmutzung.

Die Ölkrisen der 70er Jahre haben den Industriegesellschaften bewußt gemacht, wie sehr ihre Wirtschaft von Petroleum und anderen Energiequellen abhängt. Während der frühen 80er Jahre haben die Bundesrepublik Deutschland und andere europäische Nationen feststellen müssen, wie zerstörerisch die Luftverschmutzung für Wälder und Ernten ist.

Erst wenige Jahre liegt es zurück, daß britische Wissenschaftler 1985 das Ozonloch in der Stratosphäre über der Antarktis als erstes Anzeichen einer globalen Umweltgefährdung durch menschliche Aktivitäten entdeckten. Ein internationales Forschungsteam hat seit dieser Zeit nachgewiesen, daß das stratosphärische Ozon insgesamt, also auch auf der nördlichen Halbkugel, um mehrere Prozent abgebaut worden ist.

1988 haben ungewöhnliche Wetterereignisse in verschiedenen Teilen der Welt die öffentliche Aufmerksamkeit auf die Gefahr eines weltweiten Klimawandels gerichtet, und auch hier sind wieder menschliche Aktivitäten die Ursache.

Wir beginnen uns erst seit relativ kurzer Zeit darüber klar zu werden, daß diese Probleme trotz unterschiedlicher Ebenen und unterschiedlicher Auswirkungen miteinander verbunden sind: Nicht nur in der globalen Bedrohung, sondern auch in den wirtschaftlichen Aktivitäten, wissenschaftlichen Prinzipien und politischen Reaktionen. Dies macht es unabdingbar, politische Lösungen zu entwickeln, die diese verwobene Problemstruktur insgesamt umfassen.

2. Historischer Überblick

Der Treibhauseffekt wurde erstmals vor über 160 Jahren beschrieben. Im ersten Viertel des 19. Jahrhunderts waren Fragen und Spekulationen über den Ursprung und das Alter der Erde und die biologische Artenvielfalt bereits gut entwickelt. Der Beginn der Klimatologie ist in etwa zu jener Zeit festzusetzen, als Physiker sich mit der Frage beschäftigten, wie die Erde ihre relativ warme Temperatur behält. Der französische Physiker J. Fourier stellte die Theorie auf, die Atmosphäre halte unseren Planeten ähnlich dem Glas bei einem Treibhaus warm, in dem sie Strahlen und die Energie der Sonne durchließe, aber die Wärme zurückhalte, die von der Erde in den kalten äußeren Raum zurückstrahle. Die Wissenschaftler fanden heraus, daß die Funktion, Strahlungswärme oder, wie sie später genannt wurde, Infrarotstrahlung zu absorbieren, von Wasserdampf und Kohlendioxyd in der Atmosphäre wahrgenommen wurde. Im Jahre 1896 wurde von dem schwedischen Chemiker S. Arrhenius die erste quantitative Berechnung über die Erwärmung der Atmosphäre erstellt. Er kam zu der These, daß obwohl ihr Anteil am atmosphärischen Gesamtgehalt minimal ist, Wasser und Kohlendioxydmoleküle gemeinsam genug Infrarotstrahlen absorbieren, um die Erde um ca. 33 °C zu erwärmen. Dank dieses Treibhauseffektes hat die Erde ein Klima, das sie zu einem geeigneten Lebensraum für biochemische Lebensprozesse macht und in dem sich inzwischen über eine Million Arten entwickelt haben. Die grundlegende Richtigkeit dieser Treibhaus-Theorie wurde mit der Entdeckung, daß die Venus mit ihrer Atmosphäre aus Kohlendioxyd sehr heiß (ca. 450 °C) ist, verifiziert.

Schon damals warf Arrhenius die Frage auf, was passieren würde, wenn die industriellen Gesellschaften weiterhin durch die Verbrennung fossiler Brennstoffe wie Kohle, Öl, Erdgas und Torf zusätzliches Kohlendioxyd in die Atmosdphäre emittierten. Er errechnete bei einer Verdoppelung des atmosphärischen Kohlendioxidgehalts einen Anstieg der durchschnittlichen Globaltemperatur um ca. 5,5 °C. Insgesamt prognostizierte Arrhenius im Grundsatz richtig, daß die steigende Menge von Kohlendioxyd in der Atmosphäre das lebensnotwendige Treibhaus in eine „Hitzefalle" verwandeln könnte, wie dies von Norwegens Ministerpräsidentin Gro Harlem Brundtland auf der Weltklimakonferenz 1988 in Toronto charakterisiert wurde.

Erst seit 1958 existieren kontinuierliche Messungen des Kohlendioxyds in der Luft. Vor allem C. D. Keeling begann seine Untersuchungsreihen, um die Veränderungen in der Erdatmosphäre durch Luftverschmutzung festzustellen. Danach werden die jährlichen, natürlich bedingten Schwankungen in der Atmosphäre von einem Anstieg der Kohlendioxydkonzentrationen überlagert, der das Resultat zunehmender wirtschaftlicher Aktivitäten der industriellen Gesellschaften ist. Vor allem die Verbrennung fossiler Brennstoffe ist für den weitaus größten Teil des Kohlenstoffs, der in die Atmosphäre freigesetzt wird, verantwortlich.

Eine Auswertung von Luftproben, die in der Eisdecke Grönlands und der Antarktis eingeschlossen waren, bestätigt, daß sich seit der industriellen Revolution um 1850 der Kohlendioxydgehalt der Luft um rd. 25% erhöht hat. Gut die Hälfte dieses Anstiegs hat allein seit der Zeit stattgefunden, als Keeling mit seinen Messungen begonnen hat; eine Folge der zunehmenden Geschwindigkeit im Brennstoffverbrauch und bei der Waldrodung. Wenn die gegenwärtigen Trends fortlaufen, d. h. wenn der CO_2-Gehalt der Atmosphäre weiter um 0,4% pro Jahr ansteigt, wird die Verdoppelung gegenüber dem vorindustriellen Niveau bereits im Jahr 2075 erreicht werden.

Erst in den letzten 10 Jahren wurde die Bedeutung der Luftverschmutzung für das Klima voll erkannt. V. Ramanathan, ein Atmosphärenforscher der Universität Chicago, wies nach, daß die das Ozon zerstörende Fluorchlorkohlenwasser-

155

stoffe (FCKW) mit dem Kohlendioxyd die Eigenschaft gemeinsam haben, Strahlungswärme zu absorbieren und damit eine weltweite Erwärmung in Gang setzen. Darüber hinaus konnte ermittelt werden, daß bromhaltige Halone, Methan, Stickstoffoxyde und Oxidantien wie Ozon, das sich im fotochemischen Smog bildet, ebenfalls Treibhausgase sind und sich ihre Wirkung in der Atmosphäre kumuliert.

Diese Entdeckungen führten zu besorgniserregenden Schlußfolgerungen: Die neuentdeckten Treibhausgase tragen heute schon genausoviel wie das Kohlendioxyd zur weltweiten Erwärmung bei (Tabelle). Schreibt man diesen Trend für die Zukunft fort, so führt der gemeinsame Anstieg aller Treibhausgase dazu, daß ein Wärmeeffekt, der der Verdoppelung des Kohlendioxyds entspricht, schon für das Jahr 2030 zu erwarten ist.

Tabelle: Beiträge zum Treibhauseffekt

Kohlendioxyd (CO_2)	50%
Methan (CH_4)	19%
Fluorchlorkohlenwasserstoffe (FCKW)	17%
Ozon in der Troposphäre (O_3)*	8%
Distickstoffoxid (N_2O)	4%
Wasserdampf in der Stratosphäre	2%

* gemittelter Wert

3. Strategien gegen die Gefahr einer Klimakatastrophe

Von Menschen hervorgerufene Klimaveränderungen sind irreversibel, zumindestens in einem generationenbezogenen Zeitmaßstab. Sie verhalten sich wie ein großes Schiff, das selbst dann vorerst weiterschwimmt, wenn es abgebremst wird – bereits eingeleitete Klimaveränderungen haben ebenfalls einen langen Bremsweg. Es ist deshalb notwendig, schnell mit möglichen Maßnahmen zu beginnen, um den Konzentrationsanstieg der Treibhausgase in der Atmosphäre zu begrenzen. Dadurch gewinnt die Menschheit Zeit, um die noch bestehenden Unsicherheiten über die Reaktion des Weltklimas zu beseiti-

gen. Glücklicherweise gibt es heute bereits wirksame Möglichkeiten, die Zunahme der Treibhausgase zu begrenzen. Die
vorgeschlagenen Maßnahmen haben den zusätzlichen positiven Effekt, daß sie weitere wirtschaftliche und ökologische
Vorteile mit sich bringen.

*a) Verbesserung der Effizienz, mit der Energie hergestellt und
genutzt wird*

Die Bundesrepublik Deutschland hat eine bessere Energieeffizienz als die USA. Der Pro-Kopf-Energieverbrauch beträgt
84% von dem der USA. Aber im Vergleich zu den Vereinigten
Staaten werden lediglich 54% Energie eingesetzt, um eine
Einheit des Bruttosozialproduktes herzustellen. Ein Großteil
dieser Differenz ergibt sich aus der Tatsache, daß die Deutschen in kleineren Wohnungen leben, die energieeffizienter
gebaut sind, eine bessere Versorgung mit öffentlichen Ver-
kehrsmitteln haben, effizientere Autos fahren, mehr Abfall
wiederverwerten und von Kraft-Wärme-Koppelung und Nahwärmeversorgung einen höheren Gebrauch machen. Auf der
anderen Seite verstärkt ein fehlendes bzw. zu hohes Tempolimit auf den deutschen Straßen den Ausstoß von Kohlendioxyd und anderen Luftschadstoffen, die pro Jahr in die
Atmosphäre abgegeben werden.

Trotzdem bleiben viele Möglichkeiten für eine Effizienzer-
höhung ungenutzt. Im Hausbau und im Wirtschaftsbereich
bieten z.B. neue, fluoreszente Beleuchtungssysteme eine
gleichbleibende Lichtintensität bei einem um 80% gesunkenen
Verbrauch. Sie machen sich in drei oder weniger Jahren be-
zahlt und reduzieren zudem den Aufwand für die Gebäude-
kühlung erheblich. Kühlschranktechniken, die in den USA
verfügbar sind, haben für dasselbe Kühlvolumen einen Energieverbrauch von nur 50 bis 70% eines 5 Jahre älteren Modells. Neue Energiespargesetze werden in den USA die Effizienz vieler Anwendungsbereiche so erheblich steigern, daß in
den nächsten 30 Jahren 20 bis 40 große, kohlebetriebene
Kraftwerke eingespart werden können. Einige japanische Pla-

157

nungen gehen in der Energieeinsparung noch wesentlich weiter.

Im Wohnungsbereich gibt es in den USA neue Techniken, die die Heizungsverluste pro qm für Einfamilienhäuser um einen Faktor 10 unter den derzeitigen Wert drücken können. Große Verbesserungen können durch eine Modernisierung der industriellen Technologien und Produktionsweisen erreicht werden. In der Zementindustrie der Bundesrepublik liegt z. B. der Energieverbrauch pro t Produkt nur zweidrittel so hoch wie in Großbritannien. Einen ähnlichen Vorteil hat die US-amerikanische Papierindustrie gegenüber den meisten anderen OECD-Staaten. Im Gegensatz dazu braucht die US-Stahlindustrie rd. 50% mehr Energie als die japanische, um eine Tonne Rohstahl herzustellen. Lizenzvergabe, Technologietransfer und die Anwendung der jeweils fortgeschrittensten Energietechnologie eröffnen weltweit ein großes Potential zur Reduzierung der energiebedingten Emissionen. Dazu gehören auch der verstärkte Einsatz von Kraft-Wärme-Koppelung zur Elektrizitätsgewinnung und Nahwärmeversorgung.

Zu den wichtigsten Ansatzpunkten für eine Verbesserung der Energieeffizienz gehört der Straßen- und Luftverkehr. Neue Düsenaggregate und neuartige Werkstoffe in der Flugzeugkonstruktion bieten die Möglichkeit, Flugzeuge herzustellen, die längere Distanzen fliegen und dabei gleichzeitig nur die Hälfte Brennstoff verbrauchen. Derartige moderne Flugzeuge könnten im Laufe der nächsten 15 Jahre eingeführt werden. Neue Automobiltechnik, wie z. B. der VW/Auto 2000, der Renault EVE und der Volvo LCP 2000 belegen, daß Autos mit einem Benzinverbrauch von weniger als 4 l pro 100 km zum Transport von vier oder fünf Fahrgästen gut geeignet sind.

Nimmt man diese verschiedenen Möglichkeiten zusammen, die nahe an der Marktverfügbarkeit sind, ist es möglich, den europäischen Lebensstandard aufrecht zu erhalten, das Wirtschaftswachstum zu sichern und gleichzeitig den Pro-Kopf-Energieverbrauch um 50% zu senken. Geht man davon aus, daß diese Technologien bis zur vollständigen Marktdurchdringung ca. 30 Jahre brauchen, könnten bis 2020 die energie-bedingten Emissionen drastisch reduziert werden.

Die Situation in den Entwicklungsländern ist dagegen kom-plexer. Der absolute Energiebedarf in diesen Ländern wird mit der weiter wachsenden Bevölkerung und einer zunehmenden Industrialisierung weiterhin ansteigen. Die Herausforderung liegt in der Suche nach neuen Lösungen, die Modernisierung und Wachstum vorantreiben, ohne die schlimmsten umwelt-politischen Fehler der Industriestaaten zu wiederholen. Ein wichtiger Ansatzpunkt hierfür ist die effizientere Nutzung der Biomasse. Schon heute wird in den Entwicklungsländern mehr als die Hälfte des Energiebedarfs durch die Verbrennung ver-schiedener Formen von Biomasse gedeckt. Zugleich trägt der ineffiziente Verbrauch dieser Ressourcen jedoch zur Waldzer-störung bei, erhöht das Risiko von Bodenerosion und trägt auch so zu den globalen Spurengasemissionen bei.

b) Umstellung auf Brennstoffe mit geringerer Kohlendioxyd-Freisetzung

Verschiedene Brennstoffe haben unterschiedliche Niveaus der Kohlendioxyd-Emissionen. Bei der Verbrennung von Öl wird rd. 50% mehr Kohlendioxyd pro Energieeinheit freigesetzt als bei der Verbrennung von Erdgas. Synthetische Brennstoffe, gewonnen aus der Kohleverflüssigung, haben sogar noch hö-here Kohlendioxyd-Emissionen.

Das Potential der Emissionsreduzierung durch eine Verän-derung im Energie-Mix ist in der letzten Zeit durch die Ent-wicklung verschiedener fortschrittlicher Verbrennungstechno-logien erweitert worden. Neu konstruierte Gasturbinen ver-sprechen weitere Effizienzschübe von 50% bei der Umwand-lung von Wärme in Elektrizität. Diese kleinen, leicht zu wartenden modularen Systeme können wichtige Beiträge für eine ausreichende Energieversorgung der übervölkerten Städte und für ländliche Gebiete der Dritten Welt sein. Diese Maschi-nen bieten nicht nur eine höhere Effizienz bei der Energieum-wandlung, sondern sie arbeiten auch besonders abgasarm.

c) Neue Versorgungssysteme mit regenerativer Energie

Auch wenn es wenig wahrscheinlich ist, daß regenerierbare Energiesysteme bis zum Ende dieses Jahrhunderts noch eine bedeutende Rolle spielen werden, sind sie eine wichtige Komponente für die Energieversorgung der nächsten 50 Jahre. Dies gilt besonders für die Entwicklungsländer. Auch technische Fortschritte zur Verbesserung der Nutzung von Biomasse (z.B. der Schutz der Wälder) müssen Eckpunkte eines Programms für eine dauerhafte Entwicklung werden. Neue Verbrennungstechniken, einschließlich der Entwicklung von Gasturbinen zur Dampfinjektion, bieten die Möglichkeit, Biomasse-Abfälle mit einer Effizienz von nahezu 40% in Strom zu verwandeln. Kraft-Wärme-gekoppelte Energiesysteme, die mit Biomasse gefeuert werden, sind bereits heute ein Hauptträger für neue Energiesysteme im Nordosten der USA, unter Nutzung einer sehr effizienten Papier- und Zellstoffindustrie.

Erneuerbare Energiesysteme können sowohl in den Industriestaaten wie im modernen Sektor der Entwicklungsländer eine wichtige Rolle einnehmen. Fortschrittliche Techniken der regenerativen Energiegewinnung, wie z.B. Photovoltaik und Windenergiesysteme werden in naher Zukunft einen größeren Beitrag zur Elektrizitätsversorgung leisten können. Diese Systeme sind bereits verfügbar und erfordern nur noch einen geringen Aufwand an intelligenter Systementwicklung, um sie mit konventionellen Brennstoffen konkurrenzfähig zu machen. Große und zentral angeordnete photovoltaische Systeme liefern bereits Elektrizität an regionale Versorger in Kalifornien, Texas oder Sizilien. Der solarerzeugte Wasserstoff kann als sauberer und umweltfreundlicher Brennstoff im Kraftverkehr genutzt werden.

Kleine und große Systeme der Windenergie werden bereits insbesondere in Dänemark, Kalifornien, Australien und Großbritannien genutzt. Wenn sie im nächsten Jahrhundert hinreichend gefördert werden, dann könnten innerhalb der nächsten 20 Jahre diese kleinen Modular-Systeme 10% zur Elektrizitätsversorgung bei konkurrenzfähigen Kosten beitragen.

Photovoltaik und Windenergie gelten in den meisten Teilen der USA bereits als eine wettbewerbsfähige Alternative zu Kernkraftwerken.

Dagegen ist es unwahrscheinlich, daß Kernkraftwerke auf absehbarer Zeit eine bedeutende Rolle bei Maßnahmen gegen die Klimaveränderung spielen können. Die Kernenergie kann die fossile Energieerzeugung nicht in dem Zeitraum ersetzen, der zur Bekämpfung des Treibhauseffektes entscheidend ist. Kommerzielle Kernkraftwerke stellen heute deutlich weniger als 10% der Weltelektrizität her. Für den Bau neuer Atomkraftwerke sind 5 bis 15 Jahre erforderlich. Deshalb kann ihr Beitrag zur Kohlendioxyd-Reduzierung nur langsam gesteigert werden. Hinzu kommen sehr hohe Kosten und die weitverbreitete Erkenntnis, daß mit dem Betrieb von Kernkraftwerken erhebliche Risiken verbunden sind. Dies hat bei der Kerntechnik zu einem deutlichen Abflauen bei Nachfrage und Neubau auf allen größeren Märkten außer in Frankreich geführt.

d) Verringerung der herkömmlichen Luftverschmutzung

Der effektivste Weg, den Treibhauseffekt kurzfristig anzugehen, liegt in der Verminderung von Abgasemissionen des Verkehrs. Das schädliche Produkt Ozon entsteht, wenn Stickoxyde und unvollständig verbrannte Kohlenwasserstoffe miteinander reagieren. Das giftige Ozon steigt in der unteren Atmosphäre jährlich um 1% an. Es ist von allen Treibhausgasen das mit der kürzesten Lebenszeit (wenige Wochen), so daß schnell nachhaltige Erfolge möglich wären. Leider ist nur weniger als ein Zehntel aller Personenkraftwagen in der Bundesrepublik mit einem geregelten Katalysator ausgerüstet. In den USA ist diese Technologie dagegen seit mehr als einem Jahrzehnt vorgeschrieben.

Da jedes Methanmolekül mindestens 20 mal so viel zur globalen Erwärmung beiträgt wie ein Kohlendioxydmolekül, ist es wichtig, die atmosphärische Konzentration dieses Gases schnell zu reduzieren. Methanfreisetzungen aus Kläranlagen und Abfallkippen, die Papier und Müll enthalten, können verringert werden, indem das Gas aufgefangen und verbrannt wird. Papier sollte auf jeden Fall recycelt oder – im schlimmsten Fall – verbrannt werden. Methanfreisetzungen aus Lekkagen bei Gasleitungen können den Vorteil der geringeren Kohlendioxyd-Emissionen von Gas als Brennstoff gegenüber der Kohle wieder aufheben.

Auch wenn technisch durchführbar, ist es doch wenig effizient, Kohlendioxyd und Stickoxyde durch eine der Verbrennung nachgeschaltete Stufe aus der Luft herauszuwaschen. Alle bisher bekannten Methoden erfordern mindestens genauso viel oder sogar noch mehr Energie, als bei der ursprünglichen Verbrennung gewonnen wird. Deshalb muß an der Quelle angesetzt werden, um die Emissionen von vornherein zu vermindern.

e) Verringerung und Verbot von FCKW

Die vielleicht wichtigste und schnellste Verringerung von klimaschädlichen Emissionen ergibt sich aus dem Montrealer Protokoll zur Verringerung der Freisetzung chlorierter Substanzen, die die Ozonschicht abbauen. Nach seiner Umsetzung in der Europäischen Gemeinschaft soll dieses internationale Übereinkommen die Produktion und den Verbrauch von FCKW bis zum Ende dieses Jahrhunderts gegenüber 1986 um 50% verringern. Diese 50%ige Reduzierung wird möglicherweise den jährlichen Beitrag zur globalen Erderwärmung um 10% verringern. Leider jedoch gehören diese Chemikalien zu denjenigen mit der längsten Lebensdauer, sie halten sich in der Atmosphäre ein Jahrhundert oder sogar länger. Es sollten von daher international weitergehende Maßnahmen zum Verbot von FCKW vereinbart werden. Die Verwendung ozonschädigender Chlorverbindungen könnte auch dadurch deutlich reduziert werden, daß sie durch eine hohe Besteuerung ökonomisch unattraktiv würde. Dazu wurde in den USA eine Steuer von 18 DM pro kg vorgeschlagen.

f) Waldsterben stoppen und Aufforstungsprogramme einleiten

Da Bäume mehr Kohlendioxyd absorbieren als sie freisetzen, haben sie die Fähigkeit, den Kohlendioxydanstieg in der Atmosphäre zu bremsen. Unglücklicherweise sind Luftverschmutzung und saurer Regen dabei, die Wälder in den gemäßigten Breiten umzubringen, und zugleich zerstört eine Vielzahl von Faktoren die Wälder in den Tropen. Die Eindämmung der Luftschadstoffe in Europa und Nordamerika ist wichtig. Einen noch größeren Beitrag zur Sicherung des Klimas kommt dem Schutz der Tropenwälder zu. Die USA und auch die Bundesrepublik können entscheidend dazu beitragen, die Entwaldung der Tropen zu stoppen. Dies erfordert Druck auf internationale Unternehmen, die direkt an der Zerstörung beteiligt sind, und auf das Verhalten der Banken, die derartige Aktivitäten direkt oder indirekt finanzieren. Zu den möglichen Gegenmaßnahmen gehört ein Tausch „Natur-gegen-Schulden", bei dem die Schulden eines Entwicklungslandes im Austausch gegen den Schutz der Wälder erlassen werden. Ein noch fantasievolleres Modell schlägt vor, den fossilen Energieverbrauch in den Industrieländern mit einer Abgabe für Aufforstungsprogramme in der Dritten Welt zu verbinden, um die Kohlendioxydemissionen auszugleichen. In dem ersten Projekt, das in dieser Richtung unternommen wurde, sind die Kosten der Elektrizität nur um wenige Prozent gestiegen, dagegen war der Nutzen für das Land, in dem aufgeforstet wurde, sehr groß.

4. Schlußfolgerungen

Neuere Untersuchungen des World Resources Institute (WRI) zeigen, daß politische Entscheidungen, die heute getroffen und im Laufe des nächsten Jahrzehnts wirksam werden, den zeitlichen Verlauf und das Ausmaß der globalen Erderwärmung deutlich verändern können. Die Analyse des WRI basiert auf einem Computermodell. Dieses Zukunftsszenario vergleicht drei alternative Politikpfade, wobei Bevölkerungswachstum und Wirtschaftswachstum gleichbleiben. Das erste Szenario geht von einem weiterhin starken Anstieg in der Nutzung fossiler Energieträger aus. Das zweite sieht vorsichtige Schritte zur Reduzierung der Emissionen vor. Das dritte orientiert sich an einer entschiedenen Politik zur schnellen Erhöhung der Energieeffizienz, zum Ausbau erneuerbarer Energiequellen und zum Schutz der Tropenwälder.

Der Basisfall (das Fortschreibungsszenario) setzt unseren Planeten einer Klimaveränderung aus, die extremer als alles ist, was sich klimatisch in den letzten Millionen Jahren ereignet hat. Nur das letzte Szenario verringert das Wachstum der Emissionen hinreichend, um eine globale Erwärmung von 1,5 bis 4,5 °C zumindest vorerst (bis zum Jahre 2075) zu verhindern.

Die grundsätzliche Schlußfolgerung aus dieser Analyse ist, daß politische Entscheidungen jetzt notwendig sind. Politische Entscheidungen, die heute getroffen oder nicht getroffen werden, können den Anstieg der globalen Erwärmung beschleunigen oder das Ausmaß der zukünftigen Klimaveränderungen begrenzen. Dabei ist jedoch die Erkenntnis von besonderer Bedeutung, daß es bereits heute nicht mehr möglich ist, eine weitere künftige Globalerwärmung und Ozonvernichtung aufzuhalten. Durch die bisherigen Emissionen, deren Auswirkungen noch nicht umfassend wirksam sind, wird sich die Zusammensetzung und das Verhalten der Atmosphäre weiterhin ändern. Nur wenn jetzt Maßnahmen zur Reduzierung der Emissionsraten ergriffen werden, können die Gesellschaften Zeit gewinnen, um die Gefahren eines abrupten Klimawechsels zu verringern und die verletzliche Biologie und Geographie zu schützen.

Noch haben wir die politischen Optionen, den Zeitpunkt zumindest um 60 Jahre zu verschieben, an dem theoretisch eine Verdoppelung der Kohlendioxyd-Konzentration gegenüber dem vorindustriellen Wert erreicht wird. Dazu müssen die Menschen ihr Verhalten ändern, um die riskante Freisetzung einiger unsichtbarer, geruch- und farbloser Gase zu reduzieren. Wenn wir das Risiko einer globalen Klimaveränderung jedoch ignorieren, dann müssen vielleicht schon wir, aber vor allem unsere Kinder morgen einen viel höheren Preis zahlen, wenn Küsten überflutet werden, Land-, Forst- und Fischereiwirtschaft weniger produzieren und die menschlichen Abwehrkräfte zusammenbrechen.

Die Energieeffizienz schnell zu steigern, das ist die wichtigste Gegenmaßnahme. Untersuchungen lassen vermuten, daß ein Wirtschaftswachstum von 2 bis 3% jährlich möglich wäre und sich die Weltbevölkerung mehr als verdoppeln könnte, ohne daß es zu einem signifikanten Anstieg im globalen Energieverbrauch bis zum Jahre 2075 käme. Eine derartige Zielsetzung muß vor allem durch Maßnahmen in den Industriestaaten angestrebt werden: Das heißt Strukturveränderungen vorantreiben, eine rationale Gestaltung der Energiepreise vornehmen und massiv neue, umweltschonende Technologien zur Verbesserung der Energieeffizienz entwickeln.

Florentin Krause
Das Energiesystem auf eine neue Basis stellen

Für die Ermittlung von Energieeinspar-Potentialen muß zwischen den technisch-wirtschaftlichen und den praktisch erreichbaren Möglichkeiten unterschieden werden. Der Realisierungsgrad hängt insbesondere von der Entwicklung der *nachfrageseitigen Ressourcen* ab, d.h. von den Maßnahmen, die zur Umsetzung der technisch-wirtschaftlichen Potentiale eingeleitet werden.

Um die Möglichkeiten einer rationellen Energieverwendung konkret bestimmen und vergleichen zu können, müssen vier Faktoren näher untersucht werden:
– *Technologieniveau* (auf dem Markt, demonstrierte Prototypen, voraussehbare Weiterentwicklung auf der Basis bereits vorhandener Komponenten, Umsetzung wissenschaftlicher Grundlagenforschung in technische Produkte und Prozesse);
– *Zeithorizont* (Technische Lebensdauer, Planungszeiträume);
– *Wirtschaftlichkeitskriterien* (Bewertung von Investitionen nach volkswirtschaftlichen und betriebswirtschaftlichen Kriterien);
– bestehende Preisverzerrungen und *Markteingangsbarrieren* sowie mögliche Programme zur beschleunigten Markteinführung.

1. Technologieniveau

Unter klimaschützender Zielsetzung müssen Einsparprogramme in größeren Zeiträumen erfaßt werden, als sie sonst in der Energiediskussion üblich ist. Damit allerdings erweitert sich auch das Spektrum der technischen Möglichkeiten erheblich.

Wichtig ist zunächst, das Einsparpotential zu bestimmen, das sich bei vollständiger Marktdurchdringung der gegenwärtig verfügbaren Effizienztechnologien (Stand der Technik) ergäbe. Da es sich um kommerzielle Produkte handelt, läßt sich das vorhandene Potential wirtschaftlich zuverlässig bestimmen.

Die nächste Stufe ist die Bewertung der gegenwärtig erprobten Prototypen und Pilotanlagen. Für diese Technologien lassen sich die wirtschaftlichen Kosten direkt aus den Erfahrungen mit den bereits gebauten Anlagen ableiten. Weiter kostenmindernde Effekte durch eine Massenproduktion können nach den Erfahrungswerten oder durch Kostenstruktur-Analysen ermittelt werden.

Als dritte Stufe können mögliche Verbesserungen durch anderweitig erprobte Einzelkomponenten und Erfahrungen berücksichtigt werden, die aber in den Prototypen noch nicht oder nur teilweise realisiert sind. Um diese serienreif zu machen, bedarf es in der Regel erheblicher Forschungs- und Entwicklungsaufwendungen in kontinuierlichen Programmen. Dennoch lassen sich auch hier – wenngleich noch unsichere – Schätzungen der wirtschaftlichen Kosten vornehmen.

Sollen darüber hinaus noch theoretisch-technisch weiter in der Zukunft liegende Potentiale abgeschätzt werden, dann muß die Zielsetzung der heutigen Forschungs- und Entwicklungsprogramme konkreter bestimmt und koordiniert werden. Eine Kostenberechnung ist bei diesen theoretischen Potentialen noch nicht möglich. Das Hauptaugenmerk liegt von daher auf der Entwicklung einer problemgerechten Forschungs- und Förderungsstrategie.

2. Zeithorizont

Die Serienreife und Markteinführung neuer energieeffizienter Technologien ist mit unterschiedlichen Zeithorizonten verbunden. Für das technisch-wirtschaftliche Potential ist die Lebensdauer der energieverbrauchenden Anlagen ausschlaggebend. Diese beträgt in den Industrieländern für Kraftfahrzeuge, Produktionsanlagen (insbesondere im Chemiebereich) und Haushaltsgeräte in der Regel rd. 10 Jahre. Für Heizanlagen und sonstige industrielle Anlagen ist sie bei 20 Jahre anzusetzen, für Fenster in Gebäude bei 20 bis 25 Jahre, für Kraftwerke bei 20 bis 40 Jahre und für Gebäude bei 50 bis 100 Jahre. Eine vollständige Marktdurchdringung des gegenwärtig verfügbaren technischen Wissens wäre somit im Rahmen der normalen wirtschaftlichen Erweiterungs- und Ersatzinvestitionen in rd. 30 Jahren möglich.

Allein aufgrund der Lebensdauer läßt sich die Geschwindigkeit der Marktdurchdringung neuer, effizienterer Technologien jedoch nicht bestimmen. Zu den vorhandenen Marktbarrieren können z.B. hohe Anschaffungskosten, unzureichende Informationen, Kaufkraftverteilung oder „unterschiedliche Interessenlagen", z.B. zwischen Eigentümer und Nutzer einer Ware, gehören. Viele Beispiele zeigen, daß unter diesen Bedingungen die Nutzung energiereffizienter Technologien oft auf eine kleine Minderheit von energie- und umweltbewußten Konsumenten beschränkt bleiben. Für den Abbau von Marktbarrieren muß eine Vorlaufzeit gerechnet werden, die in der Regel zwei bis fünf Jahre beträgt. Mindestens 15 bis 20 Jahre beanspruchen sogar die Forschungs- und Entwicklungsarbeiten neuer Produkte bis zur Produktionsreife.

3. Wirtschaftlichkeitskriterien

Ohne Zweifel muß auch eine ökologische, klimastabilisierende Energie-politik wirtschaftliche Gesichtspunkte berücksichtigen. Die Reduktion der Kohlendioxyd-Emissionen sollte kostengünstig und zugleich optimal sein. Eine Fehlallokation von Kapital, in der z.B. Spartechniken ohne Rück-sicht auf die Kostenrelationen eingesetzt würden, liefe Gefahr, die not-wendige Klimastabilisierung durch einen unnötig hohen Kapitalaufwand zu verzögern oder gar zu verhindern. Deshalb ist eine langfristige Ener-gieplanung erforderlich, die die Einspar- und Angebotspotentiale erfaßt und effizient aufeinander abstellt.

Die Unsicherheit der üblichen betriebswirtschaftlichen Kriterien (inter-ne Kapitalrückflußrate und Kapitalrückflußzeit) besteht durch ihre Ab-hängigkeit vom aktuellen Energiepreisniveau. Bei Energiespartechniken können dagegen die Kosten pro Einheit eingesparter Energie zur Bezugs-größe gemacht werden. Zudem müssen die unterschiedlichen Berechnun-gen in der Kapitalverzinsung angeglichen werden. Eine volkswirtschaft-lich sinnvolle Berechnung ergibt sich nur dann, wenn alle im Ergebnis gleichwertigen Investitionen im Energiebereich mit gleichen Anforderun-gen an die Kapitalrückflußraten bewertet werden. Dies ist in der heutigen Energiepolitik selten der Fall. So werden auf der Nachfrageseite häufig nur Investitionen vorgenommen, die sich in extrem kurzer Zeit (meist in zwei bis drei Jahren) rentieren. Andererseits basieren angebotsseitige Inve-stitionen in Kraftwerke, Raffinerien und Verteilungsnetze überwiegend auf erwarteten Rücklaufzeiten des eingesetzten Kapitals von mindestens 10, meist 20 Jahren. Dies hat erhebliche Konsequenzen für die betriebs-wirtschaftliche Bewertung unterschiedlicher Energiepfade. Wird z.B. für eine Heizanlage mit einer Lebensdauer von etwa 20 Jahren eine Rück-laufzeit von zwei Jahren angesetzt, so bedeutet dies eine geforderte Kapi-talverzinsung von 64%. Bei einer fünfjährigen Rückflußzeit ist die impli-zierte Verzinsung immer noch 22%. Im Kraftwerksbereich mit einer Rücklauferwartung von rd. 20 bis 30 Jahren ergeben sich dagegen Verzin-sungen von nur 3 bis 5,5%. Eine Vereinheitlichung der Rücklaufzeiten hätte positive Auswirkungen auf den Umfang und die Wirtschaftlichkeit von Energiesparmaßnahmen.

4. Notwendigkeit von Einsparprogrammen

Aufgrund der drängenden Umwelt- und Klimaprobleme, die zu einem hohen Anteil auf Verbrennungsprozesse zurückzu-führen sind, und zur Verhinderung einer Fehlallokation wirt-schaftlich-technischer Ressourcen ist es erforderlich, die Markteinführung technisch verfügbarer und energieeffizienter

Systeme zu beschleunigen. Die Fortsetzung der bisherigen angebotsorientierten Investitionsausrichtung führt nicht nur zu
einer effizienten Kapitalverwendung in der Energiewirtschaft,
sondern würde zugleich verhindern, daß eine schrittweise Begrenzung der fossilen Verbrauchsmengen gezielt als Brücke in
eine nichtfossile Energiezukunft eingesetzt wird. Deswegen
müssen Einsparpotentiale durch gezielte Marktherstellung
und Marktverbesserung mobilisiert werden. Dafür sind verläßliche Angaben darüber notwendig, welche nachfrageseitigen Ressourcen bis zu welchem Zeitpunkt verfügbar sind.
Entsprechend abgestimmte Programme erfordern zudem ein
offensives Marketing.

5. Die Mobilisierung von Einsparpotentialen

Die beiden wichtigsten Handlungsmöglichkeiten zur Verwirklichung von technisch-wirtschaftlichen Einsparpotentialen sind
Effizienzstandards und *Anreizprogramme.* Die Erfahrungen in
USA und Europa zeigen, daß diese Instrumente besonders effektiv in gegenseitiger Abstimmung eingesetzt werden können.

Aus der US-amerikanischen Entwicklung lassen sich insbesondere folgende Innovationen hervorheben:
– Prämienzahlungen an die Verbraucher für den Kauf ausgewählter, überdurchschnittlich effizienter Geräte, oder Zahlungen pro eingesparte Kilowattstunde für ein breites Spektrum
von anerkannten Einsparmaßnahmen:
– entsprechende Prämienzahlung nicht nur an Verbraucher,
sondern auch an Groß- und Einzelhändler von Anlagen und
Geräten sowie an Bauherren und Architekten.
– Die Installation von Wärmeschutz, effizienten Beleuchtungsanlagen und anderen energiesparenden Einrichtungen
auf Kosten der Energieversorgungsunternehmen;
– Programme mit dem Ziel flächendeckender Effizienzsanierung von Beleuchtungsanlagen usw. in Haushalten und im Bereich der Kleinverbraucher;
– die Bereitstellung von Dienstleistungen statt Kilowattstunden durch Energiedienstleistungsunternehmen, die z.B. Wär-

meschutz oder die Erneuerung von Heizanlagen übernehmen und für einen Fixpreis bestimmte Ersparnisse garantieren;
– Energiesparaktionen mit dem Angebot, ein bestimmtes Nachfragevolumen durch Einspartätigkeiten zu decken.

6. Beispiel: Kühlschränke im Haushaltsbereich

In der Bundesrepublik gab es 1985 etwa 20 Mio. einfacher Haushaltskühlschränke, deren durchschnittlicher jährlicher Energieverbrauch etwa 370 kW/h beträgt. Insgesamt ergibt sich daraus ein Stromverbrauch von 7,4 TW/h, dies ist das Erzeugungsäquivalent von 1,5 Großkraftwerken. Bei einer gleichbleibend angenommenen Zahl von Kühlschränken gleicher Größe ergeben sich bei unterschiedlichen Technologieniveaus folgende absolute und prozentuale Einsparpotentiale:
– Die besten, im Jahre 1985 angebotenen Kühlschränke waren nach Herstellerangaben um ca. 50% effizienter als der Durchschnitt im Bestand. Hätten alle Verbraucher über derartige Modelle verfügt, so entspräche dies allein einer Energieeinsparung von 75% eines Großkraftwerkes. Die Kostenrelation errechnet sich aus einem durchschnittlichen Gerätemehrpreis von etwa 25 DM bei einer Kostenreduzierung um 9 Pfennig je kW/h.
Der durchschnittliche Stromverbrauch neu gekaufter Kühlschränke aus deutscher Produktion ist von 1978 bis 1985 um 26% gesunken. Schreibt man die gesamte Verbesserung den Marktkräften zu, so wurde auf diesem Weg etwa die Hälfte des möglichen Potentials umgesetzt. Hätten jedoch z. B. die Stromunternehmen zur Unterstützung einer freiwilligen Absprache zwischen der Bundesregierung und dem Zentralverband Elektrotechnik zur Energieeinsparung Prämien an die Händler oder Kunden für den Kauf der jeweils energieeffizientesten Geräte gegeben, so hätten alle teilnehmenden Kunden mindestens 80% des auf dem Markt befindlichen Effizienzpotentials umgesetzt. Das heißt, statt der erreichten 26% wäre der Stromverbrauch für diese Geräte um 40% gesunken.

Sogar die volle Übernahme der Gerätemehrkosten wäre für die Stromunternehmen lohnend gewesen, weil sich dadurch Veränderungen auf der Angebotsseite ergeben und die Neuerrichtungen von Kraftwerken ungleich teurer sind als die Einsparungsausfälle. Zudem hätte in der Geräteindustrie die vermehrte Nachfrage nach Energieeffizienz dazu führen können, weitere Verbesserungen beschleunigt einzuführen.

Dieses Beispiel läßt sich fortsetzen: 1983 bis 1985 unterstützte die EG den Bau und die Erprobung von hocheffizienten Kühlschränken. Es gelang, einen serienreifen Prototyp zu erstellen, dessen Stromverbrauch um etwa 75% unter dem Durchschnitt von 1978 liegt. Die Mehrkosten sind von dem Hersteller mit 46 DM pro Kühlschrank angegeben worden. Unter Einbeziehung der Gewinn- und Handelsspanne ergeben sich dann Einsparungskosten von ca. 12 Pfennig pro kW/h.

Diese Prototypen beruhen hauptsächlich auf (einfachen) Verbesserungen wie durch erhöhte Isolierung oder Kompressortechnik. Weitergehende Möglichkeiten konnten im Rahmen des Projekts nicht getestet werden, sind jedoch ohne weiteres denkbar. So z. B. die neue Isolationstechnik der Vakuumpanele, die in großen Kühlhäusern bereits kommerziell eingesetzt werden. Bei einer Anpassung auf Kühlschränke würde es diese Technik erlauben, den Innenraum der Kühlgeräte zu vergrößern, die Wanddicke zu verringern und die Transmissionswärmeverluste selbst der besten Kühlgeräte noch zu halbieren. Gegenüber dem Ausgangsniveau von 1978 ergäbe das eine Einsparung von beinahe 90%. Gleichzeitig würde diese Technik dazu führen, die gegenwärtig verwendeten Schäume auf FCKW-Basis weitgehend zu ersetzen.

7. Einsparpotentiale bei Wohngebäuden

Etwa ein Viertel des bundesdeutschen Endenergieverbrauchs entfällt auf die Raumheizung in Wohngebäuden. Effizienzverbesserungen haben im Gebäudebestand und bei Neubauten unterschiedliche Potentiale.

– Einsparpotentiale im Gebäudebestand

Nach Erhebung in mehreren bundesdeutschen Städten lassen sich mit Brennwertkesseln für bessere Heizungsregelungen, verschiedenen Isolierungsmaßnahmen und modernen Fenstern durchschnittlich 50% des 1985 angesetzten Heizenergiebedarfs einsparen. Damit sinkt der Heizölbedarf bei Einfamilienhäusern von heute 20 bis 25 l pro qm Wohnfläche und Jahr auf etwa 10 bis 14 l; für Mehrfamilienhäuser gelten entsprechend niedrigere Zahlen. Dieses Einsparpotential beruht ausschließlich auf konventionellen, bereits lange Zeit erprobten Techniken. Es umfaßt nur solche Maßnahmen, die weniger als 10 Pfennig je kW/h eingesparte Energie kosten, wobei ein Teil der Maßnahmen mit anderen Instandsetzungsmaßnahmen verbunden werden. Bei der Begrenzung auf den gegenwärtigen Nutzenergiepreis von etwa 5 Pfennig je kW/h ergibt sich bereits ein Sparpotential von ungefähr 25%. Dies läßt sich durch neue Entwicklungen z.B. in der Fenstertechnik noch wesentlich vergrößern.

– Einsparpotential bei Neubauten

Die Wärmeschutzverordnung von 1982 bleibt in ihren Anforderungen hinter dem Stand der Technik und wirtschaftlich optimalen Anforderungen zurück. Im Vergleich zum Gebäudebestand bringt sie bei Einfamilienhäusern eine Einsparung von etwa 35%, also auf ca. 12 bis 15 l Ölverbrauch pro qm und Jahr. Würden Einfamilienhäuser in der Bundesrepublik nach neuen schwedischen Normen gebaut, so ergäbe sich ein Ölverbrauch von nur 7 bis 8 l pro qm und Jahr. Schwedische Musterhäuser erreichen sogar einen Energieverbrauch von nur mehr 3 bis 5 l Öl pro qm und Jahr. Dies entspricht einer 70%igen Einsparung im Vergleich zur Wärmeschutzverordnung von 1982.

8. Einsparpotentiale bei Personenkraftwagen

Der Energieverbrauch von Personenkraftwagen beträgt rd. zwei Drittel des Gesamtverbrauchs im Verkehrssektor und umfaßt damit etwa 35% des bundesdeutschen Ölverbrauchs.

Der durchschnittliche Kraftstoffverbrauch hat sich in den letzten 15 Jahren kaum verändert und liegt derzeit bei 10,6 l je 100 km. Allerdings hat sich die Effizienz der Personenkraftwagen wesentlich verbessert, so sind die Motorleistungen bei insgesamt gleichbleibendem Verbrauch signifikant gestiegen.

Die sparsamsten auf dem Markt befindlichen Personenkraftwagen haben einen spezifischen Verbrauch von etwa 4 l auf 100 km. Etwa 20 Automodelle erreichen gegenwärtig diesen Wert. Er entspricht einer Einsparung von 60% gegenüber dem durchschnittlichen Benzinverbrauch. Über diesen Rahmen hinaus wurden bereits verschiedene europäische und japanische Prototypen entwickelt, die Brennstoffverbräuche bis zu 2 l auf 100 km erreichen. Offensichtlich liegt das zur Zeit über dem Markt verwirklichbare Potential an Energieeinsparung beim PKW weit unter den technisch wirtschaftlichen Möglichkeiten. Dies legt die Notwendigkeit von Verbrauchsnormen, Anreizprogrammen und technischen Vorgaben nahe.

9. Energieeinsparung bei der Kraft-Wärme-Kopplung

Die neuere Entwicklung in der Kraft-Wärme-Kopplung hat die Einsatzmöglichkeiten dieser Technik wesentlich erweitert:

Die Kapitalkosten pro installierte elektrische Leistung sind durch die Entwicklung höherwertiger Gasturbinenkreisläufe und serienmäßig hergestellter kleinerer Verbrennungsmotoraggregate (Energiebox) wesentlich gesunken. Zudem haben Fortschritte in der Elektronik die technisch bedingten Kosten des Netzanschlusses gesenkt, was insbesondere kleineren Anlagen von unter 1 MW zu größerer Konkurrenzfähigkeit verhilft. Höhere Stromkennzahlen erweitern den Beitrag zur Stromerzeugung bei gleicher Wärmeerzeugung. Und nicht zuletzt hat eine verbesserte Teillastflexibilität und verringerte spezifische Kapitalkosten, insbesondere bei kleineren Anlagen dazu beigetragen, den Anwendungsbereich dieser Technik über den thermischen Grundlastbereich hinaus zu erweitern.

Die hier aufgezeigten Beispiele für Energieeinsparungspotentiale verdeutlichen, daß in wichtigen Endverbrauchsberei-

chen die technischen Möglichkeiten bestehen, die Energiein-
tensität der Dienstleistungen um ca. 80 bis 95% zu senken.
Obwohl die Darstellung nur ausschnitthaft sein kann, zeigt
sich bereits somit, daß eine auf Klimastabilisierung ausgerichtete Energiepolitik in erster Linie nachfrageseitige Energieres-
sourcen mobilisieren muß. Es geht von daher um einen Rich-
tungswechsel in der Energiepolitik: Von der angebotsorientierten Philosophie hin zur Effizienzrevolution.

Der Autor hat diesen Beitrag freundlicherweise zur Verfügung gestellt als
Auszug aus:
Krause u. a. 1989: „Energy Policy and Climate Change: What Can West-
ern Europe Do?" International Project for Sustainable Energy Paths
(IPSEP), 6078 Monterey Ave, Richmond, CA 94805, USA Band II.

V. STELLUNGNAHMEN DER ENERGIE- UND CHEMIEWIRTSCHAFT

Joachim Grawe
(Vereinigung Deutscher Elektrizitätswerke)
Lösungsstrategien im Energiebereich für die
befürchteten globalen Klimaveränderungen

1. Der nachstehende Beitrag unterstellt die Richtigkeit der Aussagen in der Bundestags-Drucksache 11/3246 über die Klimagefahren („Treibhauseffekt"). Er beschränkt sich weitgehend auf die Bundesrepublik Deutschland. Andere Belange (Versorgungssicherheit, Energiekosten als Element der Wettbewerbsfähigkeit, sozial- und regionalpolitische Erwägungen) werden dabei nicht im einzelnen abgewogen. Die Ausführungen werden vom Verfasser persönlich verantwortet.

2. Im wesentlichen geht der Beitrag von folgenden Erkenntnissen aus:
   a) An dem Treibhauseffekt haben das Kohlendioxid und das Methan mit 50% bzw. 19% (davon knapp ⅓ aus Verlusten bei Gewinnung und Transport von Erdgas) den größten Anteil.
   b) Die CO_2-Emissionen rühren wahrscheinlich zu rd. 80% aus der Verfeuerung fossiler Energieträger und zu rd. 20% aus Rodungen, bes. der Regenwälder, her.
   c) Die spezifischen Emissionen bei der Verbrennung von Braunkohle, Steinkohle, Erdöl und Erdgas verhalten sich wie 121:100:88:58.
   d) Die Bundesrepublik trug Mitte der 80er Jahre 3,6% zum globalen Ausstoß von 20,5 Mrd. t CO_2 bei, die sich wie folgt aufteilten (in Klammern Zahlen für die Welt):

Energieträger	Anteil am Primär-energie-verbrauch	Anteil am CO_2-Ausstoß
Braunkohle	8,6 (30,5)	16,4 (5,4)
Steinkohle	20,1	26,7 (34,5)
Erdöl	43,3 (37,7)	44,1 (44,1)
Erdgas	15,1 (19,9)	12,8 (15,9)
Kernenergie	10,0 (5,2)	0 (0)
Regenerative Energien	2,4 (6,7)	0 (0)
Summe	99,5* 100	100 100

* Differenz = Außenhandelssaldo Strom

e) Auf die Kraftwerke (einschl. Heizkraftwerke) der öffentlichen Stromversorgung in der Bundesrepublik entfiel gut 1%.

f) Je erzeugter Mio. kWh in einem Kohlekraftwerk werden rd. 1000 t CO_2 freigesetzt.

3. Von 1950 bis 1987 ist in der Bundesrepublik der Verbrauch an Primärenergie (PE) von 135 auf 388 Mio. t SKE gestiegen. Am Endenergie-Verbrauch hat der Strom einen Anteil von 17% erreicht. Seine überproportionale Zunahme (trotz mindestens gleich großen Einspareffekten wie bei den anderen Endenergien) spiegelt den Wandel von der material-intensiven Industrie- zur informationsintensiven Dienstleistungsgesellschaft und vom rein quantitativen zum qualitativen Wachstum wider. Obwohl die Umwandlung in höherwertige Energieträger Verluste (und damit einen Mehraufwand an PE) bedingt, brauchte diese Entwicklung nicht mit einem entsprechend höheren Ausstoß an CO_2 erkauft zu werden. Denn im genannten Zeitraum

– ging der spezifische Einsatz von Steinkohle zur Erzeugung einer kWh Strom zurück von 580 g SKE auf 325 g SKE

– konnten die elektrischen Leitungsverluste von 14% auf unter 5% gesenkt werden

Abbildung 1: Entwicklung von Stromerzeugung und CO_2-Emissionen in der Bundesrepublik Deutschland

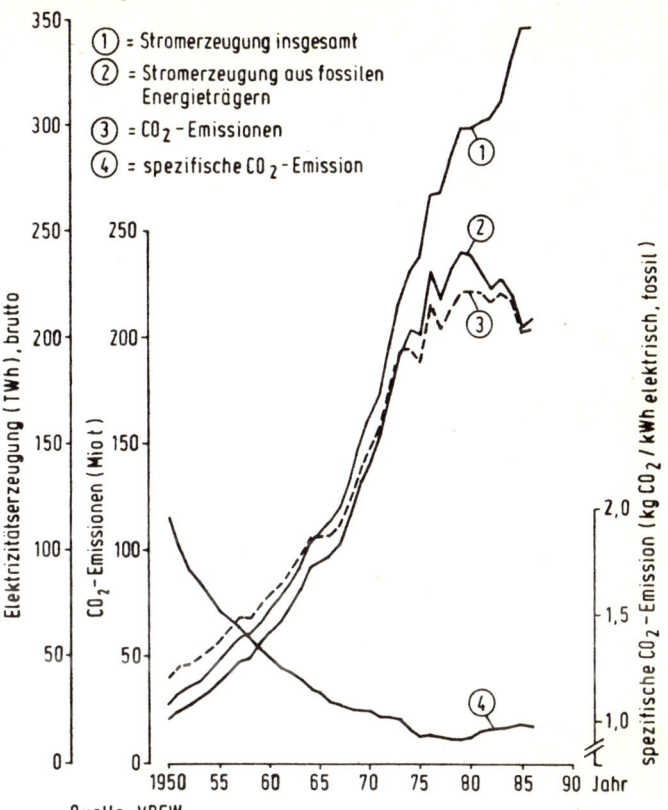

Quelle: VDEW

- wurde Uran die wichtigste Einsatzenergie für die Stromerzeugung mit einem Anteil von 36,5% (1988 über 40%)
- stieg die mit regenerativen Energien (RE), d.h. vor allem Wasserkraft, erzeugte Zahl von kWh weiter an
- wurden durch Kernenergie (KE) und Wasserkraft (131 und 21 Mrd. kWh) 1987 rd. 140 Mio. t CO_2 vermieden (weltweit allein durch Kernenergie 1,5 Mrd. t).

177

4. In den letzten 10 Jahren konnte der CO_2-Ausstoß des Energiesystems der Bundesrepublik sogar um rd. ⅛ (knapp 100 Mio. t) gesenkt werden (Abb. 1). Dies kann im wesentlichen zu etwa gleichen Teilen auf die rationelle Energieverwendung (REV) und die Nutzung der KE zurückgeführt werden. Die spezifische CO_2-Emission je kg SKE PE nahm, vor allem wegen des Vordringens der KE, seither um etwa ⅕ ab.

5. Die Stromanwendung wurde laufend effizienter. Dies zeigen folgende Kennzahlen:

   a) Der spezifische Energieverbrauch neuer Hausgeräte, der schon in den 70er Jahren vielfach um 20–50% gesenkt werden konnte, hat sich von 1978 bis 1985 nochmals verringert, nämlich bei
      – Waschmaschinen um rd. 18%
      – Geschirrspülern um rd. 29%
      – Elektroherden (Backöfen) um rd. 16%
      – Kühlgeräten um rd. 22%
      – Gefriergeräten um rd. 37%
      – Warmwasserspeichern (Bereitschaftsverbrauch) um rd. 31%

   b) In der Industrie konnte einerseits zum Beispiel eine Reihe elektrischer Prozeßwärmeverfahren um durchschnittlich ⅓ effizienter gestaltet, andererseits aber durch zusätzlichen Stromeinsatz der spezifische Verbrauch von Brennstoffen um rund 40% reduziert werden.

   c) Die Zuwachsraten des Stromverbrauchs wurden laufend kleiner. Sie betrugen in der öffentlichen Versorgung durchschnittlich pro Jahr
      – 1950–60:   11,0%
      – 1960–70:   8,2%
      – 1970–80:   5,1%
      – 1980–88: rd. 2 %.

6. Eine wirksame Bekämpfung der Klimagefahren erfordert
   – Realismus: weder das Prinzip Hoffnung (überzogene Erwartungen, etwa hinsichtlich der Realisierbarkeit rein

technischer Potentiale) noch das Prinzip Angst (auch vor bestimmten Maßnahmen, die ihrerseits Risiken bergen) können helfen

– ein weltweites Konzept, ohne daß nationale oder sektorale Beiträge wegen ihres nur begrenzten Effekts gering geschätzt werden dürfen

– einen mehrdimensionalen Ansatz, d.h. die Heranziehung aller Optionen und Energiearten: wer REV nicht ernst nimmt, die RE vernachlässigt oder auf den Ausbau der KE verzichten will, wird der Verantwortung nicht gerecht.

– differenzierte Strategien für die einzelnen Weltregionen: der 3. Welt muß mehr zugestanden werden, die Industrienationen müssen anspruchsvolle Techniken nutzen

– eine zunehmende Abkehr von den fossilen Energien (weniger und zugleich effizientere Verbrennung) trotz der Notwendigkeit, besonders auch für die 3. Welt künftig mehr Energiedienstleistungen zu erbringen (Verdopplung der Energienachfrage in den Entwicklungsländern bis 2020 erwartet).

7. Der Wirkungsgrad von Wärmekraftwerken (durchschnittlich 38%, moderne Blöcke gut 40%) läßt sich, bes. durch druckaufgeladene Wirbelschichtfeuerung und kombinierte Gas- und Dampfturbinenanlagen mit integrierter Kohlevergasung, noch verbessern auf 42% bzw. 45%. Diese neuen Techniken dürften ab der Jahrhundertwende eingesetzt werden. Dadurch könnten 10–15% mehr Strom aus der einsetzten Kohle erzeugt, die CO_2-Emission entsprechend verringert und übrigens auch der quantitative Nachteil der – auf Kohle und KE gestützten – Elektroheizung (energetischer Mehraufwand in der gesamten Versorgungskette gegenüber Öl heute 40%) ausgeglichen werden. Weltweite Wirkungen dieser Techniken sind zu erwarten.

8. Der Anteil der Kraft-Wärme-Kopplung (KWK) an der Fernwärmeversorgung ist in der Bundesrepublik mit 76% so hoch wie in keinem anderen (westlichen) Land. Damit

kann in der Praxis eine um rd. 20% höhere Ausnutzung der eingesetzten PE erreicht werden. Die entsprechenden Heizkraftwerke tragen 4% zur Stromerzeugung bei. Auch die industrielle Kraft-Wärme-Kopplung ist im internationalen Vergleich bei uns gut ausgebaut. Industrie und Bundesbahn lieferten 1987 rd. 15% des Stroms. Ein begrenzter Ausbau (um bis zu 25%) erscheint möglich, sollte aber den spezifischen CO_2-Ausstoß nicht wieder erhöhen, was letztlich die industrielle Kernkraft-Nutzung voraussetzt. Die Fernwärme-Lieferungen ließen sich langfristig durchaus verdoppeln, allerdings nur, wenn aus den dafür geeigneten Gebieten hoher Energie-Nachfragedichte teilweise Erdgas verdrängt würde. Dagegen erscheint eine Erhöhung des Anteils der KWK hieran kaum möglich. Insgesamt könnten die entsprechenden Anlagen somit etwa 8% des Stroms liefern. In KE-Ausstiegsszenarien genannte höhere Werte sind in sich unschlüssig.

9. Die KE trägt heute 5% zur globalen und 12% zur deutschen Energieversorgung bei (Anteile an der Stromerzeugung 17% bzw. 40%). International und national könnte ihr Beitrag in den nächsten 20–25 Jahren durchaus verdoppelt werden auf dann rd. 1000 bzw. rd. 100 Mio. t SKE. An Grundlast-Kapazitäten besteht durchaus Bedarf. Im übrigen können Kernkraftwerke (KKW) im Lastfolgebetrieb gefahren werden. Innovative Reaktortypen (Hochtemperatur-Reaktor) und vermutlich kleine nukleare Heiz(kraft)werke werden eine Rolle spielen.

Die vorgebrachten Einwände ziehen nicht. So ist die Sicherung der Entsorgung, für die technische Lösungen und langjährige Erfahrungen (einschließlich Endlager: Asse) vorliegen, durch Bau der notwendigen Anlagen in vollem Gange. Die radioaktiven Abfälle bilden kein Mengenproblem (weniger als $\frac{1}{100}$ des giftigen Industriemülls und weniger als $\frac{1}{10\,000}$ des gesamten Abfalls, davon wiederum nur 5% hochaktiv). Das erste Endlager für radioaktive Abfälle wurde in Schweden in Betrieb genommen. Die Versuchs-Endlagerung des in Glasblöcke eingeschmolzenen hochaktiven Abfalls läuft an. Die gesicherte Entsorgung dürfte schon bald zu einem weiteren wichtigen Vorzug der KE werden.

Der Kapitaleinsatz für KKW (und der weit höhere künftiger Solarkraftwerke) behindert schon deshalb nicht Erfolge bei der REV, weil diese vor allem bei der Raumheizung und im Verkehr angestrebt werden müssen und es sich um ganz verschiedene Investoren handelt. Für den konstruierten Gegensatz Energiesparen – KE gibt es keinen Beleg in der Realität. An die Anhänger dieser Hypothese ist zu appellieren, das aus den 70er Jahren stammende, durch Tschernobyl nochmals genährte, aber überholte polarisierende Denken und die Haltung des „... daß nicht sein kann, was nicht sein darf“ gegenüber der KE zu überwinden. Wegen der drohenden Klimagefahren sollten alle umweltbewußt Handelnden gemeinsam für ihre Akzeptanz als Teil eines integrierten Gesamtkonzepts mit nachfrage- und angebotsseitigen Elementen werben.

10. RE werden verstärkt zur Stromerzeugung und (mit Hilfe von Strom) zur Wärmeversorgung herangezogen werden können. Die Wasserkräfte sind in der Bundesrepublik allerdings weitgehend ausgebaut. Neuen Projekten stehen vielfach Belange des Natur- und Landschaftsschutzes entgegen. Windstrom kostet heute noch 30–50 Pfg/kWh. Die Stromversorger errichten dennoch eine Reihe von Windparks und prüfen ein von der Bundesregierung vorgeschlagenes 100-MW-Programm. Der Markt für Wärmepumpen ist (trotz der Bemühungen der Stromversorger) wegen der niedrigen Ölpreise zum Erliegen gekommen.

Für eingespeisten Strom aus RE (und aus KWK) werden heute – je nach Verfügbarkeit der Anlage – für den privaten Erzeuger günstige Vergütungen zwischen 7 und 11 Pfg/kWh gezahlt, die sowohl ersparte Brennstoff- wie künftig vermeidbare Kapazitätskosten enthalten. Die deutschen Regelungen gelten in der EG als vorbildlich.

Bei hohen Ölpreisen könnte der Beitrag RE zur Stromerzeugung bis Anfang des nächsten Jahrhunderts auf 12 Mio. t

SKE (zum gesamten PE-Verbrauch auf bis zu 24 Mio. t SKE) gesteigert werden. Dafür müßten dann u. a.

- 2 250 000 Solarkollektor-Anlagen
- 30 000 Solarzellen-Generatoren
- 2 300 000 Gas- und Elektrowärmepumpen
- 500 große Windkonverter (3 MW)
- 3 500 kleine Windkonverter (100 kW)
- 20 große Wasserkraftwerke (10 MW)
- 1 600 kleine Wasserkraftwerke (unter 1 MW)

in Betrieb sein.

Mit diesen Werten würde die Bundesrepublik – trotz wenig günstiger klimatischer Bedingungen – international gut Schritt halten. In Dänemark trugen regenerative Energien (in erster Linie Wind) 1987 knapp 1% zur Stromerzeugung bei. Der entsprechende Wert in Kalifornien beträgt rd. 4% (ohne Wasserkraft). Weltweit haben Brennholz/Holzkohle und Wasserkraft Bedeutung. Letztere kann und sollte (jeweils nach Umweltverträglichkeitsprüfung) ausgebaut werden. Die Verfeuerung organischer Substanzen in der 3. Welt muß dagegen aus ökologischen Gründen eingeschränkt werden. Das technische Potential der RE ist weit größer, besagt aber wenig. Darüber, inwieweit RE nach 2010 per saldo höhere Beiträge erbringen könnten, sind belastbare Aussagen heute nicht möglich. Zu teure Systeme sind grundsätzlich auch in Bezug auf den (einschließlich Vorstufen kumulierten) Energieaufwand suboptimal.

11. Wahrscheinlich liefert die REV beim Verbraucher in den nächsten 20 Jahren den größten Beitrag zur CO_2-Minderung. Dieser reicht aber mengenmäßig nicht aus und verschafft nur vorübergehend Luft. Thesen wie, durch REV könne CO_2 zu ½ der Kosten eines Kraftwerksausbaus reduziert werden, sind in ihrer Pauschalität falsch. Sie gelten allenfalls für einzelne Maßnahmen unter bestimmten (z. B. amerikanischen) Verhältnissen und lassen das Gesetz des abnehmenden Grenznutzens außer Acht. Die Einsparung von Wärme kann zudem nicht mit der Bereitstellung einer Edelenergie (Strom) verglichen werden. Ebenso können

Aussagen, bis 2080 (!) ließe sich der PE-Verbrauch je Dollar Sozialprodukt auf ⅒ senken, nur als Spekulation bezeichnet werden.

Dennoch bieten sich nicht nur (wenn auch vor allem) in der Raumheizung (Isolierung unter Beachtung der dadurch steigenden Strahlenbelastung, die nach offiziellen schwedischen Angaben dort bis zu 7mal höher ist als die Auswirkungen von Tschernobyl; passive Solarenergie-Nutzung; kontrollierte Lüftung; angepaßte Heizsysteme; Wärmerückgewinnung) und im Verkehr (Elektro-Traktion; Verlagerung auf die Schiene; verbrauchsarme Fahrzeuge), sondern auch bei der Stromanwendung noch beachtliche Möglichkeiten. Dazu gehören: die Durchsetzung effizienter Hausgeräte, deren Weiterentwicklung, der Einsatz von Stromsparlampen, verbesserte Speicherheizgeräte, Wärmepumpen, drehzahl-veränderbare Motoren und der Einsatz von Mikro-Prozessoren zur Steuerung. Es gilt, diese Möglichkeiten auszuschöpfen.

Keine nennenswerten Einspareffekte sind dagegen von grundlegenden Tarifänderungen zu erwarten. Die Preiselastizität des lebensnotwendigen Gutes Strom ist selbst langfristig sehr niedrig. Das für eine Begrenzung des zusätzlichen Bedarfs sowohl an Kraftwerkskapazität („Leistung") wie an kWh („Arbeit") notwendige Verbraucherbewußtsein wird am besten durch zweigliedrige und weniger durch (auch andere Nachteile aufweisende) lineare Tarife gedeckt.

Die Einsparung von Brenn- und Treibstoffen bedingt vielfach einen – allerdings geringer ausfallenden – Mehraufwand an Strom (z.B. kontrollierte Lüftung, Fernwärmeeinsatz, solare Warmwasserbereitung, Wärmepumpen, Schienenverkehr, Elektrofahrzeuge). Insgesamt werden sich verbrauchsdämpfende und -steigernde Faktoren die Waage halten. Die Zunahme des Stromverbrauchs könnte bis 2000 um 1% im Jahresdurchschnitt schwanken. Danach erscheint ein „Nullwachstum" möglich. Das sind deutlich niedrigere Ansätze an Zuwachs als in den anderen EG-

PRIMÄRENERGIESEITE
Wasserkraft
Kernenergie
Sonnenenergie
(außer Biomasse)

UMWANDLUNG
Rationelle Energie-
umwandlung

ENDENERGIESEITE
Elektrizität
Wasserstoff
Fernwärme
Sonnenwärme
(dezentral)
Rationelle Energie-
verwendung
Energieeinsparung

Quelle: H.-J. Wagner 1988

Ländern. Einen wesentlichen Anteil hat das Vordringen des Stroms zu Lasten fossiler Energien. Jede hierdurch verursachte kWh bedeutet (bei einem Anteil von KE und RE an der Stromerzeugung von 40–50%) eine CO_2-Entlastung. Insgesamt eröffnet ein nuklear-regeneratives (d.h. immer stärker von KE und RE geprägtes) Energiesystem mit hoher Effizienz, wie es sich tendenziell schon entwickelt, in den nächsten 50–100 Jahren die besten Aussichten, das Klimaproblem ohne Verzicht auf andere Lebensgüter zu bewältigen.

Franz W. Nader (Verband der Chemischen Industrie)
FCKW – ein globales Umweltproblem.
Handlungsoptionen der chemischen Industrie

Das Manifest „Warnung vor drohenden weltweiten Klimaänderungen durch den Menschen"[1] vom Juni 1987 fordert, weil es keine unüberwindliche Schwierigkeit sei, den uneingeschränkten Ersatz der Fluorchlorkohlenwasserstoffe (FCKW). An anderer Stelle wird unter dem Stichwort „Verminderung des Energiebedarfs" eine bessere Wärmedämmung verlangt. Die beiden Aussagen scheinen auf den ersten Blick nichts miteinander zu tun zu haben. Tatsächlich aber sind die besten derzeit verfügbaren Dämmaterialien FCKW-geschäumte Kunststoffe (Polyurethan- und Polystyrol-Hartschäume), deren kurzfristiger Ersatz nur mit erheblichen Steigerungen im Energieverbrauch erkauft werden könnte. Diese, im Klimamanifest zutage getretene Argumentationsparadoxie ist gerade bei der FCKW-Diskussion sehr häufig festzustellen. Sie erklärt das außerordentlich große Mißverhältnis zwischen den weitgehenden politischen Forderungen und dem Beharren der Industrie auf FCKW-Anwendungen, solange keine gleichwertigen Lösungswege zur Verfügung stehen. Letztlich handelt es sich bei dieser Auseinandersetzung nicht um die globale Zielvorgabe, sondern um den hierzu notwendigen Zeitrahmen.

1. FCKW-Umweltprobleme aus der Sicht der Industrie

a) FCKW-Ozon-Diskussion

1974 veröffentlichten Rowland und Molina[2] die These von der Bedrohung der stratosphärischen Ozonschicht der Erde durch wachsende FCKW-Emissionen. Die hierdurch ausgelöste wissenschaftliche Diskussion ist in den beiden letzten Jahren in eine neue, entscheidende Phase getreten. Zwei Forschungsprojekte haben wesentlich dazu beigetragen, daß eine zukünftige Ausdünnung der Ozonschicht nicht mehr bezweifelt werden kann, wenn es nicht gelingt, die Emissionen persistenter FCKW global drastisch zu reduzieren, weit über das Maß der Vorgaben des Montrealer Protokolls hinaus. Diese neuen wissenschaftlichen Erkenntnisse basieren auf:

– Dem Bericht des „Ozon-Trend-Panel" der NASA.[3] Eine umfassende Bewertung aller bisherigen Bodenmessungen zeigten zwischen den Jahren 1969–1986 Verluste in der Ozonsäule der nördlichen Hemisphäre (30–64°N) von 1,7–3% im jährlichen Mittel nach Berücksichtigung natürlicher Effekte. Diese Veränderungen könnten zum Teil, oder auch ganz, zusammenhängen mit dem atmosphärischen Anstieg von Spurengasen, insbesondere von FCKW.

– Die intensiven Forschungsprogramme der NASA der Jahre 1986 und 1987 zum „Ozonloch" im antarktischen Frühling haben klare Hinweise geliefert, daß die dort zu beobachtenden starken Ozonverluste auf eine, unter besonderen meteorologischen Bedingungen (stabiler stratosphärischer Luftwirbel, starke Abkühlung, Bildung stratosphärischer Wolken) sich vollziehende, Chlorchemie (Freisetzung von elementarem Chlor aus Senkenmolekülen wie HCl, $ClONO_2$) zurückzuführen sind. Somit stehen die Ozonverluste im Zusammenhang mit dem anthropogen bedingten Anstieg chlorhaltiger Gase in der Stratosphäre.

Aufgrund dieser Ergebnisse verlangt der langfristige Schutz der globalen stratosphärischen Ozonschicht eine deutliche Verminderung des gegenwärtigen Chlorgehalts der Stratosphäre, was bedeutet, daß die globalen FCKW-Emissionen um mehr als 80–85% zu reduzieren sind. Eine Zielsetzung, die nur im internationalen Konsens erreicht werden kann.

Mit dem Montrealer Protokoll existiert das geeignete Instrument, das, wie im Vertragstext vorgesehen, revidiert werden muß.

Entgegen der weit verbreiteten Auffassung verlangt die Lösung der Ozonproblematik keine kurzfristig zu treffenden, drastische Maßnahmen. Wichtig ist nur, daß in einem überschaubaren Zeitrahmen (8–10 Jahre) eine nahezu vollständige weltweite Reduktion der FCKW-Emissionen gelingt. Ein Zeitrahmen, der den Übergang zu umweltverträglichen Ersatz- und Alternativlösungen ermöglichen sollte. Als Indiz für den, mit den Umwelterfordernissen in Einklang stehenden, geordneten Ausstieg aus den FCKW-Anwendungen darf der Fakt gewertet werden, daß der beobachtete Ozonverlust von 1,7–3% nicht zu einem Anstieg der UV-B-Strahlung um 3,4–6% geführt hat. Tatsächlich zeigen UV-Messungen in den USA für den Zeitraum von 1974–1985 ein Absinken der UV-Intensität an.[4]

b) Treibhauseffekt

Die Erkenntnis, daß FCKW als potente Wärmeisolationsgase eine wachsende Bedeutung für eine zukünftige globale Erwärmung haben werden, ist verhältnismäßig neu. Es wurde abgeschätzt, daß bei ungehinderten Emissionssteigerungen der Beitrag der FCKW am Treibhauseffekt der wichtigsten Spurengase von gegenwärtig zwischen 9%[5] und 17%[6] bis zum Jahr 2030 auf 30–35% ansteigen würde. Tatsächlich beschränken bereits die Reduktionsmaßnahmen des Montrealer Protokolls in seiner gegenwärtigen Fassung den Klimaanteil der FCKW auf ca. 10%.[7] Aufgrund der bei FCKW-Herstellern und Anwendern intensiv verfolgten Ersatzstoff- und Alternativenforschung sollte weltweit ein endgültiger FCKW-Verzicht bis spätestens zum Jahre 2000 erreichbar sein. Damit wird der zukünftige Treibhausanteil der FCKW und verwandter Verbindungen auf ein tolerierbares Maß absinken. Die zukünftige globale Erwärmung wird daher hauptsächlich bestimmt durch CO_2, durch Methan, durch Lachgas und – auf der nördlichen Halbkugel – durch troposphärisches Ozon.

2. Lösungswege aus industrieller Sicht

Die FCKW-Problematik ist in allen ihren ökologischen, aber auch den wirtschaftlichen Komponenten ein globales Problem, dessen Lösung *nur* auf breitester internationaler Basis erfolgen kann. Das Protokoll von Montreal als Handlungsinstrument der inzwischen in Kraft getretenen „Internationalen Konvention zum Schutz der Ozonschicht" ist der, wenn auch heute noch unvollkommene, ideale Lösungsweg. Es bietet für die im internationalen Wettbewerb stehende Hersteller- und Anwenderindustrie vergleichbare Bedingungen, und es initiiert einen außerordentlich großen Innovationsdruck für die Suche nach umweltverträglichen Lösungswegen. Hierbei bieten sich prinzipiell drei Optionen an:
– Ersatzstoffe,
– Alternativlösungen der Anwenderindustrie,
– Alternativtechnologien.

a) Ersatzstoffe

Seit Beginn der öffentlichen FCKW-Diskussion Mitte der 70'er Jahre spielte die Frage nach qualitativ gleichwertigen, aber ökologisch verträglicheren Ersatzstoffen eine bedeutsame Rolle in der einschlägigen Wissenschaft und Industrie. Auf Ersatzstofftagungen, initiiert von der amerikanischen Umweltbehörde EPA, wurde empfohlen, teilhalogenierte Verbindungen – sogenannte H-FCKW/H-FKW – zu entwickeln, die aufgrund ihres Wasserstoffgehaltes bereits in der Troposphäre zum größten Teil oder vollständig abgebaut werden können und somit keine oder doch sehr stark verminderte Ozonrelevanz besitzen. In der Folge sind in den Forschungs- und Entwicklungsabteilungen der betroffenen Chemieunternehmen in mehr als zehn Jahren eine Vielzahl solcher teilhalogenierter Verbindungen auf ihr Substitutionspotential hin untersucht worden. Der derzeitige Stand der weltweiten Substitutionsforschung ist in der Tabelle zusammengefaßt.

Tabelle: Teilhalogenierte Ersatzstoffe

H-FCKW	Formel	Lebensdauer (Jahre)	ODP^1	GHP^2	Substitut für	mögliche Einsatzgebiete
22	$HCClF_2$	15–22	0,05	0,08	FCKW 12	Kältetechnik, Polystyrolhartschäume, Sprayanwendungen
123	$HCCl_2\text{-}CF_3$	2–3	0,02–0,03	<0,01	FCKW 11 (113)	Kunststoffverschäumung, Kältetechnik, Reinigung
124	$FHCCl\text{-}CF_3$	8	0,02–0,03	0,06	FCKW 11	Kunststoffverschäumung, Kältetechnik
141b	$CH_3\text{-}CCl_2F$	9–10	0,1	<0,05	FCKW 11	Kunststoffverschäumung, Kältetechnik
142b	$CH_3\text{-}CClF_2$	21–24	0,05–0,06	0,06–0,15	FCKW 12	Kunststoffverschäumung
H-FKW						
134a	$FCH_2\text{-}CF_3$	8–11	0	0,03–0,05	FCKW 12	Kältemittel
152a	$CH_3\text{-}CHF_2$	2–3	0	0,01	FCKW 12	Kältemittel

[1] Ozon-Zerstörungspotential relativ zu FCKW 11 (ODP = 1)
[2] Treibhauspotential relativ zu FCKW 12 (GHP = 1)

Während die Herstellerindustrie individuell mit Intensität an der Entwicklung technischer Verfahren für die Substitutionsprodukte arbeitet, findet die Überprüfung der damit verbundenen gesundheitlichen Risiken sowie ihrer möglichen Auswirkungen auf die Umwelt in internationaler Kooperation statt:

(1) PAFT[8] 1: 14 Firmen; Bewertung von H-FCKW 123 und H-FKW 134 a; Dauer 5–7 Jahre,

(2) PAFT 2: 7 Firmen; H-FCKW 141 b; Dauer 5–7 Jahre,

(3) AFEAS:[8] 14 Firmen; Umweltverträglichkeit u. a. der H-FCKW 22, 123, 124, 141 b, 142 b und H-FKW 125, 134 a, 152 a: atmosphärische Lebensdauer, Ozonzerstörungspotential, Treibhauspotential, troposphärische Abbauwege und -produkte.

Von diesen Verbindungen ist bisher nur das H-FCKW 22 technisch verfügbar, das FCKW in

– der Kältemittelanwendung,

– als Blähmittel für gewisse Kunststoffschäume sowie

– für Sprayanwendungen

substituieren kann. Es wird weltweit als Teil der Lösung des FCKW Problems akzeptiert und zunehmend dort eingesetzt, wo seine Anwendung technisch sinnvoll ist.[9]

Für den Einsatz der anderen Substitutionskandidaten sind neben der technischen Verfügbarkeit die Ergebnisse der Prüfprogramme von entscheidender Bedeutung. Wenn auch die bisherigen Resultate vielversprechend sind, so kann doch erst ab 1994/95 mit Umstellungsmaßnahmen auf der Basis von H-FCKW 123, 141 b und H-FKW 134 a gerechnet werden.

b) Alternativlösungen der Anwenderindustrie

Der Einsatz von FCKW ist für viele Anwendungsgebiete, die grundlegende Bedürfnisse erfüllen, heute noch essentiell. Ein Verzicht auf FCKW's, bevor qualitativ gleichwertige Alternativen kommerziell zugänglich sind, würde erhebliche Konsequenzen nach sich ziehen, weshalb ein geordneter Übergang für diese Wirtschaftsbereiche von außerordentlich großer Bedeutung ist. Dies ist auch das Fazit der UNEP-Konferenz „Substitutes and Alternatives to CFC and Halons", die vom 19.–21. Oktober 1988 in Den Haag stattfand.[9] Im einzelnen lassen sich die für die Anwendungsgebiete kurz- bis mittelfristig realisierbaren Maßnahmen wie folgt darstellen:

(1) Sprayanwendung

Hier stehen mit Propan, Butan und Dimethylether – allerdings brennbare – alternative Treibgase zur Verfügung. Sie sind die Grundlage der freiwilligen Umstellungsmaßnahmen der deutschen Aerosolindustrie, die ihren FCKW-Verbrauch von 26000 t im Jahre 1986 auf rund 4000 t in 1988 gesenkt hat. Eine ähnlich freiwillige Beschränkungsmaßnahme ist in naher Zukunft für den gesamten EG-Raum zu erwarten.

(2) Kälte- und Klimatechnik

Da zum gegenwärtigen Zeitpunkt Alternativen für die FCKW-Kältemittel fehlen, konzentrieren sich die Maßnahmen auf

– die Verminderung vermeidbarer Emissionen im Umgang mit FCKW,

– die Entsorgung gebrauchter Kältemittel, basierend auf dem Recyclingsangebot der FCKW-Hersteller.

(3) Kunststoffverschäumung

Im Bereich der Lebensmittelverpackungen (XPS) erfolgen weltweit Umstellungsmaßnahmen von FCKW 11 und 12 auf H-FCKW 22. Auch im XPS-Hartschaumbereich sind Umstellungsmaßnahmen auf Ersatzstoffe eingeleitet.

Für die Polyurethanhartschaum-Produktion stehen zur Zeit keine geeigneten wärmedämmenden Ersatz-Blähmittel zur Verfügung. Als kurzfristig verwirklichbare Option können aber Schäume vergleichbarer Qualität mit der Hälfte der bisher verwendeten FCKW hergestellt werden. Eine entsprechende Umstellungsmaßnahme ist kürzlich von den Herstellern von Haushaltskühlgeräten bekanntgegeben worden.

(4) Lösemittel für die Präzisionsreinigung

Die Verwendung von FCKW 113 als Reinigungsmittel von elektronischen, optischen und feinmechanischen Bauteilen sowie gewisser empfindlicher Textilien ist nach derzeitigem

191

Stand der Kenntnisse nicht zu ersetzen. Kurzfristige Programme der Industrie zielen auf
– verstärktes Recycling,
– Emissionsminderung durch verbesserte Handhabung.
Es wurde geschätzt,[9] daß der Verbrauch durch diese Maßnahmen um bis zu 50% reduziert werden kann.

c) Alternativtechnologien

Aufgrund der Ergebnisse der UNEP-Konferenz zu Alternativen[9] und des Statusberichts der EPA[10] kann die optimistische Erwartung, die der Zwischenbericht der Enquete-Kommission des Deutschen Bundestages bezüglich Alternativtechnologien erweckt, nicht geteilt werden. Es gibt keinen Hinweis dafür, daß in den nächsten 5–7 Jahren vergleichbare Alternativen zur Verfügung stehen werden, die essentielle FCKW-Anwendungen ersetzen könnten. Dies gilt jedenfalls unter der Prämisse, daß Ersatzlösungen analoge qualitative Eigenschaften besitzen müssen und keine Rückschritte in Bezug auf die gesundheitlichen und anderen ökologischen Schutzziele – z.B. effiziente Energienutzung – darstellen.

3. Ausblick

Seit der Veröffentlichung des Ozon Trend Panel-Berichts im März 1988 sind eine Reihe namhafter FCKW-Hersteller und Anwender öffentlich die Verpflichtung eingegangen, die Produktion bzw. die Verwendung vollhalogenierter Fluorchlorkohlenwasserstoffe in einem geordneten Übergang zu Alternativen einzustellen. Die bisher auf diesem Wege erzielten Fortschritte in der Substitution vollhalogenierter FCKW berechtigen zu der Hoffnung, daß das FCKW-Problem weltweit bis spätestens zum Jahre 2000 gelöst sein wird, ein Zeitrahmen, der eine zukünftige Gefährdung des stratosphärischen Ozonschutzgürtels nach derzeitigem Erkenntnisstand ausschließt.

Anmerkungen

1 Manifest der Deutschen Meteorologischen Gesellschaft und der Deutschen Physikalischen Gesellschaft, Bad Honnef, Juni 1987.

2 Rowland, F. S., Molina, H. J., Rev. Geophys. Space Phys. *1975*, 13(1), 1.

3 NASA – Reference Publication 1208, Present State of Knowledge of the Upper Atmosphere 1988. An Assessment Report.

4 J. Scotto, G. Cotton, F. Urbach, D. Berger und T. Fears Science *239*, 762 (1988).

5 R. E. Dickinson and R. J. Cicerone, Nature *319*, 109 (1986); R 11/R 12 = 11% des CO_2-Anteils.

6 Erster Zwischenbericht der Enquete-Kommission „Vorsorge zum Schutz der Erdatmosphäre", Drucksache 11/3246 des Deutschen Bundestages vom 2. 11. 1988.

7 UNEP-Dokument: The Current Status of Atmospheric Science Concerning the Ozone Layer, Den Haag, 18. Oktober 1989, S. 4.

8 PAFT = *P*rogramme on *A*lternative *F*luorocarbon *T*oxicity Testing, AFEAS = *A*lternative *F*luorocarbon *E*nvironmental *A*cceptability Study.

9 UNEP-Dokument: Highlights from the Presentation and the Discussion of the work shop on Substitutes and Alternatives to CFC's and Halone, Den Haag, 21. Okt. 1988.

10 EPA – How Industry is Reducing Dependence on Ozone-Depleting Chemicals, Status Report, Juni 1988.

VI. DIE VERANTWORTUNG
DER POLITIK

Klaus Töpfer (Union)
Die globalen Umweltgefahren

Die Welt mit all ihren Chancen, aber auch ihren Problemen wird immer weniger unterteilbar nach Staaten, Regionen und Kontinenten. Immer stärker erfahren wir die Welt als Einheit, sehen uns abhängig von den Leistungen, aber auch den Fehlern, die irgendwo auf dieser Welt erbracht oder nicht vermieden werden können. Immer stärker muß unsere Politik deshalb herausgeführt werden aus der Beurteilung nach den nationalen Koordinaten, muß die Dimension Europa gewonnen und die wechselseitige Verantwortung weltweit aufgegriffen werden.

Diese Entwicklung umfaßt alle Lebensbereiche und damit alle politischen Aufgabenstellungen – in besonderer Weise aber findet sie ihren Niederschlag und ihre Herausforderung in der Umweltpolitik. Es ist zu einer fast schon abgewetzten Worthülse geworden, daß die gasförmigen, flüssigen und festen Abfallstoffe unserer Produktion und unseres Wohlstandskonsums keine nationalen Grenzen kennen, daß sie kontinental, ja global ihre Spuren hinterlassen und Umweltveränderungen bewirken. Viele Menetekel werden zum sichtbaren Niederschlag dieser globalen Risikogemeinschaft im Umgang mit Natur und Umwelt auf dieser Erde. Sie mahnen alle Verantwortlichen dazu, als Antwort auf diese Risikogemeinschaft eine Umweltgemeinschaft des Handelns, der Vorsorge für eine lebenswerte Umwelt zu geben.

Diese Kennzeichnung der globalen Qualität der wirklich existenziellen Umweltgefahren bedarf bereits eingangs einer unmißverständlichen Klarstellung: Wer auf die Notwendigkeit weltweit koordinierten umweltpolitischen Handelns aufmerksam macht und sich dafür vehement einsetzt, sollte nicht immer und immer wieder verdächtigt werden, er nutze diese Hinweise in besonders geschickter Weise als Alibi für nationales Nichtstun, für unzureichende Maßnahmen zur Bewältigung der Umweltprobleme in seinem eigenen Verantwortungsbereich. Die Verpflichtung zum nationalen umweltpolitischen Vorsorgeprinzip, zur kompromißlosen Berücksichtigung aller Kosten unseres heutigen Wohlstandes in den Preisen, die wir für diesen Wohlstand gegenwärtig zahlen, ist durchaus vereinbar, ist sogar unersetzliche Voraussetzung dafür, daß glaubwürdig internationales Handeln eingefordert und mitgetragen werden kann.

Dies ist eines der wichtigsten Merkmale der Umweltpolitik dieser Bundesregierung – nicht die in Europa oder gar weltweit erreichbare Harmonisierung kann Gradmesser für das Tempo umweltpolitischen Handelns bei uns sein, sondern allein die erforderliche Vorsorge für eine lebenswerte Umwelt. Dabei hat sich immer wieder bestätigt, daß die tatsächlichen oder vermeintlichen zusätzlichen Kostenbelastungen einer dem Verursacherprinzip verpflichteten Umweltpolitik einen dynamischen Prozeß umweltentlastenden technischen Fortschritts ausgelöst haben. Über diese Dynamisierung der umweltentlastenden Technik können die anspruchsvollen Ziele der ökologischen Vorsorge sehr wohl in Einklang gebracht werden mit wirtschaftlicher und sozialer Stabilität. Weltweite Umweltpartnerschaft, gemeinsames Handeln auf möglichst hohem Vorsorgeniveau ist unumgänglich erforderlich, wenn die Gefahren für die Erdatmosphäre, wenn Treibhauseffekt und Zerstörung der Ozonschicht wirksam bekämpft werden sollen.

Es gibt keinen Zweifel mehr, daß der Treibhauseffekt mit der Folge der Erwärmung der Erdatmosphäre und der Abbau der stratosphärischen Ozonschicht mit der Zunahme der energiereichen ultravioletten Sonnenstrahlung zu den größten Gefahren gehören, die der Erhaltung unserer Umwelt und der Lebensbedingungen auf diesem blauen Planeten drohen.

Das im antarktischen Frühling festgestellte Ozonloch, aber auch die nunmehr nachgewiesene Ausdünnung der gesamten

195

Ozonschicht verweisen nicht auf prognostizierte Gefahren von übermorgen, sondern auf Auswirkungen von heute. Denn es gibt erhebliche zeitliche Verzögerungen zwischen den jetzigen Emissionen und deren zerstörerischen Konsequenzen in der Zukunft. Da die FCKW-Emissionen als Haupttäter für die Gefährdung der Ozonschicht von der Wissenschaft dingfest gemacht wurden, müssen Produktion und Verbrauch dieser Stoffe weltweit so schnell wie möglich beendet werden.

Das Umweltprogramm der Vereinten Nationen, das UNEP, hat diese Herausforderung erkannt und eine Lösung erarbeitet. Es ist ein hohes Verdienst dieser Organisation und ihres Exekutivdirektors Dr. Tolba, daß im September 1987 in Montreal ein Protokoll zur Verminderung der FCKW verabschiedet werden konnte. Danach sollen bis 1999 Produktion und Verbrauch der hochchlorierten Fluorchlorkohlenwasserstoffe F 11, F 12, F 113, F 114, F 115 um 50% vermindert werden – von über 1 Million Tonnen im Jahr 1986 somit auf 500 000 Tonnen. Der Verbrauch der Halone 1211, 1301 und 2402 soll auf der Basis des Jahres 1986 eingefroren werden.

Dieses Abkommen ist zwischenzeitlich von der Bundesregierung und auch von der EG insgesamt ratifiziert. Die Bundesregierung hat in ihrer EG-Präsidentschaft sehr intensiv daran gearbeitet, daß die Ratifizierung durch die EG möglich wurde. Es ist zu hoffen, daß alle Staaten weltweit diesem Protokoll ebenfalls beitreten werden. Genauso wichtig ist aber auch: Das Montrealer Protokoll reicht *bei weitem* nicht aus, um den drohenden Gefahren des Ozonabbaus zu begegnen.

Mit der Enquete-Kommission zum Schutz der Erdatmosphäre, die vom Deutschen Bundestag eingesetzt wurde und nach hervorragender Arbeit einen Zwischenbericht vorgelegt hat, ist die Bundesregierung der Überzeugung, daß das Protokoll von Montreal in zwei Richtungen dringlich der Weiterentwicklung bedarf:

– Bis 1999 muß weltweit FCKW zu 95% zurückgeführt werden.

– Die Stoffe, die vom Montreal-Protokoll gegenwärtig erfaßt werden, müssen weltweit um weitere ozonschädigende Substanzen ergänzt werden. Hierzu gehören zum Beispiel: Tetra-chlorkohlenstoff, Methylchloroform, H-FCKW. Insbesondere ist es wichtig, die umweltpolitische Beurteilung niedrig chlo-rierter Substanzen wie F 22 als Substitut auch international eindeutig zu klären.

Für die Bundesrepublik Deutschland selbst muß das Ziel noch anspruchsvoller festgelegt werden:

– Bis 1995 muß die Verwendung von FCKW weitgehend be-endet werden.

Zur Verwirklichung dieses Zieles ist bereits gehandelt wor-den:

– Die Verwendung von FCKW als Treibgas in Spraydosen ist von rund 26 000 Tonnen im Jahre 1986 auf nur noch 2600 Tonnen im Jahre 1988 drastisch reduziert worden. Die freiwil-lige Verpflichtung der Industriegemeinschaft Aerosole gegen-über dem Bundesminister für Umwelt, Naturschutz und Re-aktorsicherheit ist damit schneller als vereinbart erfüllt wor-den.

– Die Bundesregierung hat in der TA Luft von 1988 strenge Emissionswerte für FCKW festgelegt. Altanlagen müssen bis spätestens 1991 umgerüstet werden, für Neuanlagen gelten diese Werte sofort. Betroffen sind insbesondere Anlagen zur Herstellung von Polyurethan-Weichschaumstoffen. Weitere Maßnahmen beziehen sich auf Chemischreinigungs-Anlagen und Anlagen zur Oberflächenbehandlung.

– Auch bei den anderen Verwendungsbereichen wird erfolg-reich gehandelt, so beim Recyling von Kühlgeräten und Großkühlanlagen in enger Zusammenarbeit mit den kommu-nalen Spitzenverbänden und bei der Minimierung und Um-stellung zur Herstellung von Kunststoffschäumen auf Bläh-mittelsysteme mit Alternativ-Blähmitteln ohne FCKW.

– In besonderer Weise bedarf es nachhaltiger Anstrengungen zum Ersatz der Fluorchlorkohlenwasserstoffe in der Verwen-dung als Lösemittel. Diese Entwicklungen sind angesichts der Tatsache, daß in diesem Verwendungszweig die FCKW den größten Anteil an der Gesamtproduktion haben, in besonderer Weise bedeutsam.

Das Beispiel der FCKW zeigt somit sehr nachdrücklich das Grundprinzip umweltpolitischen Handelns der Bundesregierung:

– Möglichst weitreichende, weltweite Absprachen und vertragliche Regelungen, insbesondere intensive Anstrengungen zur Verschärfung des Montreal-Abkommens bezüglich weiterer ozonschädigender Substanzen,

– Initiativen in der Europäischen Gemeinschaft zur beispielhaften und schnellen Umsetzung internationaler Abkommen innerhalb der Gemeinschaft,

– nationales Handeln zum Nachweis dafür, daß die umweltpolitischen Ziele ohne Gefährdung der ökonomischen Stabilität noch früher und umfassender verwirklicht werden können.

Darüber hinaus ist internationales Handeln in gleichem, wenn nicht in noch umfassenderem Sinne erforderlich zum Schutz des Weltklimas. Bei einer weiteren tendenziellen Erwärmung des Weltklimas gäbe es, wie zu Recht herausgearbeitet worden ist, nirgends Gewinner, sondern weltweit nur unterschiedlich hart getroffene Verlierer.

Auch bezüglich der Ursache für die Klimaveränderung kann heute kaum noch berechtigter Zweifel vortragen werden: der weltweite Anstieg von Kohlendioxid, Methan, troposphärischem Ozon, Distickstoffoxid und Fluorchlorkohlenwasserstoffen ist als Ursache identifiziert. Die Tatsache daß FCKW nicht nur ursächlich verantwortlich ist für die Zerstörung der Ozonschicht, sondern auch mit rund 20% an der Klimaveränderung beteiligt ist, unterstreicht noch einmal besonders nachhaltig die hohe Bedeutung, die den gekennzeichneten Maßnahmen gegen FCKW zukommt.

Von besonderer Bedeutung für den Treibhauseffekt ist aber auch, daß das Gleichgewicht zwischen Quellen und Senken von Kohlendioxid dramatisch gestört ist. Die weltweite Übernutzung, der Raubbau an den tropischen Regenwäldern, die Ausdehnung der Wüsten und Steppen reduziert die Aufnahme des Kohlendioxids in den Pflanzen und verstärkt die Auswirkung erhöhter Emissionen dieser Spurengase auf die Atmosphäre.

Der weltweiten Ursachen-Wirkungs-Kette muß ein weltweites Handlungsprogramm entgegengestellt werden. Entsprechend dem Wiener Übereinkommen zum Schutz der Ozonschicht, das im März 1985 im Rahmen der Vereinten Nationen vereinbart wurde, muß ein weltweites Übereinkommen zur Bekämpfung des Treibhauseffekts und der drohenden Klimakatastrophe so schnell wie möglich erarbeitet werden. Dieses Abkommen ist dann aufzufüllen durch einzelne Protokolle für die jeweiligen Ursachenfaktoren. Für alle diese Arbeiten drängt die Zeit – der Zwang zur weltweiten Umweltpartnerschaft muß von allen erkannt werden und vorhandene nationale oder regionale Interessen in den Hintergrund treten lassen.

Die Bundesregierung wird sich mit Nachdruck für eine weltweite Aktion zur Bekämpfung des Treibhauseffektes einsetzen, da alle Länder der Erde mit ihren Emissionen dazu beitragen und gleichzeitig auch davon betroffen sind. Maßnahmen zum Schutz der Erdatmosphäre müssen in jedem Falle weltweit effektiv zu einer Verringerung der Emissionen der relevanten Treibhausgase führen.

Zur Klärung der noch offenen Fragen führt die Bundesregierung ein Klimaforschungsprogramm mit einem Finanzvolumen von jährlich ca. 30 Millionen DM durch. Die Ergebnisse dieses Programmes haben in erheblichem Umfange dazu beigetragen, die Kenntnisse über mögliche Klimaveränderungen und Strategien zu deren Vermeidung zu erarbeiten. Die Abschätzung des Risikos, und die Entscheidung über möglicherweise einschneidende Maßnahmen werden in enger Zusammenarbeit zwischen Wissenschaft und Politik durchgeführt.

Die Bundesregierung hat weiterhin in diesem Jahr zur Koordinierung der Klimaforschung und zur Unterstützung ihrer Maßnahmen bei der Bekämpfung des Treibhauseffektes einen wissensschaftlichen Klimabeirat berufen. Gerade bei schwierigen technologiepolitischen Entscheidungen mit zukunftsgerichteten, nicht völlig übersehbaren, aber doch weitreichenden Auswirkungen müssen wir aus Gründen der Vorsorge schon jetzt handeln und Ziele setzen, bevor das wissenschaftliche Fundament voll erhärtet ist.

Eine weitere wichtige Aufgabe ist die ständige Kontrolle der Atmosphäre auf mögliche Veränderungen. Die Bundesrepublik Deutschland beteiligt sich außer an Klimauntersuchungen an der Überwachung der Ozonschicht mit Messungen über der Bundesrepublik und in den arktischen Regionen.

Zur Reduzierung der Konzentration des bodennahen Ozons, das ebenfalls als Treibhausgas wirkt, hat die Bundesregierung bereits Maßnahmen eingeleitet. Die Emissionen von Stickstoffoxiden und Kohlenwasserstoffen, die zur Ozonbildung führen, werden bis Mitte der neunziger Jahre um 30% bzw. 40% vermindert. Damit wird ein merklicher Beitrag zur Reduzierung des troposphärischen Ozons geleistet.

Eine entscheidende Bedeutung im Kampf gegen den Treibhauseffekt kommt dem Energiesparen zu. Eine Minderung um 50% mag angesichts weltweiter Bevölkerungsentwicklung und wirtschaftlicher Wachstumsprozesse utopisch erscheinen - diese Minderung wird aber mit großem Nachdruck anzustreben sein, wenn der Klimaeffekt steigender CO_2-Konzentrationen zumindest tendenziell vermieden werden soll.

Zum Schutz des Weltklimas, das sich nur langfristig verändert, müssen Vorsorgemaßnahmen durchgeführt werden. Auch wenn heute schon der Gehalt der Atmosphäre an Kohlendioxid angestiegen ist, so bleibt doch noch Zeit für das Einleiten von Maßnahmen.

In der Bundesrepublik Deutschland haben wir in den zurückliegenden Jahren schon erhebliche Fortschritte erzielen können. Ingenieure und Techniker haben sich - ausgelöst durch die beiden Ölpreiskrisen - bereits in den 70er Jahren zu einem fruchtbaren Energiesparwettbewerb anspornen lassen. Die Ergebnisse dieses Wettstreits können sich auch heute noch sehen lassen: Wir produzieren heute ein um rund 30% höheres reales Bruttosozialprodukt mit etwa der gleichen Energiemenge, die wir im Jahre 1973 einsetzten. Hier hat es sich gezeigt, daß der Markt sehr rasch reagiert, wenn die richtigen Signale gesetzt werden.

Eine solche Entwicklung kommt nicht nur dem Geldbeutel, sondern vor allem auch der Umwelt zugute und schont gleichzeitig die endlichen Ressourcen an Kohle, Öl und Erdgas. Wir werden jetzt alle Anstrengungen unternehmen müssen, um die noch bestehenden Einsparungspotentiale in allen Bereichen auszunutzen. Die Sanierungsanforderungen in der Großfeuerungsanlagen-Verordnung, der Verordnung über Kleinfeuerungsanlagen und der TA Luft tragen dazu bei, daß alte, unwirtschaftlich arbeitende Anlagen vorzeitig außer Betrieb genommen werden. Sie werden durch moderne Anlagen mit hohem Wirkungsgrad und damit relativ geringer Kohlendioxid-Emission ersetzt. Darüber hinaus ist eine Verordnung, die die Nutzung der Abwärme bei genehmigungsbedürftigen Anlagen regeln soll, in Vorbereitung.

Wichtig ist dabei vor allem, daß der ökologische Rahmen, den der Staat setzt, eindeutig und verläßlich ist und ausreichende Entscheidungsspielräume für eine einzelwirtschaftliche und damit auch volkswirtschaftliche Optimierung bleiben. Ein rationeller und sparsamer Energieeinsatz auf allen energiewirtschaftlichen Ebenen stellt eine der wichtigsten Strategien der Umweltpolitik auf dem Wege zur Energieversorgung von morgen dar. Vor dem Hintergrund der Klimadiskussion ist dies eine Aufgabe, bei der alle - Industrie, Energiewirtschaft, Staat und privater Verbraucher - an einem Strang ziehen müssen. Nachhaltige Lösungen sind auch hier nur von einem Miteinander, nicht aber von einem Gegeneinander zu erwarten.

Dies gilt auch für den Schutz der tropischen Wälder, durch deren Abholzung und Brandrodung eine der wichtigsten Senken des Kohlendioxids zerstört wird. Einer weiteren Zerstörung dieser größten zusammenhängenden Biotope muß deshalb energisch entgegengewirkt werden.

Im Bewußtsein der Notwendigkeit eines systematischen Ansatzes wurde 1986 der Tropenwaldaktionsplan auf UN-Ebene verabschiedet. Es handelt sich um einen globalen Rahmenplan, der als Leitlinie für die Erarbeitung und Umsetzung von Forstsektor-Strategien für einzelne Entwicklungsländer dienen soll. Zugleich ist er gedacht als Koordinierungsgrundlage für internationale Entwicklungshilfe zum Waldschutz in den Tropen.

Die Bundesregierung hat die Bedeutung, die sie dem Tropenwaldaktionsplan beimißt, dadurch dokumentiert, daß sie 1988 rd. DM 250 Mio bereitgestellt hat. Außerdem hat sie erklärt, daß die Unterstützung auch in den kommenden Jahren spürbar erhöht wird.

Die deutsche Tropenholzimportwirtschaft hat eine Selbstverpflichtungserklärung abgegeben, in der sie sich zu nachhaltiger Bewirtschaftung und Nutzung ihrer Konzessionsgebiete nach tropenforstwirtschaftlichen Prinzipien verpflichtet. Ein entsprechender Verhaltenskodex sollte auch international vereinbart werden.

Es besteht national wie international Einigkeit darüber, daß die Anstrengungen zum Schutz der Tropenwälder erhöht, d. h. daß Mehrleistungen – und zwar nicht nur monetärer Art – von allen Beteiligten in den Industrie- und den Entwicklungsländern gemeinsam erbracht werden müssen.

Darüber hinaus strebt der Bundesminister für Umwelt, Naturschutz und Reaktorsicherheit den Abschluß einer internationalen Konvention zum Schutz der Erdatmosphäre möglichst schon 1990 an, in der insbesondere eine Verminderung der Emissionen von Kohlendioxid und anderen Treibhausgasen weltweit durchgesetzt wird. Es kommt darauf an, daß möglichst viele Länder umfassende und aufeinander abgestimmt wirksame Maßnahmen ergreifen. Dringen werden wir darauf, daß der Kern der Vereinbarung eine Verpflichtung zu einer festgelegten Reduzierung der Emission von Kohlendioxid sein wird.

Die Bundesregierung wird die Erarbeitung des Entwurfes für eine Klimakonvention vorantreiben, z. B. bei den vorgesehenen Regierungskonferenzen in den Niederlanden und in Genf, und auf eine baldige Verabschiedung dringen. Für die Länder der dritten Welt werden wir bei der Durchführung der Konvention besondere Überlegungen anstellen müssen. Diese Länder haben heute noch ein niedriges Niveau der Energieverwendung und der Emission von Kohlendioxid; beides ist aber angesichts einer stark wachsenden Bevölkerung ebenfalls steigend. Hinzu kommt in einigen Ländern die wirtschaftliche Bedeutung der Abholzung der Wälder, die einen merkbaren Beitrag zum Bruttosozialprodukt liefert, sowie fehlende finanzielle Mittel bzw. hohe Verschuldung. Finanzielle Hilfen, Schuldenerlaß und technische Hilfen werden notwendig sein, um diese Staaten in die Lage zu versetzen, eine Klimakonvention zu ratifizieren und zu erfüllen. Wir werden uns dafür einsetzen, daß der Erfolg einer Klimakonvention nicht an Armut und Unterentwicklung scheitert.

Die Bundesregierung hat deshalb einigen der ärmsten Länder die Schulden aus der Entwicklungshilfe ganz erlassen, ihnen werden Finanzhilfen künftig nur noch als Zuschüsse gewährt. Sie hat im Juni 1988 beschlossen, den Schuldenerlaß auf weitere arme und hochverschuldete Länder in Afrika auszudehnen, wenn sie Anpassungs- und Reformprogramme in Zusammenarbeit mit dem internationalen Währungsfonds und der Weltbank durchführen. Ein Vorteil des Tauschgeschäftes liegt darin, daß Eigeninitiative und Selbstverantwortung in wesentlich höherem Maße geweckt werden als bei einem reinen Schuldenerlaß. Es ist aber auch ein geeigneter Weg, um Umweltschutz in andere Politikbereiche im Rahmen der Entwicklungszusammenarbeit zu integrieren.

Die Bundesrepublik Deutschland wird zur Durchführung dieser Maßnahmen bei bestimmten Aufgaben eine Vorreiterrolle einnehmen müssen. Das sind wir allein schon unserem hohen Stand von Wissenschaft und Technik schuldig. Wir werden, neben der Entwicklung von Maßnahmen im eigenen Lande, den Entwicklungsländern soweit wie möglich Hilfestellung leisten. Hierzu gehört neben finanzieller und technischer Hilfe beim Aufbau von Anlagen zur klimaunschädlichen Energieerzeugung und zur Energieeinsparung auch die Unterstützung beim Abbau der Waldrodungen.

Michael Müller/Volker Hauff/Harald B. Schäfer (SPD)
Die Gefährdung der Erdatmosphäre.
Eine neue Qualität globaler Umweltkrise

1.

Die Klima- und Atmosphärenforschung konfrontieren die Politik seit der Villacher Klima-Tagung von 1987 mit der besorgniserregenden Warnung: Die Lufthülle um unseren Blauen Planeten ist gefährdet und mit ihr das Klima, die natürlichen Lebensbedingungen und die Menschen selber. Die Gefahr der Zerstörung der Atmosphäre eröffnet eine neue Dimension globaler Umweltzerstörung. Dabei handelt es sich um zwei Bedrohungen:
– In der Stratosphäre, dem Höhenbereich zwischen 15 km und 50 km, schwindet weltweit die lebensschützende Ozonschicht, besonders dramatisch in den antarktischen Breiten. Zusätzlich ändert sich in den oberen Luftschichten die natürliche Temperaturverteilung.
– In der Troposphäre, dem Höhenbereich bis ca. 10 km, ist eine durch Menschen verursachte Zunahme des Treibhauseffektes und damit eine ansteigende Erwärmung der Erde zu verzeichnen.

Unsere Zivilisation verliert somit den lebenswichtigen Sonnenschutz, die Erdatmosphäre heizt sich auf mit noch unübersehbaren Konsequenzen für Mensch und Natur. Die hohen Freisetzungsraten vor allem langlebiger Chlorverbindungen haben sogar einen doppelten Effekt: Sie bewirken die Zerstörung der Ozonschicht und tragen zur Temperaturerhöhung der Erde bei.

Die anhaltende Industrialisierung auf Kosten der Umwelt fordert ihren Preis: Der Raubbau an den Rohstoffen, die Freisetzung umweltschädlicher Gase und der Kahlschlag der tropischen Wälder verändern das Klima. Schon heute kann prognostiziert werden, daß erhebliche Klimaveränderungen und ein weiterer Ozonabbau zu erwarten sind. Schnelles Handeln muß den Schaden begrenzen und eine mittelfristig mögliche Sanierung einleiten. Denn: Die schädlichen Spurengase haben in der Erdatmosphäre zum Teil eine zeitversetzte Wirkung und eine lange Verweildauer. So beträgt beispielsweise die Wanderungsdauer der Fluorchlorkohlenwasserstoffe von der Troposphäre in die Stratosphäre rund 10 Jahre, wo sie dann rund 100 Jahre stabil bleiben.

Die „Villacher Erklärung" von 1987 stellt fest, daß bei einem anhaltenden Trend in der Freisetzung klimaschädlicher Treibgase eine Temperaturerhöhung von 6 °C in den nächsten 80 bis 100 Jahren nicht ausgeschlossen werden kann, ja sogar noch höhere Temperaturwerte möglich sind. Aktuell herrscht auf der Erde eine mittlere Durchschnittstemperatur von rund 15 °C. Das aus der Erdgeschichte bekannte Klimaoptimum liegt bei 16 °C und wurde zuletzt vor ca. 6000 Jahren erreicht. In der gesamten Erdgeschichte schwankten die Temperaturen über Eis- und Warmzeiten hinweg zwischen 11° und 16°. Die nunmehr von den Klimaforschern prognostizierten möglichen Temperaturdaten könnten somit rund 5° über den bisher überhaupt bekannten Spitzenwerten liegen. Es fehlt an Vorstellungskraft, alle möglichen Auswirkungen zu beschreiben. Was wir jedoch wissen, kann bereits in den nächsten Jahren bedeuten: die Vernichtung fruchtbarer Anbauflächen, die Nordausdehnung der Wüsten, großflächige Überschwemmungen mit Versalzungen und Völkerwanderungen. Kein Wunder also, daß auf der Welt-Klimakonferenz 1988 in Toronto die Gefahr einer derartigen, von Menschen verursachten Erderwärmung mit einem atomaren Krieg und dessen Folgen verglichen wurde.

Gegenüber den vorindustriellen Daten hat sich die durchschnittliche Erdtemperatur durch menschlichen Einfluß bereits um 0,7 Grad Celsius erhöht. Ernste Folgen dieser Aufheizung zeigen sich insbesondere in den armen Ländern tropischer Breiten. Nach dem Jahresbericht des Washingtoner „World-Watch-Institute" wurden 1988 vor allem in Bangladesh und

Sudan über 25 Mio. Menschen zu Umweltflüchtlingen, weil aufgrund menschlicher Eingriffe in das Klimageschehen in diesen Ländern Überschwemmungen katastrophale Ausmaße angenommen haben. Die UN-Flüchtlingskommission geht sogar davon aus, daß eine zunehmende Zahl von weltweiten Umweltkatastrophen zu einer entscheidenden Ursache für ein rapides Anwachsen der heute bereits sehr großen Flüchtlingsströme wird.

Vor allem die Industrieländer dürfen nicht länger verdrängen, daß mit der Luftverschmutzung auch das Klima längerfristig beeinflußt wird. Das vermehrte Auftreten von Dürren, Überschwemmungen und Wirbelstürmen sowie von Hitze und Smogperioden geben einen Vorgeschmack dessen, was auf die Menschheit zukommen kann.

Trotzdem geschieht zu wenig, um diese Entwicklung einzudämmen. Die Menschheit hinkt in einem gefährlichen Abstand den erforderlichen Maßnahmen zur Sanierung der Umwelt und zum weltweiten Schutz der natürlichen Lebensbedingungen hinterher. So vermuten Klimaforscher, daß wertvolle Zeit verstreicht. Eine weitere Aufheizung um 2 °C hätte bereits schwerwiegende Konsequenzen für viele Regionen der Erde. In den armen Ländern leerten sich die Nahrungskörbe noch mehr. Dabei stellt sich für viele Entwicklungsländer bereits heute die Überlebensfrage. Aber sogar in den USA würde der Maisertrag um 25% und der Weizenertrag um 10% zurückgehen.

Die Beschädigungen an der Erdatmosphäre machen die Einheit des Planeten deutlich und zeigen zugleich seine Zerbrechlichkeit auf. Gelingt es in den nächsten 10 bis 20 Jahren nicht, entscheidende Veränderungen in den Produktions- und Lebensweisen durchzusetzen, wird eine weltweite Klimakatastrophe wahrscheinlich. Die Ozonausdünnung und die schleichende Erwärmung der Erde sind bedrohliche Warnungen an die gesamte Menscheit, die Endlichkeit der natürlichen Ressourcen und die Grenzen der Belastbarkeit des Blauen Planeten zu beachten.

2

Wir haben immer noch ein großes Defizit an Wissen über komplexe ökologische Zusammenhänge. Das Ozonloch wurde in keiner Prognose vorhergesagt, selbst die Wissenschaft wurde von der schnellen Ausbreitung überrascht. Grundlegende Strukturveränderungen sind notwendig. Sie müssen den weitreichenden Folgewirkungen wirtschaftlicher Prozesse, der Unsicherheit über die Eingriffstiefe in die Natur und der Erkenntnis von der Vernetzung biologischer Prozesse Rechnung tragen. Soll auch in Zukunft die Fülle menschlichen Lebens erhalten bleiben, muß für alle menschlichen Handlungen das Prinzip der sozialen und ökologischen Verantwortung verpflichtend werden. Politisch richtige Antworten erfordern den ökologischen Umbau der Industriegesellschaften, vor allem durch eine vorausschauende Berücksichtigung sozialer und ökologischer Folgen, und internationale Konventionen zum Schutz von Umwelt und Natur. Die Hauptverantwortung für derartige Weichenstellungen liegt bei den entwickelten Industrieländern. Sie sind die entscheidenden Verursacher einer möglichen Klimakatastrophe. Zwar leben nur rund 25% der Menschheit in diesen Ländern, sie haben jedoch einen Anteil von über 70% am jährlichen Verbrauch von Energie und Rohstoffen. Und nur die Industrieländer sind aufgrund ihrer volkswirtschaftlichen Stärke und technisch-wissenschaftlichen Infrastruktur in der Lage, den erforderlichen Paradigmenwechsel für den Umbau der wirtschaftlichen Entwicklung und die internationale Zusammenarbeit zum dauerhaften Schutz der Umwelt einzuleiten.

„Die Menschheit steht vor einer entscheidenden Weichenstellung. Wohin das Pendel schlägt, liegt bei den Menschen selbst", mit diesen Worten leitete Aurelio Peccei, der Gründer des Club of Rome, eine neue Sicht von Fortschritt und Verantwortung ein.

Wir Sozialdemokraten teilen diese Sicht der Aufklärung: Der Mensch ist nicht nur für die Geschichte und die Verfaßtheit der Gegenwart verantwortlich, sondern auch für die Gestaltung der Zukunft. Wir wenden uns gegen ein falsches, mechanisches Verständnis von den positiven Wirkungen des technisch-ökonomischen Wachstums. Dieses naive Fortschrittsverständnis führt in Sackgassen. Wir dürfen uns nicht der Frage entziehen, ob die Menschheit mit ihren bisherigen Regeln und Organisationsprinzipien die Dynamik der Industrialisierungsprozesse dauerhaft beherrschen kann. Eine „Rationalität", die einseitig von technischen und wirtschaftlichen Zielen bestimmt bleibt, produziert neben ökonomischem Reichtum zugleich auch gewaltige, immer weniger verantwortbare Risiken. Und das weiterhin explosive Bevölkerungswachstum sowie die schnell abnehmende Verfügbarkeit an Rohstoffen können die Probleme in den nächsten Jahrzehnten weiter verschärfen.

Die Menschheit braucht ein neues Verständnis gesellschaftlicher Modernisierung, wozu insbesondere eine Kultur des Bewahrens der Natur und ein solidarisches Verantwortungsbewußtsein für die gesamte Erde und die zukünftigen Generationen gehört. Ein solcher Fortschritt ist möglich, und hierauf gründet sich ein berechtigter Optimismus. Die globalen ökologischen Herausforderungen können gemeistert werden, wenn vor allem die Industrieländer
– ihren Verbrauch an Rohstoffen und Energie umfassend reduzieren sowie umweltschädliche Produktionsweisen verändern,
– ökologisch angepaßte Techniksysteme und Produktionsweisen entwickeln und auch den Entwicklungsländern zur Verfügung stellen,
– die weltwirtschaftlichen Rahmenbedingungen so umgestalten, daß eine dauerhafte und umweltverträgliche Entwicklung möglich wird.

3.

Die Gefahr einer Klimakatastrophe ist eine gewaltige Herausforderung an uns alle und besonders an die Politik. Wir brauchen ein neues Denken.

a) Energiepolitik

Der hohe und weiter ansteigende Kohlendioxydgehalt in der Atmosphäre beträgt zu rund 50% zur Veränderung des Strahlungshaushaltes und damit zur Temperaturerhöhung in Erdbodennähe bei. 90% davon stammt aus der Verbrennung fossiler Brennstoffe, 10% wird der Abholzung der Tropenwälder zugerechnet, weil sie dadurch als Kohlenstoffspeicher ausfallen.

Die zukünftige nationale und weltweite Energiepolitik ist eine Schlüsselfrage zum Schutz des Klimas. Falsch wäre es jedoch, die bisherigen Energieträger lediglich auszutauschen, also fossile durch nukleare Brennstoffe zu ersetzen, und weiterhin auf Energiewachstum zu setzen. Es kann keine Lösung sein, ein Risiko (drohende Klimakatastrophe) durch ein anderes Risiko (hochriskanter Ausbau der Atomenergie) zu ersetzen. Eine ökologische Energiepolitik geht von der Nachfrageseite aus und entwickelt rationelle und umweltschonende Energiedienstleistungen. Hier liegen die entscheidenden Einsparpotentiale. In den wichtigsten Anwendungsbereichen kann theoretisch von einem ungenutzten Potential zwischen 80% und 90% ausgegangen werden. Durch eine Veränderung der Rahmenbedingungen sowie eine gezielte Einsparpolitik kann in einem Zeitraum von rund 50 Jahren dieses Potential Zug um Zug ausgeschöpft werden.

Der Ausbau der Atomenergie ist dagegen zu risikoreich, zu teuer und viel zu ineffizient. Neben den bekannten Sicherheits- und Entsorgungsproblemen weist die Atomenergie aus zeitlichen und ökonomischen Gründen keinen realistischen Weg auf. Investitionen in die Energieeinsparung sind deutlich effektiver. Nach US-amerikanischen Studien hätte ein Einsatz der finanziellen Mittel für die Erhöhung der Energieeffizienz eine 5- bis 7mal höhere Wirkung für die Verringerung klimaschädlicher Emissionen als der Ausbau der Atomenergie. Untersuchungen in EG-Staaten kommen zu ähnlich günstigen Ergebnissen.

Der Schutz des Klimas erfordert eine Politik, die ihre Priorität auf Energiesparen und Erhöhung der Energieeffizienz setzt. Zusammen mit einer gezielten Förderung und Markteinführung erneuerbarer Energietechniken ergibt sich daraus eine umweltverträgliche und zukunftsweisende Energieversorgung.

b) Verkehrssektor

Der motorisierte Verkehr hat eine sehr geringe Energieeffizienz von nur rund 17%. Der spezifische Benzinverbrauch der Automotoren stagniert auf einem zu hohen Niveau. Technische Verbesserungen wurden nämlich durch leistungsstärkere Motoren kompensiert, so daß der Verbrauch seit Anfang der 70er Jahre nahezu unverändert ist. Der Anteil des Verkehrssektors am Energieverbrauch nimmt ständig zu, ebenso sein Emissionsanteil an der Luftverschmutzung. In der Bundesrepublik sind nicht einmal 10% der Fahrzeuge mit einem geregelten Katalysator ausgerüstet. Neben den Stickoxyd- und Kohlenwasserstoffemissionen, die wesentlich zur Ozonbildung in der unteren Atmosphäre beitragen und dadurch Pflanzen schädigen, nehmen auch die Kohlendioxyd-Emissionen des Verkehrssektors ständig zu. Sie machen rund ⅙ der Kohlendioxydbelastungen aus. Geschwindigkeitsbegrenzungen sind von daher keine Willkür, sondern entsprechen der umweltpolitischen Vernunft, auch kurzfristig zu handeln. Mittelfristig ist eine industriepolitische Innovation des Systems Autoverkehr erforderlich, um seine Umweltverträglichkeit durchgreifend zu erhöhen.

Eine Verlagerung des Güterverkehrs von der Straße auf die Schiene, Einschränkungen im regionalen Flugverkehr (unter 750 km) und ein attraktiver Ausbau des öffentlichen Personenverkehrs, insbesondere in den Ballungszentren, sind weitere Ziele einer Verkehrspolitik, die mit dazu beiträgt, bedrohliche Klimaveränderungen zu verhindern.

c) Chemiepolitik

Fluorchlorkohlenwasserstoffe und Halone entwickeln in der Atmosphäre eine doppelte Schadenswirkung: Zum einen sind sie die entscheidenden Verursacher für den Ozonabbau in den höheren Luftschichten, zum anderen sind sie mit rund 17% an der Veränderung des Treibhauseffektes beteiligt. Eine umweltverträgliche Chemieproduktion zielt darauf ab, umweltschädigende Chlorverbindungen zurückzudrängen. Spätestens 1995 müssen in der Bundesrepublik klima- und ozonschädigende Chloremissionen beendet sein, bereits Anfang der 90er Jahre ist eine Verringerung um mindestens 75% zu erreichen. Sofortige FCKW-Verbote müssen für Spraydosen, Wegwerfgeschirr, Verpackungen und bestimmte Löse- und Reinigungsmittel erlassen werden.

d) Landwirtschaft

Auch die Landwirtschaft muß zum Schutz des Klimas durch ökologisch angepaßte Produktionsweisen beitragen. Dazu sind Umstellungen erforderlich, denn durch den hohen Stickstoffeinsatz und die Massentierhaltung trägt der Agrarsektor mit Methan-Emissionen zur Klimaschädigung bei. Ökologische Produktionsweisen schließen dagegen Agrarfabriken und chemische Intensivierungsmethoden in der Landwirtschaft aus.

4.

Die Zerstörung des Klimas ist weltweit. Es erfordert deshalb auch globale Gegenmaßnahmen. Ökologischer Kolonialismus und armutsbedingte Umweltzerstörung nehmen in den Entwicklungsländern zu. Hinzu kommen nationale Wirtschaftseliten, die oft bedenkenlos die einheimischen Rohstoffe ausplündern. Insbesondere die Abholzung der Tropenwälder hat sich unter dem Druck der Devisenbewirtschaftung beschleunigt. Der Tod der Regenwälder zeigt dramatisch die wechselseitige Abhängigkeit zwischen südlicher und nördlicher Hemisphäre. Denn durch die Zerstörung dieser Wälder verändern sich wichtige regionale Klimafaktoren wie Sonneneinstrahlung, Bewölkung und Niederschlag, die nicht begrenzt bleiben, sondern weltweite Auswirkungen annehmen.

Es liegt im gemeinsamen Interesse von Industrie- und Entwicklungsländern, die Zerstörung der „grünen Lungen der Erde" zu beenden. Dazu gehören

– Schuldenerlasse für die ärmsten Länder der Erde sowie die Einführung oder Verbesserung von Umweltverträglichkeitsprüfungen in die Entwicklungspolitik und bei Investitionsvorhaben;

– Gezielter Transfer von umweltverträglichen Technologien und Produktionsweisen in die Entwicklungsländer und Exportverbot für „schmutzige Industrien";

– Neugestaltung der weltwirtschaftlichen Rahmenbedingungen, insbesondere zugunsten der ärmsten Länder;

– Importverbote für Edelhölzer aus tropischen Primärwäldern nach dem Vorbild des Washingtoner Artenschutzabkommens und gezielte forstwirtschaftliche Maßnahmen in den Entwicklungsländern;

– Bildung eines internationalen Fonds, in den vor allem die Industrieländer finanzielle Mittel einzahlen, um zu einem weltweiten Schutz der Regenwälder und zu Wiederaufforstungsprogrammen beizutragen.

Die wechselseitige Entwicklungsabhängigkeit aller Länder wird größer; die Industrieländer müssen besondere Vorleistungen für eine dauerhafte und umweltverträgliche Entwicklung der Weltgesellschaft erbringen. Wir fordern eine „Internationale Klimakonvention", in der verbindliche Ziele zur Verringerung klimaschädlicher Emissionen weltweit festgelegt werden. Ein Kernpunkt muß es dabei sein, daß sich die Industrieländer in den nächsten Jahrzehnten auf eine mindestens 50%ige Verringerung im Einsatz von Primärenergie verpflichten.

Zum Schutz der Ozonschicht ist eine Verschärfung und Erweiterung des „Montrealer-Protokolls" notwendig. Dies ist spätestens 1990 möglich, wenn die Quoten zur Reduktion und Anwendung chlorierter Verbindungen neu geregelt werden können. Bis spätestens Ende der 90er Jahre muß es weltweit zu einer Beendigung in der Produktion und Anwendung ozon- und klimaschädlicher Fluorchlorkohlenwasserstoffe und Halone kommen.

Die ökologische Selbstzerstörung der Erde ist keine unvorstellbare Vision mehr. Kritische Warnungen vor den Grenzen des Wachstums dürfen nicht leichtfertig bei Seite geschoben werden. National wie international wird es zur zentralen Aufgabe, eine Politik ökologischer Partnerschaft durchzusetzen.

Die Bundesrepublik gehört zu den wirtschaftlich reichsten Ländern der Erde, ihre Industrie zeichnet sich durch eine große Innovationsfähigkeit aus. Diese wirtschaftliche Leistungsfähigkeit und wissenschaftliche Innovationsstärke müssen für den ökologischen Umbau der Industriegesellschaft eingesetzt werden. Ein derartiger Umbau ist national wie international mit Risiken, in Einzelfällen möglicherweise auch mit Verzicht verbunden, wenn aber die notwendigen Veränderungen ausbleiben, werden aus Risiken unverantwortliche Gefahren.

Gerhart Baum (FDP)
Nötig ist eine globale Umweltstrategie

Das Thema Umwelt erhält angesichts zunehmender, nicht nur regionaler, sondern globaler Umweltprobleme, wie sie die von der Wissenschaft vorhergesagten Klimaveränderungen und die Gefährdung der Ozonschicht darstellen, eine immer stärkere Sprengkraft. Das noch vor 15 Jahren von vielen nicht ernstgenommene Thema Umwelt ist mit an die Spitze der Probleme gerückt, die die Bevölkerung ernsthaft bewegen. Wohl bei keinem Thema sind Gegenwarts- und Zukunftsängste derzeit so konzentriert und emotionalisiert wie bei dem Thema Umwelt.

Der vor zwanzig Jahren nahezu unbekannte Begriff „Umwelt" ist heute jedermann geläufig, aber, worauf zuletzt noch der Sachverständigenrat für Umweltfragen in seinem Jahresgutachten 1987 hingewiesen hat, der Begriff Umwelt ist noch immer relativ unklar. Selbst Fachleute sind sich darüber nicht einig, so daß die Umweltdiskussion durch zahlreiche unterschiedliche Deutungen des Begriffs erschwert wird. Und diese Frage spielt mit hinein auch in verfassungsrechtliche Diskussionen über die Ergänzung des Grundgesetzes um ein Staatsziel, das die Erhaltung der „natürlichen Lebensgrundlagen des Menschen", der „natürlichen Lebensgrundlagen" oder der „natürlichen Umwelt" im Grundgesetz verankern will.

Vorbei ist es mit der Vorstellung, sich auf eine regionale oder sektorale Betrachtungsweise beschränken zu können: Globale Umweltpolitik ist lebenswichtig, ja überlebenswichtig. Notwendig ist eine wirkliche Weltinnenpolitik, die die notwendigen Zielsetzungen in praktische Politik, in praktische Maßnahmen umsetzt.

Das Umweltthema sprengt alle Fachgrenzen und Denkschemata. Die gewaltige Bedeutung des Themas Umwelt entspricht den Themen „Menschenrechte", „Frieden" und „soziale Frage" in den letzten beiden Jahrhunderten. Vorbei ist es mit einem naiven Fortschrittsglauben, wonach durch wissenschaftlichen Fortschritt alles und jedes gemacht werden kann. Neue Technik bringt auch neue Risiken mit sich, die in ihrer umfassenden Dimension zum Teil erst sehr viel später erkannt werden, wenn sie unter Umständen nicht mehr korrigierbar sind. Eine der wesentlichen, offensichtlich nicht oder nur unvollständig korrigierbaren Umweltentwicklungen scheint nach allen Prognosen bevorzustehen, nämlich eine Klimaveränderung, vor allem die globale Erwärmung aufgrund anthropogener Einflüsse.

Keine Frage: Unbestritten hat sich in den letzten Jahrhunderten die Atmosphäre durch den Einfluß von Menschen verändert. So ist die Kohlendioxyd-Konzentration in der Luft in den letzten 200 Jahren stetig angestiegen und sie erhöht sich weiter, bedingt vor allem durch die verstärkte Verbrennung fossiler Brennstoffe und die Vernichtung der Wälder, insbesondere der tropischen Regenwälder. Der Kohlenstoffkreislauf funktioniert nicht mehr wie gewohnt, nach wie vor werden in rasantem Tempo große Flächen in den tropischen Regenwaldgebieten gerodet. Es gelangt mehr Kohlendioxyd in die Atmosphäre als die Ozeane aufnehmen können, zumal sich die Frage stellt, ob die Ozeane weiterhin so viel CO_2 absorbieren können, wenn sie zugleich in immer stärkerem Ausmaß durch sonstige Einflüsse verschmutzt werden. Auch andere Gase haben die Atmosphäre verändert, z. B. die Schwefelverbindungen, Methan und Fluorchlorkohlenwasserstoffe (FCKW). Eine Reihe der Spurengase, ob nun aus Autoabgasen, von Äckern, aus Sprühdosen, aus Rindermägen oder vielen sonstigen diffusen Quellen heizen die Erdatmosphäre auf.

Die schon in den 60er Jahren als einziges großes Biosystem erkannte Umwelt droht sich weltweit durch Klimaveränderungen aufgrund menschlicher Eingriffe drastisch zu verändern – mit allen wirtschaftlichen und sozialen Folgen sowie den ökologischen Konsequenzen, etwa durch das Ansteigen des Meeresspiegels und der Veränderung der Vegetationszonen.

Warum wird dieser Entwicklung nicht entschieden entgegengesteuert, wo doch inzwischen weltweit die Klimagefahren gesehen werden? Warum geschieht noch zu wenig, wo doch die Folgen von Treibhauseffekt und Ozonabbau in der Stratosphäre als katastrophal beurteilt werden, weltweit geforscht wird und rund um den Globus Konferenzen zu diesen Themen stattfinden? Am Umweltbewußtsein kann es jedenfalls in den meisten Industrieländern nicht liegen, denn das Bewußtsein ist überall erheblich gestiegen. Zum Thema FCKW gab es z. B. bereits Anfang der 70er Jahre Anstrengungen auf EG-Ebene zur Reduzierung des Einsatzes in Spraydosen. In anderen Staaten – wie in den USA – kam es sogar zu einem entsprechenden Verbot. Hinweise und Analysen gab es und gibt es in beträchtlichem Umfang, von dem 1972 vom Club of Rome vorgelegten Bericht „Die Grenzen des Wachstums" und dem Bericht der UN-Umweltkonferenz von 1972 in Stockholm über Global 2000 bis hin jetzt zum Bericht der Brundtland-Kommission, der nicht nur die vielen Probleme auflistet, sondern zugleich Vorschläge für notwendige Entscheidungen zur Erhaltung der natürlichen Lebensgrundlagen macht.

Über alledem darf auch nicht übersehen werden, daß gerade die Bundesrepublik Deutschland im Umweltschutz bereits frühzeitig, nämlich 1969 erstmals in der Regierungserklärung der sozial-liberalen Koalition, Umweltschutz zu einem Schwerpunkt ihrer Reformvorhaben erklärt hat und in den 70er Jahren den Schritt von der bis dahin nur punktuell und sektoral betriebenen Gesundheits-, Natur- und Landschaftspolitik hin zu einer an Gesamtbelastungen ausgerichteten umfassenden Umweltpolitik vollzogen und mit einem breiten gesetzlichen und organisatorischen Fundament die Grundlagen für die Reduzierung von Schadstoff-Emissionen herbeigeführt hat. Die ökologische Herausforderung wurde in der Bundesrepublik Deutschland also schon zu Beginn der 70er Jahre angenommen. Für eine systematische Umweltvorsorge wurde das Fundament geschaffen, um die in den 70er Jahren bekannten ökologischen Herausforderungen anzunehmen. Immer neue Umweltprobleme und immer neue wissenschaftliche

Erkenntnisse über Umweltgefahren und Zusammenhänge stellen jedoch Herausforderungen dar, die letztlich nur noch im internationalen Rahmen wirksam gelöst werden können.

Der von der Enquete-Kommission „Vorsorge zum Schutz der Erdatmosphäre" im Deutschen Bundestag vorgelegte erste Zwischenbericht zeigt den gewaltigen politischen Handlungsbedarf für eine Reihe von Maßnahmen zum Schutz der Erdatmosphäre auf. Aus diesem Bericht sind nun national und international die entsprechenden Konsequenzen zu ziehen. Die konkreten Gefahren für die Stratosphäre durch Ozonschichtabbau und für weltweite Klimaveränderungen erfordern sofortiges entschlossenes Handeln auf nationaler und internationaler Ebene. Dabei werden wir international um so erfolgreicher auf gemeinsame Maßnahmen drängen können, je mehr wir national und auf EG-Ebene beispielhaft vorangehen.

National bedeutet dies:

1. Da das Montrealer Protokoll lediglich eine Reduktion von FCKW um 50% bis zum Ende dieses Jahrhunderts vorsieht, sind national weit darüber hinausgehende Maßnahmen notwendig. Die von der Enquete-Kommission vorgeschlagenen Begrenzungen von Produktion und Verbrauch in einem Stufenplan bis 1995 um mindestens 95% wird nach den bisherigen Erfahrungen am ehesten dadurch erreicht, daß die FCKW-Produktion und der FCKW-Einsatz in der Bundesrepublik Deutschland mit Ausnahme derjenigen Mengen, für die schlüssig nachgewiesen werden kann, daß sie entweder umweltfreundlich (z.B. in geschlossenen Kreisläufen) verwendet werden oder zur Zeit noch nicht ersetzbar sind, verboten werden. Auf ein derartiges Verbot könnte nur verzichtet werden, wenn, wie die Hersteller dies bereits angekündigt haben, die Produktion in einem Zeitraum von zwei bis drei Jahren völlig eingestellt wird.

Bis zur völligen Beendigung des Einsatzes und der Produktion von FCKW ist für alle FCKW-haltigen Produkte eine generelle Kennzeichnungspflicht vorzusehen.

2. Notwendig ist es, den Übergang von Kernenergie und von fossilen Energien zu umweltfreundlichen Energieträgern zu beschleunigen. Deshalb ist die Energieeinsparung mit allen Mitteln, auch steuerlicher Art, zu fördern. Wir widersetzen uns allen Bestrebungen, die steuerliche und sonstige Förderung von Maßnahmen der Energieeinsparung und zur rationelleren Energienutzung und auch alternativen Energieerzeugung zu beschränken oder ersatzlos abzuschaffen. Im Gegenteil müssen alle technisch möglichen, wirtschaftlich vertretbaren und sozial akzeptablen Einsparpotentiale ausgeschöpft werden, um gemeinsam mit der Nutzung erneuerbarer Energiequellen den Weg dafür zu öffnen, mittelfristig auf die Nutzung der Kernenergie verzichten zu können.

Wegen der CO_2-Anreicherung durch Verbrennung fossiler Energieträger kann auch nicht nur verstärkt Kernenergie eingesetzt werden. Ich verweise auf die Ausführungen des Sachverständigenrates für Umweltfragen im Gutachten 1987 zum Gefahrenpotential und Risiko der Kernenergie. Dort heißt es:

„Eine nüchterne Diskussion von Risiken wird dadurch belastet, daß unsere Gesellschaft die Schwierigkeit des Umgangs mit den – von ihr selbst produzierten – Risiken kaum bewältigt. Damit taucht die Frage auf, ob sich langfristig das Denken und Fühlen der Menschen den Risiken anzupassen hat – was in der Regel als rationales Verständnis und Verhalten bezeichnet wird – oder ob unsere Gesellschaft auf die Produktion von Risiken verzichten sollte, die sie oder ihre Mitglieder nicht mehr bewältigen können".

Wie Ereignisse wie Tschernobyl oder der mit einem Jahr Verspätung bekanntgewordene Störfall in Biblis gezeigt haben, ist und bleibt der Mensch auch in der Kerntechnik ein Unsicherheitsfaktor, deshalb müssen wir durch Ausschöpfung des Energieeinsparpotentials und durch die verstärkte Förderung erneuerbarer Energien den Weg dafür öffnen, mittelfristig – sofort ist dies schon im Hinblick auf die zusätzlichen Schadstoffemissionen aufgrund einer verstärkten Nutzung fossiler Brennstoffe nicht vertretbar – auf die Nutzung der Kernenergie verzichten zu können.

3. Notwendig ist die öffentliche, zeitlich befristete, degressive Förderung der Erforschung, Erprobung und verstärkten Anwendung aller erneuerbaren Energiearten. Mit dem gleichen Nachdruck wie bei Kernenergie und Raumfahrt und mit angemessenem finanziellen Aufwand müssen auch die regenerativen Energien, d.h. Forschung, Entwicklung und Markteinführung, unterstützt werden. Dazu gehören u.a. wesentliche Verbesserungen der Einspeisevergütungen für regenerativ erzeugten Strom und Änderung von Rechtsvorschriften zur Beseitigung von Hemmnissen bei der Markteinführung erneuerbarer Energiearten.

4. Nicht nur im Heizenergiebereich und bei elektrischem Strom, sondern auch im Verkehrsbereich müssen alle Chancen zur Einsparung und Emissionsminderung genutzt werden. Unzureichende internationale Beschlüsse, wie etwa zu den Abgasgrenzwerten für Fahrzeuge unter 1,4 l Hubraum, müssen durch nationale Maßnahmen so verbessert werden, daß die für notwendig gehaltenen Umweltverbesserungen zumindest im nationalen Raum durchgeführt werden. Das Instrument von Steuer und Abgabe gilt es, viel stärker zu nutzen.

International brauchen wir insbesondere:

– eine wesentliche Verschärfung des Montrealer Protokolls, damit noch in den 90er Jahren weltweit der Verbrauch und die Produktion von FCKW eingestellt werden.
– Notwendig ist eine internationale Konvention zum Schutz der Erdatmosphäre, um eine drastische Reduzierung von CO_2 und der für die Erdatmosphäre relevanten Spurengase verbindlich festzulegen.
– Im Hinblick auf die Bedeutung der tropischen Regenwälder auch für das Klima sind internationale Strategien zur Erhaltung der Tropenwälder und zur Wiederaufforstung zu entwikkeln und durchzuführen.
– In internationaler Zusammenarbeit sind die Forschungsmaßnahmen zum Schutz der Erdatmosphäre weiter zu verstärken.

Bei der Bewältigung der Umweltprobleme müssen die Industrieländer vorangehen; die Entwicklungsländer brauchen angesichts ihrer besonderen Probleme, wie rasches Bevölkerungswachstum, wachsende Nachfragebedürfnisse und sich verschlechternde Handelsaustauschrelationen, die Hilfe der Industrieländer. Von den Industrieländern geleistete Entwicklungshilfe darf nur Projekte umfassen, die auch auf ihre Umweltverträglichkeit hin überprüft sind.

Nötig ist es schließlich auch, wie es Carl Friedrich von Weizsäcker formulierte, fähig und willens zu sein, auf Güter zu verzichten, die man haben könnte. Verzicht kann man nicht nur durch Gesetze erzwingen. Neben einer Wandlung der Einstellung brauchen wir ökonomische Anreize, z.B. durch eine stärkere Besteuerung umweltschädlicher Produktionsweisen und Produkte.

In der Umweltpolitik wird vielfach erst dann gehandelt, wenn die Katastrophe bereits eingetreten ist. Nun drohen Gefahren von solcher Dimension für den gesamten Globus, daß wir uns nicht mehr leisten können, zu warten, bis diese Katastrophe da ist. Die heute schon möglichen Maßnahmen müssen wir auch tatsächlich durchführen.

Dies bedeutet: Wir müssen in den Industriestaaten unser Produktionssystem ebenso umweltfreundlich umorientieren wie unser Verhalten als Verbraucher. Dies ist eine Aufgabe von solch gewaltigen Dimensionen, daß dies nicht alles auf einmal geschafft werden kann. Klare Prioritäten sind notwendig. Wir müssen also auf der anderen Seite den Mut haben, notfalls andere Aufgaben zurückzustellen. Die Klimaproblematik erfordert hohe Priorität. Die Dritte Welt trägt zu dieser Problematik vor allem durch ihre Überbevölkerung bei. Hier gilt die Faustregel: Je ärmer eine Gesellschaft, desto höher ist die Geburtenrate. Das Klimaproblem ist also auch ein Teil der Nord-Süd-Problematik.

Und schließlich: Wissenschaftler verschiedener Fachrichtungen, Politiker unterschiedlicher Parteien, Repräsentanten verschiedener Staaten, alle sind sich schnell einig in der Analyse und in der Bewertung der Probleme. Sie sind sich auch weitgehend einig, daß etwas geschehen muß und wie etwas geschehen muß – auch wenn im einzelnen Meinungsunterschiede über die Instrumente bestehen mögen. Trotz dieses weit ausgreifenden Konsenses geschieht viel zu wenig. Oft hat man den Eindruck, daß eine Lähmung die Menschheit befallen hat, das wirklich Notwendige nun auch endlich zu tun. Stark sind offenbar die Bindungen der hergebrachten Verhaltensweisen.

Zuwenig ist die Umweltpolitik in die anderen Politikbereiche als Entscheidungskriterium eingeflossen. Auch in unserem Lande sind Wirtschafts- und Umweltpolitik immer noch getrennte Felder. Und immer wieder drängt sich die Vermutung auf, daß der Mensch nicht in der Lage ist, im Interesse künftiger Generationen Verzicht zu leisten. Er ist in all seinem Denken und Handeln sehr stark auf seine eigene Lebenszeit konzentriert. Er verdrängt seinen eigenen Tod, und er verdrängt die Zukunftsvorsorge für künftige Generationen. Dies mag auf dem Felde der Umweltpolitik zu früheren Zeiten ungefährlich gewesen sein. Heute jedoch hängt die Zukunft des Raumschiffes Erde vom verantwortungsbewußten Verhalten nur weniger Generationen ab.

Wilhelm Knabe/Reinhard Loske (Die Grünen)
Treibhauseffekt und Ozonloch zwingen
zur Umwertung vieler Werte

Das Klima ist endlich zum Thema geworden. Obwohl schon Anfang der 70er Jahre mahnende Stimmen aus den Vereinigten Staaten vor einer Zerstörung der stratosphärischen Ozonschicht durch FCKW und einer Aufheizung der Atmosphäre durch verschiedene anthropogene Spurengase warnten, findet eine nennenswerte öffentliche Diskussion über diese globalen Gefahren erst seit ca. zwei Jahren statt. Im politischen Raum und in der Scientific Community schlägt sich das gestiegene Problembewußtsein in gewohnter Manier nieder. Eine „wichtige" Tagung zum Thema jagt derzeit die nächste. Toronto, Göttingen, Den Haag und Hamburg sind nur einige Stationen im Tagungsmarathon, wovon die letztgenannte als besonders fruchtlose in die Annalen der Klimadebatte eingehen wird.

Auch im bundesdeutschen Parlament wurde zunächst auf durchaus konventionelle Weise reagiert. Man richtete eine Enquete-Kommission mit dem anspruchsvollen Titel „Vorsorge zum Schutz der Erdatmosphäre" ein; Sofortmaßnahmen – wie von den GRÜNEN vorgeschlagen – wurden allerdings Ende 1987 mit der klassischen Begründung des defizitären Kenntnisstandes von den Koalitionsfraktionen abgelehnt. Die Enquete-Kommission also als Verschiebebahnhof? Nun, zwar mag sie von konservativ-liberalen Bundestagskreisen als solcher gemeint und von der Industrie als solcher verstanden worden sein, doch hat die zurückliegende Arbeit der Kommission diese – auch von uns gehegte – Befürchtung bisher nicht bestätigt.

Die Kommission hat im November 1988 einen beinahe 1000seitigen Zwischenbericht mit dem Charakter eines Klima-Kompendiums vorgelegt, in dem die wichtigsten Arbeitsergebnisse und vor allem Empfehlungen unterzugehen drohen. Deshalb die zentralen politischen Aussagen in wenigen Sätzen:

– Die FCKW, die sowohl für den Abbau stratosphärischen Ozons verantwortlich sind als auch zum Treibhauseffekt beitragen (zu ca. 17%), sollen auf nationaler Ebene bis 1995 um 95% gegenüber 1986 reduziert werden. Die Bundesrepublik soll also eine internationale Vorreiterrolle übernehmen. Innerhalb der EG soll sie sich darum bemühen, bis 1997 eine 95%ige Reduktion zu erreichen. Weltweit soll im Rahmen einer Verschärfung des Montrealer Protokolls ein beinahe vollständiger FCKW-Verzicht (-95%) bis 1999 erreicht werden. Darüber hinaus müssen nach Ansicht der Kommission auch andere klimarelevante Chlorverbindungen, etwa F 22, Tetrachlorkohlenstoff und Methylchloroform, in Reduktionspläne einbezogen werden.

– Im Bereich der Reduzierung von CO_2-Emissionen, die zu 50% für den Treibhauseffekt verantwortlich sind, hat sich die Kommission bisher nur sehr allgemein geäußert. Allerdings wird eine Präferenz für CO_2-Reduktionen durch Energieeinsparung deutlich, wobei darauf verwiesen wird, daß in den Industrieländern Energieeinsparpotentiale von bis zu 90% existieren. Darüber hinaus wird u. a. auf mögliche CO_2-Reduktionen durch erneuerbare Energien und den Atomenergieausbau eingegangen. Konkrete Empfehlungen fehlen jedoch, statt dessen wird in verschiedenen Bereichen Forschungsbedarf konstatiert. Eine internationale Konvention zum Schutz der Erdatmosphäre wird für notwendig befunden, wobei den Industrieländern als Hauptemittenten eine besondere Aufgabe zufallen soll.

– Im Bereich „Schutz der tropischen Regenwälder" beschränkt sich die Kommission auf die Beschreibung der Probleme, ihrer Ursachen und bereits ergriffener Gegenmaßnahmen. Die Tropenwaldzerstörung, die auf zweierlei Weise zum Treibhauseffekt beiträgt, nämlich durch Brandrodungsemissionen und verminderte globale CO_2-Bindung, soll schwerpunktmäßig im Jahr 1989 diskutiert werden.

– Zur Reduktion der restlichen anthropogenen Treibhausgase, insbesondere Methan (19% Beitrag zum Treibhauseffekt), troposphärisches Ozon (8%) und Distickstoffoxid (4%), gibt die Kommission wie zum CO_2-Bereich keine konkreten Handlungsempfehlungen.

Aus der Perspektive einer ökologischen Politik kann zunächst festgestellt werden, daß der empfohlene FCKW-Ausstieg ein Schritt in die richtige Richtung ist. Allerdings wäre ein früherer Verzicht, wie von den GRÜNEN bereits vor einem Jahr vorgeschlagen, ohne größere Schwierigkeiten möglich. Es wird jetzt darauf ankommen, wie die Bundesregierung die ihr anempfohlene drastische Reduktion in Tagespolitik umsetzt. Freiwillige Vereinbarungen mit der Industrie dürften kaum erfolgversprechend sein, vielmehr müssen unverzüglich sämtliche Instrumente vom Sofortverbot über FCKW-Abgaben und verschärfte Emissionsanforderungen bis hin zur Kennzeichnungspflicht und der Installation funktionsfähiger Recyclingsysteme genutzt werden. Eine schnelle Emissionsminderung dieser langlebigen Gase ist schon deshalb geboten, weil die FCKW für ihren langen Marsch in die Stratosphäre 10 bis 15 Jahre brauchen, heute freigesetztes Gas also erst im Jahr 2000 die Ozonschicht „anknabbert". Darüber hinaus ist die Treibhausrelevanz eines FCKW-Moleküls 10000fach (!) höher als die eines CO_2-Moleküls.

Während die Politik im Handlungsfeld „Maßnahmen gegen den Ozonabbau" vergleichsweise unkomplizierte Bedingungen vorfindet, – FCKW werden von relativ wenigen Produzenten hergestellt, weisen eine relativ homogene Anwenderstruktur auf und sind keine unverzichtbare Schlüsselsubstanz des Industriesystems –, ist die Bekämpfung des Treibhauseffektes eine zentrale Herausforderung für die gesamte Menschheit, insbesondere für die Industriestaaten.

Im Treibhauseffekt nämlich bündeln sich quasi alle Fehlentwicklungen moderner Industriegesellschaften. CO_2 steht als Synonym für unseren verschwenderischen Umgang mit Energie, FCKW für die Chemisierung aller Lebensbereiche, Methan und Distickstoffoxid für die Industrialisierung der Landwirtschaft, bodennahes Ozon für die Form unserer (Auto-) Mobilität. Insofern wird die Debatte über die Reduzierung treibhausrelevanter Spurengase – gewollt oder ungewollt – immer auch Debatte über das zukünftige Aussehen der Industriegesellschaft sein. Soll eine superindustrialistische Durchbrecherstrategie gefahren werden, deren augenfälligste Inkarnation die Atomenergie ist, oder soll eine Entwicklung angestrebt werden, die auf dezentrale und angepaßte Technologien setzt?

Welche Sprengkraft die Frage nach wirksamen Schritten gegen die Atmosphärenaufheizung enthält, scheint allmählich ins Bewußtsein von Industrie und regierungsamtlicher Politik zu drängen. Nur so ist zu erklären, warum sich plötzlich selbst unser ansonsten ökologisch völlig desinteressierter Bundeskanzler des Themas annimmt, übrigens in der guten Gesellschaft von Maggie Thatcher und George Bush.

Welche Beweggründe die „Führer der westlichen Welt" dabei umtreiben, muß naturgemäß im dunkeln bleiben. Daß es ihnen zumindest nicht vorrangig um den Schutz der Erdatmosphäre geht, sondern um bestimmte industriepolitische Interessen – etwa ein Atomkraft-Revival auf dem „Treibhaus-Ticket" – wird weiter unten zu zeigen sein. Zunächst aber einige Fakten zur notwendigen Kohlendioxid-Emissionsminderung, die das Ausmaß der notwendigen Veränderungen verdeutlichen.

Nach Professor Bach, Mitglied der Enquete-Kommission „Klimaschutz", sind drastische Energieeinsparungen zur Begrenzung des Treibhauseffekts notwendig. Wenn der globale Temperaturanstieg im Jahr 2100 auf 1–2 °C begrenzt werden soll, das entspricht der für unausweichlich gehaltenen Erwärmungsobergrenze, dann sind weltweit folgende CO_2-Emissionsreduzierungen notwendig:

– bis 2000 eine Reduzierung um mind. 37% gegenüber 1980
– bis 2020 eine Reduzierung um mind. 71% gegenüber 1980
– bis 2050 eine Reduzierung um mind. 90% gegenüber 1980.

Wegen des wachsenden Pro-Kopf-Energiebedarfs in der sogenannten Dritten Welt und des zu erwartenden Bevölke-

225

rungswachstums müssen laut Bach die Industrienationen natürlich wesentlich weitergehende Minderungen realisieren. Für die Bundesrepublik nennt er folgende CO_2-Reduktionsquoten (gegenüber 1980):

– 2000: −49%
– 2020: −88%
– 2050: −93%.

Führt man sich diese Zahlen vor Augen, die in der Tendenz auch von anderen Klimaforschern bestätigt werden, dann wird deutlich: Wir stehen in den Industrieländern vor der Notwendigkeit eines im ursprünglichen Wortsinne radikalen Umbaus unserer gesamten Energiebasis. Sich dieser Tatsache bewußt zu sein, wird in Zukunft zur Voraussetzung für verantwortliches Handeln im Klimaschutz.

Die neue Qualität des CO_2-Problems liegt insbesondere darin begründet, daß die klassischen „end-of-the-pipe"-Strategien hier nicht wirken. Lassen sich Schwefeldioxid und Stickoxide, die „klassischen" Luftschadstoffe, noch durch Filter und Katalysatoren reduzieren, so sind CO_2-Minderungen nur durch den realen Mindereinsatz fossiler Brennstoffe zu erreichen. Die Schlüsselgröße wird also in Zukunft die Energieeffizienz sein, d.h. die Minimierung des Energieverbrauchs pro Energiedienstleistung. Es wird daher zu Recht von der Energiequelle „Energieeinsparung" gesprochen.

Solange das Ziel Energieeinsparung verbal proklamiert wird, solange also keine konkreten Maßnahmen genannt werden, ist es hochgradig konsensfähig. Sobald jedoch nach den strukturellen Ursachen der Energieverschwendung geforscht wird, um daraus politische Handlungsempfehlungen abzuleiten, ist es mit dem Konsens vorbei. Spätestens wenn die vorhandene zentralistische Energieversorgungsstruktur zur Disposition steht, wenn es also de facto um eine Neuordnung der Energiewirtschaft geht, treten manifeste ökonomische Interessen auf den Plan. Daran, ob sie die offensive Auseinandersetzung mit der potenten Energiewirtschaft im Sinne der Energieeinsparung sucht und führt, wird sich Politik in Zukunft messen lassen müssen.

Notwendig ist zunächst eine Abkehr vom absatzorientierten Denken in der Energiewirtschaft. An die Stelle von Energieversorgungsunternehmen sollen Energiedienstleistungsunternehmen treten, deren Ziel es ist, die nachgefragten Energiedienstleistungen (z. B. Licht, Wärme) mit minimalem und kosteneffektivem Einsatz an nicht-regenerativen Energien zu befriedigen. Eine zwingende Voraussetzung für den Umbau der Energiewirtschaft im beschriebenen Sinne ist ihre Dezentralisierung, d. h. die Verlagerung von energiebezogenen Entscheidungskompetenzen hin zu den Orten der Nutzung und Umwandlung von Energie. Das vom Öko-Institut entwickelte Konzept der „Rekommunalisierung der Energieversorgung" erhält daher auch von der klimaspezifischen Warte aus betrachtet neues Gewicht.

Als zentrale Hemmnisse auf dem Weg zu einem effizienten Umgang mit Energie müssen hierzulande das Energiewirtschaftsgesetz, die Bundestariforddnung Elektrizität und die monopolistisch-zentralistische Struktur der Energiewirtschaft gelten. Ohne die Überwindung dieser Restriktionen, die sich ähnlich in den meisten westlichen Industrieländern finden, wird es keine „Effizienzrevolution" (Lovins) geben, also auch nicht den Einstieg in eine CO_2-arme Energiewirtschaft.

Konkrete Schritte im Rahmen einer Effizienzstrategie wären z. B.

- die Förderung dezentraler Heizkraftwerke,
- die Förderung industrieller Kraft-Wärme-Kopplung,
- die Förderung des Nah- und Fernwärmeausbaus,
- die Förderung der Wärmedämmung und moderner Heizungstechniken im Wohnungssektor,
- der Abbau von elektrischen Nachtspeicher- und Widerstandsheizungen,
- der flächendeckende Aufbau von Energieberatungsstellen,
- die Einführung eines einheitlichen linearen zeitvariablen Tarifs für alle Verbrauchergruppen und Stromanwendungsgebiete, um Anreize zur Stromeinsparung zu geben.

Als mittel- bis langfristige Perspektive allerdings brauchen wir auch einen weitgehenden „Ausstieg aus den fossilen Energien" (Meyer-Abich). Parallel zur Effizienzstrategie bei den nicht-regenerativen Energien muß also schon heute mit der massiven Förderung und Erforschung regenerativer Energien begonnen werden. Wenn bis zum Jahr 2100 der Übergang zu einem weitgehend geschlossenen Kohlenstoffkreislauf (industrielle CO_2-Emissionen fast null) erreicht werden soll, was Bach als notwendige Voraussetzung für eine Begrenzung des globalen Temperaturanstiegs sieht, dann kann das nur mit Hilfe der Sonnenenergie geschehen. Auch dezentrale Biogas-, Wind- und Wasserkraftnutzung kann hierzu einen Beitrag leisten. Was die Bundesregierung bisher zur Erforschung und Einführung dieser Energien (nicht!) getan hat, ist beschämend.

Was aber ist mit der Atomenergie? Immerhin emittieren AKWs kein Kohlendioxid. Genau dieses vordergründig plausible „Argument" greift die in die Defensive geratene Nukleargemeinde in jüngerer Zeit dankbar auf, um die spätestens seit Tschernobyl skeptisch gewordene Öffentlichkeit von der Umweltverträglichkeit ihrer „sauberen Energie" zu überzeugen. Nachdem die Behauptung, gegen das Waldsterben helfe nur die Atomenergie, nicht verfangen hat, soll jetzt der Treibhauseffekt für ein Atomkraft-Revival herhalten. Die Fakten gegen eine Wiederbelebung der Nuklearoption sind allerdings erdrückend:

– Atomkraft hält an der weltweit verbrauchten Primärenergie einen Anteil von nur 3,3%. Allein aus quantitativen Gründen also ist ein nennenswerter Beitrag zur unverzüglich gebotenen CO_2-Reduktion völlig illusorisch.

– Sollten bis zum Jahr 2025 sämtliche Kohlekraftwerke (Kohleanteil am Weltprimärenergiebedarf: 26%) durch AKWs ersetzt werden, so eine Studie des Rocky-Mountain-Instituts, müßte ab sofort alle 2,4 Tage ein 1000 MW-AKW ans Netz gehen. Die Kosten wären gigantisch: weltweit insgesamt 5800 Mrd $, pro Jahr 151 Mrd $, davon 64 Mrd $ in Entwicklungsländern. Ein wahnwitziger Gedanke.

– Durch jeden Dollar, der in eine Reduktionsstrategie qua Effizienzsteigerung investiert wird, wird siebenmal soviel CO_2 ersetzt wie durch den gleichen Dollar, der in den Ausbau der

Atomenergie investiert wird. Jeder nicht in Energieeinsparung, sondern in Atomkraft investierte Dollar trägt somit zum Treibhauseffekt bei, zumal die Investitionsmittel nur einmal verausgabt werden können.

– Last but not least bleiben alle „klassischen" Argumente gegen die Atomenergie bestehen: von der Niedrigstrahlung, dem potentiellen GAU über die ungeklärte Endlagerung bis hin zum Unterlaufen der Non-Proliferation.

Diese Fakten allerdings, so stichhaltig sie zweifellos sind, gelten lediglich als Argumente gegen einen weiteren Ausbau der Kernenergie. Notwendig ist allerdings der schnellstmögliche Ausstieg! Peter Hennicke vom Öko-Institut Freiburg hat auf überzeugende Weise dargelegt, daß die Systemzwänge der Atomenergie im Widerspruch zu den Zielen einer Effizienzrevolution stehen. Seine These lautet: „Solange und weil aus der Kernenergie nicht ausgestiegen wird, können sich die Alternativen nicht durchsetzen, obwohl sie längst technisch verfügbar sind."

Umfassend dargestellt werden kann der Ansatz von Hennicke hier nicht, deshalb nur in wenigen Sätzen seine Grundgedanken: Die auf expansiven Stromabsatz gerichtete Entwicklungslogik des Atomenergiesystems führt dazu, daß erstens die Markteinführung von alternativen Stromerzeugungstechniken mit allen Mitteln blockiert wird. Zweitens besteht für die AKW-Betreiber ein starker ökonomischer Anreiz, Absatzmärkte aggressiv zu erobern und zu verteidigen, d.h. die Ausschöpfung von Energiesparpotentialen durch die Kunden möglichst zu verhindern. Ein Ausstieg aus der Atomenergie wird somit zur zwingenden Voraussetzung für den effizienzorientierten und CO_2-armen Umbau unseres Energiesystems.

Die Industriestaaten, die für den Löwenanteil der CO_2-Emissionen verantwortlich sind, stehen heute vor einer zentralen Herausforderung. Ihre Innovationsfähigkeit wird durch die notwendige Effizienzrevolution auf die bisher härteste Probe gestellt. Sollten sich die Exponenten des „harten Energiepfades" durchsetzen, deren „sklerotische Einfallslosigkeit" (Hennicke) angesichts der drohenden ökologischen Katastrophe zunehmend grotesk anmutet, besteht wenig Anlaß zur Hoffnung. Ihnen sei ins Stammbuch geschrieben: Nicht das Warten auf den großen Wurf (Kernfusion, Wasserstoff) kann in der Energiepolitik länger handlungsleitend sein, sondern die intelligente und innovative Ausschöpfung aller vorhandenen Quellen mit heute vorhandenen Mitteln.

Daß auch in den anderen Bereichen, in denen Treibhausgase freigesetzt werden, einschneidende Veränderungen notwendig sind, kann hier nur angedeutet werden. Die Automobilemissionen etwa (insb. NO_x), die sowohl zum Waldsterben als auch zum Treibhauseffekt beitragen, sind in den letzten Jahren sogar noch gestiegen. Dabei wären hier sowohl durch technische Maßnahmen (Tempolimit, Katalysator, effizientere Motoren etc.) als auch durch strukturelle Veränderungen (Förderung des schienengebundenen und nicht-motorisierten Verkehrs) erhebliche Einsparpotentiale zu realisieren. Ähnlich sieht es in der Landwirtschaft aus, deren Intensivierung während der zurückliegenden Jahrzehnte zu erhöhten Emissionen der Treibhausgase Methan und Distickstoffoxid geführt hat. An die Stelle der konzentrations- und intensitätsfördernden Agrarpolitik hätte eine gezielte Förderung naturverträglicher Produktionsweisen zu treten. Fazit: Politik gegen den Treibhauseffekt ist auch Politik gegen Waldsterben und emissionsbedingte Atemwegserkrankungen, gegen Landschaftszerstörung und Massentierhaltung!

Angesichts des globalen und interdependenten Charakters der Klimaprobleme ist internationale, d.h. grenz- und systemübergreifende Kooperation nicht länger eine Frage des guten Willens. Wenn die Verschwendung von Energie und die exzessive (Auto-)Mobilität in den Industriestaaten die Ozeane ansteigen lassen, wenn die Rodung der tropischen Regenwälder zur Verschiebung ganzer Klimazonen führt und wenn daraus resultierende Dürren und Überflutungen Völkerwanderungen bisher unbekannten Ausmaßes auslösen, dann sind die Grenzen national-bornierter Politik evident. Internationale Konventionen, besonders zur Festschreibung von CO_2-Reduktionszielen, sind daher das Gebot der Stunde. Die Glaubwürdigkeit der Industriestaaten auf dem internationalen Verhandlungsparkett wird dabei allerdings entscheidend davon abhängen, wie konsequent ihre nationale Politik zum Schutz des Klimas ist. Wenn der reiche Norden seine Politik der bodenlosen Wachstumsfixierung fortsetzt, ein sichtbares Umlenken also ausbleibt, wird der arme Süden Verhaltensempfehlungen zum Schutz der Erdatmosphäre nur als spezifische Variante des Neokolonialismus interpretieren.

Um auf der politischen Ebene Schritte im beschriebenen Sinne einzuleiten, ist öffentlicher Druck notwendig, national wie international. Umweltverbänden, Verbraucherinitiativen, agraroppositionellen Gruppen sowie kirchlichen Organisationen wird daher in Zukunft die Aufgabe zukommen, die Menschen über Art und Umfang der notwendigen Veränderungen aufzuklären. Nationale und internationale Netzwerke, die sich im Angesicht der drohenden Klimakatastrophe um eine Neudefinition der traditionellen Werte „Entwicklung“ und „Solidarität“ bemühen, sind heute notwendiger denn je. Was wir brauchen ist in der Tat ein Neues Denken, in das die Belange zukünftiger Generationen und die Bereitschaft zum Lernen voneinander eingeschlossen sind. Das erfordert auch eine eigenständige Rückbesinnung vieler Kulturen auf ihre ursprünglichen Werte, die vom westlichen Konsumrausch verschüttet worden sind oder verloren zu gehen drohen.

VII. DIE VERANTWORTUNG DER VERBÄNDE UND VERBRAUCHER

Peter Hennicke (Öko-Institut)
Ein wesentlicher Schritt vorwärts, aber noch kein Durchbruch

Zum Zwischenbericht der Klimaenquete des Deutschen Bundestags[1]

Im Oktober 1987 hat der Deutsche Bundestag die Einsetzung einer Enquete-Kommission „Vorsorge zum Schutz der Erdatmosphäre" beschlossen. In die Kommission wurden neun „sachverständige Kommissionsmitglieder" berufen, darunter Prof. Dr. Peter Hennicke, Vorstandsmitglied des ÖKO-INSTITUTs und Energieexperte.

Die Arbeit von Peter Hennicke in der Enquete-Kommission wurde und wird innerhalb des ÖKO-INSTITUTs von einer interdisziplinär zusammengesetzten Arbeitsgruppe begleitet – das notwendigerweise zu diskutierende Themenspektrum reicht von Meteorologie und Atmosphärenchemie über die Energieproblematik bis hin zur Vernichtung des tropischen Regenwaldes und entwicklungspolitischen Fragen. Peter Hennicke stellt nachfolgend die wichtigsten Zwischen-Ergebnisse der Enquete-Kommission dar und skizziert die offenen und umstrittenen Fragestellungen.

Die Enquete-Kommission hat in zahlreichen Anhörungen zahlreiche international anerkannte Fachleute gehört. Deren eindeutiges Urteil, die kürzliche Veröffentlichung des „Ozone Trends Panel" der NASA, der zunehmende öffentliche Druck sowie die lernbereite und engagierte Mehrheit der Enquete-Mitglieder haben dazu beigetragen, daß sowohl die Ursachen als auch die Wirkungen der Ozonzerstörung im Bericht der Kommission ohne die regierungsoffizielle Verharmlosungstaktik dargestellt werden: Ein deutlicher Anstieg der Hautkrebshäufigkeit, eine Erhöhung der Anzahl schwerer Augenkrankheiten, die Schwächung des Immunsystems, eine starke Ertragsminderung bei zahlreichen landwirtschaftlichen Kulturpflanzen mit ernsthaften Konsequenzen für die weltweite Ernährungssituation sowie dramatische Auswirkungen für das maritime Phytoplankton (und damit die drohende Zerstörung der Nahrungskette für Krebse und Fische bis hin zum Menschen) sind schon beim derzeit beobachteten Ozonabbau (z. B. in unseren Breiten im Winter zwischen 2,3–6,2%) höchst wahrscheinlich auftretende Schäden.

Die Enquete-Kommission „Vorsorge zum Schutz der Erdatmosphäre" hat am 2.11. 1988 ihren ersten umfangreichen Zwischenbericht veröffentlicht (Bundestagsdrucksache 11/3246).

Dieser Zwischenbericht konzentriert sich auf die Analyse der Ursachen der Ozonzerstörung in der Stratosphäre und fordert hierzu detaillierte Gegenmaßnahmen. Der Treibhauseffekt und die Klimaänderung werden in einem ersten Problemaufriß dargestellt und die wesentliche Stoßrichtung einer Eindämmungsstrategie nur skizziert.

„Menschliche Eingriffe in die Natur sind auch zu einer Bedrohung der Erdatmosphäre geworden und gefährden das Leben auf der Erde ... Ein Verursacher, die Stoffgruppe der FCKW (Anm. der Red.: Fluorchlorkohlenwasserstoffe) ist an der Ozonzerstörung im wesentlichen und am Treibhauseffekt erheblich beteiligt. Dabei handelt es sich um industrielle Produkte, die bereits gegenwärtig zum großen Teil und in einigen Jahren fast völlig durch chlorfreie Stoffe und andere Substitutionsmöglichkeiten ersetzt werden können".

Wegen der starken Verzögerungseffekte – der Aufstieg der FCKW in die Stratosphäre dauert z.B. etwa 15 Jahre – sind die heutigen Schäden verursacht durch die FCKW-Emissionen der 60er und 70er Jahre. Mit einem weiteren Abbau der Ozonschicht muß also gerechnet werden, auch das Ozonloch (über der Antarktis) wird sich noch vertiefen und sich, selbst bei sofortigem Verbot aller FCKW, noch über viele Jahrzehnte nicht schließen.

Bereits im Jahr 1974 haben Molina/Rowland die FCKW als „Ozonkiller" erstmalig nachgewiesen; seitdem hat die internationale chemische Industrie mit nahezu krimineller Energie ein Verbot der höchst profitablen FCKW-Produktion zu verhindern versucht. Dort wo z.B. ein Verwendungsverbot in

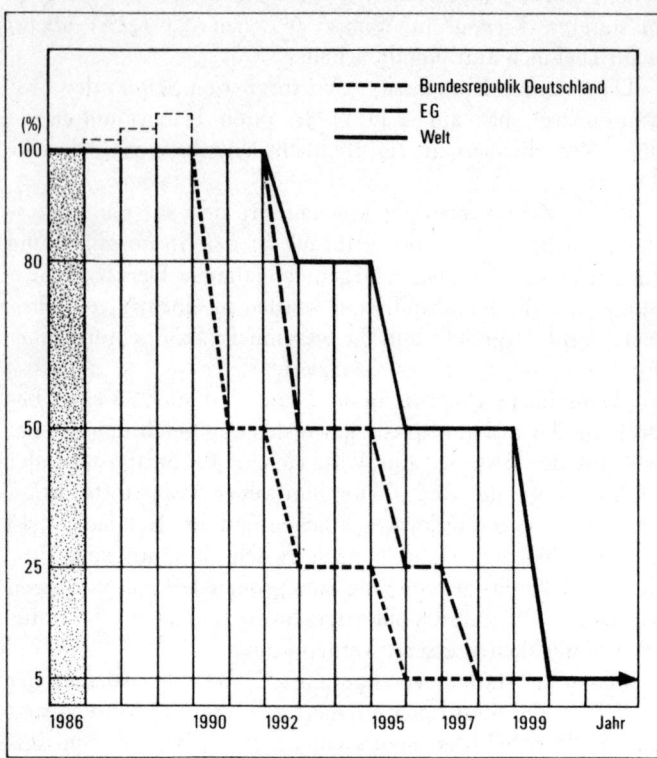

Quelle: Zwischenbericht Klimaenquete

Spraydosen relativ früh durchgesetzt wurde (z. B. in USA, Kanada, Schweden und Norwegen) ist die Chemische Industrie auf andere Einsatzbereiche für FCKW ausgewichen; noch im Juni 1984 heißt es in einer Presseerklärung der Industriegemeinschaft Aerosole in der Bundesrepublik: „Ozonhysterie – mußte sie sein? ... Was den Umweltschützern als Menetekel erschien, war wissenschaftlich von Anfang an umstritten und erwies sich jetzt als Falschmeldung ... Seit Februar 1984 spricht nun ein weiterer Grund für Sprays (mit FCKW, A.d.V.): Ihre Umweltverträglichkeit ...“ (Zitiert nach Zwischenbericht, S. 104).

Die beiden FCKW-Hersteller der Bundesrepublik, die Höchst AG und die Kali-Chemie, haben mit skandalöser Hinhaltetechnik bei der Veröffentlichung der Produktions-, Export- und Verbrauchsdaten für FCKW die Arbeit der Enquete-Kommission behindert.

Die Enquete-Kommission hat nun einen Ausstiegs-Stufenplan für FCKW für die Bundesrepublik, die EG und die Welt gefordert, der international wohl als der schärfste Forderungskatalog angesehen werden kann, den eine offizielle Kommission bisher aufgestellt hat. Wie das Schaubild (Tab.) zeigt, soll in der Bundesrepublik spätestens bis 1996, in der EG bis 1997 und weltweit (durch Verschärfung des Montrealer Abkommens) bis 1999 auf *mindestens* 95% des Verbrauchs und der Produktion von FCKW verzichtet werden. Den bisher im Montrealer Protokoll noch nicht regulierten weiteren ozonzerstörenden Chlorverbindungen wie z. B. Tetrachlorkohlenstoff, Methylchloroform und den H-FCKW sollen ebenfalls „entsprechende Maximalmengen oder Reduktionsquoten vorgegeben werden, mit dem Ziel, die Reduzierung des Gefährdungspotentials entsprechend dem verschärften Montrealer Protokoll nicht zu unterlaufen“ (S. 30). Leider konnte sich das ÖKO-INSTITUT in der Kommission nicht mit der Forderung nach einem prinzipiellen Verbot von FCKW mit Erlaubnisvorbehalt und noch enger bemessenen Übergangsfristen durchsetzen. Wir haben der Mehrheitsforderung nach *befristeten* Selbstverpflichtungserklärungen (mit angedrohtem Verbot) schließlich zugestimmt, weil dies u. U. innerhalb der EG zu einem rascheren Ausstieg aus den FCKWs führen könnte, als ein möglicherweise auf EG-Ebene rechtlich anfechtbares Verbot.

Bezüglich der Eindämmung des drohenden Treibhauseffekts enthält der Bericht nur eine erste, allerdings alarmierende Bestandsaufnahme. Zur Beschränkung des wahrschein-

lich unvermeidlichen mittleren Temperaturanstiegs um zusätzlich weitere 1–2 Grad C (im Vergleich zu 1860) hält die
Kommission es für „... unvermeidlich, daß die Industrieländer ihre (CO_2-)Emissionen (Anm. der Red.: Kohlendioxid)
um weit mehr als 50% reduzieren ...“ (S. 323). Die Umsetzung dieser Forderung bedeutet eine radikale Wende in der
Energiepolitik, die noch in den 80er Jahren eingeleitet werden
muß und die den fast vollständigen Ausstieg aus den fossilen
Energieträgern in den Industrieländern in weit weniger als
100 Jahren durchsetzen muß.

Bemerkenswert ist, daß die Kommission auch folgenden
Satz einstimmig verabschiedet hat: „Energieeinsparung und
Effizienzsteigerung haben – insbesondere in den Industrieländern – Priorität bei der Suche nach Lösungswegen zur Senkung des Energieverbrauchs, namentlich zur Reduktion der
Verbrennung der fossilen Energieträger auf das gebotene
Maß“. Mit großer Mehrheit ist die Kommission wohl auch
der Meinung, daß der *Ausbau* der Atomenergie keinen Beitrag
zur Eindämmung des Treibhauseffekts leisten kann. Als zentraler Konfliktpunkt zeichnet sich für die Weiterarbeit der
Kommission ab, wie der *Ausstieg* aus der Atomenergie hinsichtlich des Treibhauseffekts zu bewerten ist. Unsere Position
haben wir in zwei Grundsatzpapieren (Fritsche, Kohler, Viefhues 1988; Hennicke 1988) in die Kommission eingebracht:
Systeme mit Atomenergie verschärfen den Treibhauseffekt, führen
also zu einer Kumulierung von Risiken. Im Zwischenbericht
wird dieser Frage mit der folgenden Kompromißformulierung
noch ausgewichen: „Es ist zu prüfen, ob bzw. in welchem
Umfang die Kernenergie national und weltweit einen Beitrag
zur Eindämmung des Treibhauseffekts leisten kann. Bei dieser
Prüfung ist – wie bei allen anderen Energietechnologien auch
– nicht nur das Kriterium der Klimaverträglichkeit zugrunde-
zulegen“ (S. 259).

Es ist von entscheidender Bedeutung für den Fortgang der
energiepolitischen Diskussion in der Bundesrepublik, ob dieser Prüfauftrag wirklich ernsthaft mit dem Ziel einer *risikomi-
nimierenden Gesamtstrategie* durchgeführt wird. Hoffentlich

gelingt hier ein Durchbruch, ehe der Beinahe-Supergau in Biblis A doch noch zur schrecklichen Realität wird.

Literatur

Enquete-Kommission „Vorsorge zum Schutz der Erdatmosphäre", Erster Zwischenbericht, Bundestagsdrucksache 11/3246 vom 2.11. 1988.

Hennicke, P.: Schließt eine Strategie des Kernenergieeinsatzes eine Strategie der regenerativen und rationellen Energienutzung aus oder fördert sie diese bzw. ergänzen sich beide? Arbeitsunterlage der Enquete-Kommission 11/189 vom 21.11. 1988

Fritsche, U., Kohler, S., Viefhues, D.: Das GRÜNE Energieszenario, Freiburg/Bonn Juli 1988

1 Aus Öko-Mitteilungen 1/89

Regine Klose (Greenpeace)
Über die Notwendigkeit zu handeln

„Über den Schutz der Ozonschicht wurde keine Einigung erzielt" berichtet die Süddeutsche Zeitung am 26.11. nach dem zweiten EG Umweltministerrat-Treffen des Jahres 1988.[1]

Das Klima verändert sich. CO_2, Methan und die Fluorchlorkohlenwasserstoffe (FCKW) lassen die Temperaturen der Erde ansteigen und zerstören ihren Schutzschild.

FCKW zersetzen die Ozonschicht, die die Erde vor der harten UV-B-Strahlung schützt. Sie sind zugleich mit rund 20 Prozent am Treibhauseffekt beteiligt. Ein sofortiger Verbrauchs- und Produktionsstopp der FCKW wäre dem Klima also in zweifacher Hinsicht dienlich.

Es ist Konsens unter Umweltschützern, Wissenschaftlern und Politikern, daß das FCKW-Problem gegenüber dem CO_2-Problem leicht zu lösen sein dürfte. Es ist ebenfalls Konsens, daß nicht zu erwarten steht, das CO_2-Problem in den Griff zu bekommen, wenn wir uns schon bei den FCKW nicht auf gemeinsames rasches Handeln einigen können. Aus diesem Grund konzentriert sich Greenpeace zunächst auf den Produktions- und Verbrauchsstopp der FCKW.

Bereits 1974 wiesen die beiden amerikanischen Forscher Mario Molina und Sherwood Rowland darauf hin, daß die Ozonschicht maßgeblich von den FCKW angegriffen und zerstört wird.

Das bekannteste Anwendungsgebiet der FCKW sind die Treibgase in Spraydosen. FCKW werden ebenso zur Herstellung schaumförmiger Kunststoffe für Isolier- und Verpakkungszwecke, wie zur Herstellung von Überflußartikeln wie z.B. Plastikgeschirr benutzt.

FCKW werden zur Herstellung von Kunststoffen und als Aufschäummittel für Baustoffe verwendet. Sie dienen als Lösungsmittel in der Elektroindustrie und in den chemischen

Reinigungen – als Ersatz für den toxischen Stoff PER. FCKW befinden sich als Kühlmittel in Kühlschränken, aber auch in Klimaanlagen. Absurderweise tragen damit die in den Gebäuden installierten Klimaanlagen zur Zerstörung des Klimas bei.

FCKW bestehen aus Kohlenstoff, Chlor, Wasserstoff und Fluor. Das Gefährliche und Ozonzerstörende sind die Chloratome. Sobald die FCKW als Gas freigesetzt sind, steigen sie auf. Einmal losgelassen sind sie nicht mehr zu kontrollieren.

1. Im Süden nichts Neues

1979 stellten britische und japanische Wissenschaftler eine so niedrige Ozonkonzentration über dem Südpol fest, daß sie zunächst an einen Meßfehler glaubten. Es war kein Meßfehler. Die Wissenschaftler hatten erstmals das Ozonloch entdeckt. Mittlerweile kennen wir es alle, jedes Jahr taucht es wieder auf und wird unaufhaltsam größer. Heute ist es größer als die USA und bleibt auch nicht mehr auf die Antarktis begrenzt. Eine abnehmende Konzentration der Ozonschicht wurde nun auch schon über der Nordhalbkugel festgestellt.

Das Ozonloch ist kein von unserem Leben, Handeln und Treiben unabhängiges Phänomen. Über der Antarktis sind die „Früchte des Fortschritts" aufgrund der klimatischen Bedingungen besonders deutlich zu erkennen. Die FCKW werden in der Stratosphäre durch die starke solare UV-Strahlung aufgebrochen und Chloratome freigesetzt. Dieses Chlor sammelt sich in der obersten Schicht der Stratosphäre an und spaltet dort – bei Temperaturen von unter minus 70 Grad Celsius – das Ozon in Sauerstoff. Da sich das Chlor dabei nicht verbraucht, kann ein Chloratom diese Reaktion etwa 10000mal wiederholen.

Wird der Schutzschild der Erde angegriffen, so kommt es zu einer erhöhten Durchlässigkeit von UV-B-Strahlung. Das führt zu großen Veränderungen für Mensch, Tier und Pflanzen, unter anderem zur Schwächung des Immunsystems, zur Steigerung der (Haut)krebsrate, vermindertem Pflanzenwachstum und geringeren Ernteerträgen.

Im Jahr 1988 haben drei internationale Kongresse zur Klimaproblematik in Toronto, Den Haag und Hamburg stattgefunden. Auf jedem der Kongresse wurde die Situation als dramatisch bezeichnet. Sofortige Maßnahmen wurden gefordert.

Die Tatsache, daß sich die geforderten Mindestreduktionszahlen z. B. im Bereich der CO_2-Emissionen innerhalb eines Jahres erhöhten (in Toronto forderte die Konferenz eine Reduktion von 20 Prozent bis zum Jahr 2005; in Hamburg bereits eine Reduktion von 30 Prozent bis zum Jahr 2000), zeigt nicht nur die Brisanz der Situation, sondern auch die Unsicherheit von Politik und Wissenschaft. Auf der Suche nach Lösungskonzepten werden Zahlenspiele veranstaltet, die sich jeweils an den neuesten Szenarien orientieren.

2. Absichtserklärungen statt Taten

Die Trockenperiode des letzten Sommers in den USA und die Überschwemmungskatastrophen in den ärmsten Ländern der Welt werden bereits als Folgen der Klimaveränderung begriffen. Die Klimakatastrophe ist in aller Munde. Zeitungen und Zeitschriften berichten nahezu täglich. Warum also geschieht nichts?

Halt!, werden die einen rufen. Es gibt doch das Wiener Übereinkommen von 1985 – elf Jahre nachdem die Gefährlichkeit der FCKW erkannt worden war – und das aus ihm resultierende Montrealer Protokoll, welches im Januar 1989 in Kraft trat. Es gibt den Zwischenbericht der Enquetekommission „Vorsorge zum Schutz der Erdatmosphäre" des Deutschen Bundestages, es gibt die freiwilligen Vereinbarungen mit der Aerosolindustrie, zudem noch eine ganze Reihe Absichtserklärungen. Gehandelt wird nicht.

Bis heute weigern sich die Produzenten ihre Produktionszahlen offen zu legen. Es ist jedoch davon auszugehen, daß die Europäische Gemeinschaft 1986 ca. 442000 t FCKW produzierte. Die Bundesrepublik ist mit einer Produktion von ca. 140000 t der größte FCKW-Produzent der Gemeinschaft und nach den USA der zweitgrößte Produzent der Welt.[2]

Das Wiener Übereinkommen und das aus ihm resultierende Montrealer Protokoll sehen eine Reduktion der vollhalogenierten FCKW um 50% bis zum Jahr 1999 vor. Diese Reduktionszahlen werden von Umweltschützern, zahlreichen Wissenschaftlern und Politikern als viel zu gering und die Zeitspanne als zu lang betrachtet.

Ein weiterer Mangel des Montreal Protokolls ist, die Beschränkung auf die vollhalogenierten FCKW. Es steht zu erwarten, daß sich die Industrie auf die Produktion der nicht im Protokoll geregelten, teilhalogenierten Stoffe konzentrieren wird.

Die das Montreal Abkommen unterzeichnenden Vertragspartner müssen zwar in ihren Ländern die Produktion und den Verbrauch verringern. Eine Produktionsverlagerung untersagt das Protokoll jedoch nicht. Es steht zu befürchten, daß z.B. Hoechst einer der größten Produzenten der Welt, seine Produktion in ein Nichtmitgliedsland verlagern will. Solche Praktiken müssen sofort unterbunden werden.

Trotz seiner vielen Mängel ist das Montreal Abkommen positiv zu bewerten, handelt es sich doch international um einen ersten Schritt in die richtige Richtung. Das bedeutet aber ganz und gar nicht, daß die im Protokoll vorgesehenen Maßnahmen als ausreichend angesehen werden können.

Auf dem Treffen der EG Umweltminister im November 1988 forderten laut Presseberichterstattung die Vertreter der Bundesrepublik, der Niederlande, Großbritanniens, Italiens und Dänemarks die Erweiterung des Montrealer Protokolls, nämlich eine Reduktion der FCKW Produktion um mindestens 85 Prozent innerhalb der nächsten zehn Jahre. Aber Spanien, Frankreich, Irland und Luxemburg widersetzten sich.[3]

* Was die Minister tatsächlich in der Ratssitzung gefordert haben, ist nicht zu überprüfen, da ihre Treffen genau wie die der Regierungschefs geheim sind und die Protokolle ihrer Sitzungen nicht veröffentlicht werden. Dieses Prinzip der Geheimhaltung seitens der Legislative, denn diese Funktion haben die Regierungschefs und Räte der EG, ist undemokra-

tisch. Die Entscheidungen der Ministerräte sind keiner Kontrolle unterworfen.

Nach der Einheitlichen Europäischen Akte, die die Ziele der europäischen Umweltpolitik festlegt, ist es möglich, „auf nationaler Ebene zugunsten eines effektiven Umweltschutzes von den europäischen Maßnahmen abzuweichen." Die Bundesrepublik beispielsweise kann mit einem Verbrauchs- und Produktionsverbot aller ozonzerstörenden Substanzen vorangehen. Hier könnten die Regierungsverantwortlichen endlich einmal rasch handeln und Courage beweisen.[4]

Auf ihrem ersten Treffen im Jahr 1988 beschlossen die EG-Umweltminister gemeinschaftlich ein sogenanntes „burden sharing", um der Firma Dupont Nemours die Eröffnung einer neuen Fabrik in Luxemburg zu ermöglichen.

Burden sharing bedeutet, daß die ausgestoßenen FCKW-Mengen nicht national, sondern eg-weit berechnet werden, daß also in einem Land Produktion und Verbrauch von FCKW steigen darf, solange dafür im Gegentausch die Reduktion in anderen Ländern höher ist. Ein solcher Beschluß muß von den Ministern einstimmig gefällt werden, eine Neinstimme hätte genügt um diese FCKW-Freisetzung zu verhindern.

In Luxemburg lag der Jahresverbrauch von FCKW – in diesem Falle Freon 11 – 1986 bei 170 Tonnen. Die Firma Dupont läßt nun weitere 1000 Tonnen FCKW-11 in die Atmosphäre austreten.[5] Nicht weiter verwunderlich, daß die Luxemburger ein halbes Jahr nach diesem Beschluß nur schwer von höheren FCKW-Reduktionszahlen zu überzeugen sind.

Das System des burden sharing macht nicht nur die zum Teil über das Montrealer Übereinkommen hinausgehenden Reduktionen in einzelnen Ländern zunichte, es zeigt zudem deutlich, was von der Politik der sogenannten Umweltminister zu halten ist.

Ähnlich verhält es sich mit den freiwilligen Reduktionsvereinbarungen der Aerosolindustrie mit dem deutschen Umweltminister. Bis heute weigert sich die Industrie, aus Wettbewerbsgründen ihre Produktions-, Verbrauchs-, Im-, und Exportzahlen zu veröffentlichen. Die Bundesrepublik gilt als der größte FCKW-Exporteur der Welt – ein lukratives Geschäft. In der Bundestagsdebatte vom 13.10. 1988 verwies eine Sprecherin der SPD auf eine Untersuchung des Umweltbundesamtes, wonach „bei einem Verbrauchsvolumen 1986 von grob geschätzt 100 000 Tonnen (. . .) Umsätze von etwa 400 Millionen DM erzielt worden sein (dürften)."[6]

Die freiwilligen Vereinbarungen sind auch aus einem zweiten Grund nicht sonderlich effektiv. Sie können unter keinen Umständen den Import FCKW-haltiger Produkte in die Bundesrepublik kontrollieren und unterbinden. Nur verbindliche gesetzliche Regelungen, im Sinne des Umweltschutzes, dürften hier Erfolge zeigen.

Noch vor gut 20 Jahre ist die Industrie weitgehend ohne die FCKW ausgekommen. Heute hält sie einen sofortigen Ausstieg für nicht machbar und propagiert anstatt dessen weiterhin, wenn auch weniger, ozonzerstörende Stoffe, wie z. B. F 22.

3. Auf der Suche nach Alternativen

Angesichts der Klimakatastrophe müssen wirkliche Alternativen gefunden werden. Ersatzstoffe, die ein geringeres Ozonabbaupotential haben, als die bisher handelsüblichen FCKW sind keine Alternative. Eine Alternative schaffen kann bedeuten, auf Ersatzstoffe zu verzichten oder die Produktion bestimmter Produkte einzustellen. Hierzu zählen insbesondere die Wegwerfprodukte wie z. B. Plastikbecher, -gabeln, -teller aber auch Plastikstühle und Schaumstoffmatratzen.

Würden die Produktion und der Verbrauch der Ozonkiller in den größten Industrieländern der Welt bis Ende 1989 vollständig eingestellt, würde der Ozonschwund dennoch weiter gehen, denn die FCKW brauchen zwischen 10 und 20 Jahren, um in die Atmosphäre aufzusteigen. FCKW sind in vielen Produkten enthalten, die bereits in Gebrauch sind. Sie tragen unweigerlich zur Zerstörung der Ozonschicht bei. Die Folgen der bis zur Produktionseinstellung hergestellten und in die Atmosphäre ausgetretenen ozonzerstörenden Stoffe sind noch in 70 bis 100 Jahren zu spüren.

Möglich, daß es den Politikern deshalb so schwer fällt, tatsächlich zu handeln, weil es hier um lange Zeiträume geht. Um Zeiträume, die weit über Legislaturperioden und auch über die eigene Lebenserwartung hinausgehen.

Politische Verantwortung zu übernehmen bedeutet aber, politische Forderungen zu stellen, die sich nicht nur am Tagesgeschäft und nicht nur am technisch Machbaren, sondern am Notwendigen orientieren. Und das bedeutet: Ein sofortiges Produktions- und Verbrauchsverbot für sämtliche ozonzerstörenden Substanzen und Treibhausgase.

Die wohlhabenden Industrieländern der nördlichen Hemisphäre, die immerhin rund 95 Prozent der klimazerstörenden Substanzen produzieren, müssen sofort handeln.[7] „Denn wir befinden uns in einem beispiellosen Prozeß mit unerhörten Fernwirkungen in die Zukunft. Und demgegenüber ist Ignoranz auch dann nicht erlaubt, wenn sie sich auf begrenzte Einflußmöglichkeiten herausredet."[8] Zumal die politischen Handlungsmöglichkeiten der EG, aber auch einzelner EG-Länder nicht unerheblich sind.

4. Drei Quellen des Treibhauseffektes: Verkehr, Haushalt und Industrie

Die Auseinandersetzung um die Reduzierung sämtlicher ozonzerstörender Substanzen darf sich nicht in einer von der Industrie vorgegebenen Debatte um Ersatzstoffe und technologische Machbarkeiten erschöpfen.

Es ist Aufgabe der Politik, die notwendigen Schritte einzuleiten und auf ihre Umsetzung zu drängen. Die Frage heißt nicht, wie langsam müssen wir reduzieren, damit die Industrie keine Gewinneinbußen erleidet, sondern wie hoch müssen die Reduktionen sein, um das Gleichgewicht der Erde, das Klima der Welt nicht massiv zu verändern. Dieses gilt sowohl für den sofortigen Stopp der Nutzung und Produktion FCKW-haltiger Substanzen als auch für die CO_2-Emissionen.

Die drei entscheidenden Sektoren des CO_2-Ausstoßes sind die Haushalte, die Industrie und der Verkehr. Nach Ansicht vieler Klimaforscher sind besonders die CO_2-Emissionen im Verkehrsbereich schnell und effektiv zu reduzieren.[9] Im Zusammenhang mit dem Treibhauseffekt und dem Anstieg der CO_2-Konzentration liegt die Lösung der Klima- und der Energiefrage weder im Bereich der fossilen Energieträger noch im Bereich der Kernenergie. Sämtliche harten Kernenergieszenarios gehen von einer gleichzeitigen Steigerung von Atomstrom und CO_2-Emissionen aus.[10]

Es dürfte mittlerweile hinreichend bekannt sein, daß sogar die sogenannten perfekten Technologien fehleranfällig sind. Kernenergiebefürworter sprechen in diesem Zusammenhang von einem vernachlässigbaren Restrisiko und meinen damit menschliches Fehlverhalten. Hans-Peter Dürr schreibt zurecht, daß uns ethische Gründe und die Achtung vor der Würde des Menschen verbieten müssen, Technologien zu nutzen, die die Lebensgrundlage Unbeteiligter oder gar die Lebensgrundlage aller Menschen zerstören. Das bedeutet, daß Hochtechnologien wie die Kernenergie nicht für uns geeignet sind.[11]

Eine weitere Konzentration auf die Kernenergie, die weltweit nur knapp 4 Prozent des Energiebedarfs deckt – auch wenn es in der EG weitaus mehr ist – bindet zudem enorme finanzielle Mittel, die in die Erforschung effizienterer, sparsamerer und erneuerbarer Energien besser investiert sind.

Die Klimakatastrophe betrifft die reichen und die armen Länder dieser Welt gleichermaßen. Es sind aber insbesondere die reichen Länder, die die Verursacher der Klimaveränderungen sind und es werden zunächst die armen Länder sein, die unter den Folgen der Klimaveränderungen leiden werden. Letztlich, und zwar relativ kurzfristig, bedrohen die Veränderungen des Klimas uns alle.

Anläßlich der Konferenz in Den Haag sagte ein sowjetischer Wissenschaftler: „Und das Schöne an der bevorstehenden Katastrophe ist, daß dem Kollaps der Umwelt nun keiner mehr entkommen kann. Kein Regierungschef kann im Bunker überleben, kein Industrieller auf eine ferne Insel fliehen." Wir müssen endlich begreifen, daß es uns nicht zusteht, die Natur zu verändern und wir müssen uns klar machen, daß wir damit nicht nur unsere, sondern die Lebensbedingungen vieler Lebewesen verändern und zerstören. Hierzu hat der Mensch kein Recht.[12]

Unsere zentrale Forderung an die Politiker lautet deshalb:
– Handeln Sie.
– Produktion und Verbrauch sämtlicher ozonzerstörender Substanzen und Treibhausgase müssen sofort eingestellt werden. FCKW-haltige Produkte, die nicht recycelt werden können, dürfen nicht mehr verkauft werden.
– Reduzieren Sie die CO_2-Emissionen drastisch. Wenn es heute schon Szenarios gibt, die eine weltweite Reduktion von fast 40 Prozent bis zum Jahr 2000 für möglich halten, so werden noch massivere Reduktionen möglich sein, wenn die Regierungen der Welt sie fordern und fördern.[13]
– Beginnen Sie Rohstoffe effizienter zu nutzen und zu sparen.

Willy Brandt hat einmal gefordert, global zu denken und lokal zu handeln.

Wir werden Sie mit unseren Aktionen immer wieder an diese Handlungsanweisung erinnern.

Anmerkungen

1 Süddeutsche Zeitung vom 26.11.1988, Titelseite: EG beschließt Ende der Verklappung von Dünnsäure.
2 Schätzung des ÖKO-INSTITUTs Freiburg.
3 Süddeutsche Zeitung vom 26.11.1988, Seite 7: Ausnahmen für Verbot der Säureverklappung.
4 B. Weber/L. Gündling (Hg.), Dicke Luft über Europa, 1988, S. 35 f.
5 Die Zahlen basieren auf denen des einzigen weiteren Tyvek-Werkes in Richmond, Virginia, USA.
6 Debatte des Deutschen Bundestages vom 13.10.1988, Seite 6807.
7 Debatte des Deutschen Bundestages vom 22.9.1988, Seite 6443.
8 Willy Brandt (Vorsitzender der Nord-Süd Kommission) in der Eröffnungsrede des Kongresses Climate and Development in Hamburg, 7.11.1988, Seite 3 f.

9 siehe z. B. Wilfried Bach, Auswege aus der drohenden Klimakatastro-
    phe. Energie-Klima-Umwelt, Blätter für deutsche und internationale
    Politik, Bericht 17, 1988, Seite 6.
10 Wilfried Bach, Bericht 17, 1988 (s. o.), Seite 3 ff.
11 Hans Peter Dürr, Industriegesellschaft ohne Kernenergie, 1988, Sei-
    te 18 f.
12 Süddeutsche Zeitung vom 19. 10. 1988: Eigentlich ist nichts mehr zu
    retten. (Seitenzahl fehlt leider).
13 Wilfried Bach, Ozone Destruction, Report prepared for the World
    Congress Climate and Development in Hamburg 7.–10. 11. 1988, Sei-
    te 3 f.

So können Sie Luft und Ozonschicht schützen:

– Verzichten Sie auf Spraydosen und Abbeizmittel. Benutzen Sie beim Schreiben nur umweltfreundliche Korrekturflüssigkeit.

– Lassen Sie geschäumte Verpackung, wie sie bei Lebensmitteln (Obstpackungen, Tiefkühlwaren und Schnellimbissen), Hilfs- und Küchengeräten verwandt werden, im Geschäft zurück.

– Fordern Sie Maler und Handwerker auf, nur umweltfreundliche Farben, Lacke und Lösemittel zu benutzen, und verwenden Sie selbst nur solche.

– Kaufen Sie keine Garderobe, die chemisch gereinigt werden muß.

– Boykottieren Sie Produkte aus der Schaumstoffindustrie.

– Lassen Sie Ihr Auto mit einem Katalysator nachrüsten. Wenn Sie einen Neuwagen kaufen – nur mit Katalysator.

– Kaufen Sie nur unbehandelte Lebensmittel. Extrakte wie Kaffeepulver und Aromastoffe werden meistens mit ozonschädigenden Chemikalien hergestellt.

– Fordern Sie von ihrer Gemeinde, daß alte Kühlschränke und Tiefkühltruhen, die in ihrem Kühlsystem FCKW enthalten, recyclt werden. In Köln und Göttingen geschieht dies bereits.

– Verzichten Sie auf Kunststoffabrikate: Für PVC-Bodenbeläge und Plastikschüsseln gibt es viele umweltfreundliche Alternativen.

aus: GREENPEACE-Nachrichten

Helmut Lenders
(Arbeitsgemeinschaft der Verbraucherverbände)
Auch der Verbraucher muß umdenken

Vor vierzehn Jahren traten erstmals zwei amerikanische Wissenschaftler mit der Vermutung an die Öffentlichkeit, daß die massenhafte Verwendung von FCKW die lebenswichtige Ozonschicht zerstören könnte.

Die Schwierigkeit, in die diese Warnung geriet, ist einmal das enorme Problem, den Weg und die Reaktionsprozesse von FCKW meßtechnisch zu verfolgen und mit exakten Ergebnissen der Öffentlichkeit die Größe der Gefahren vor Augen zu führen. Auf der anderen Seite werden weiterhin große Mengen der Chemikalie nicht rückholbar in die Umwelt entlassen, und aufgrund des jahrelangen Transportweges werden sie ihr zersetzendes Werk in der Atmosphäre selbst bei einem Produktionsstop noch über einen langen Zeitraum fortsetzen.

Der Einsatz von FCKW im Spray-Bereich, der einen erheblichen Anteil am Gesamtverbrauch ausmacht, geriet zuerst ins Blickfeld der öffentlichen Diskussion. Die Arbeitsgemeinschaft der Verbraucherverbände (AgV) griff dieses Thema bereits 1975 auf. Sie forderte in der Folgezeit die Verbraucher immer wieder auf, FCKW-haltige Sprays zumindest solange zu meiden, bis eine Klärung der potentiellen Gefahren erreicht sei. Die AgV ging dabei von dem Vorsorgegrundsatz aus: Im Zweifel für die Gesundheit, für den Schutz der natürlichen Lebensgrundlagen.

Allerdings erwiesen sich die Bedingungen dafür, über die Verbrauchernachfrage, also über den Markt, zu einem schnellen und anhaltenden Abbau der Verwendung von FCKW-Sprays zu kommen, als denkbar schlecht. Auf Spray-Verpackungen war nur in seltenen Fällen ausgewiesen, welches Treibmittel Verwendung fand. Den vielfach erhobenen Forderungen nach einer eindeutigen Deklaration als Grundlage für

Verbraucheraufklärung und -entscheidungen wurde ausgewichen. Es kam weder eine gesetzliche Verpflichtung noch eine allgemeine freiwillige Kennzeichnung durch die Anbieter von Sprays zustande.

Der blaue „Umweltengel" hatte in diesem Verbrauchssektor eine wichtige Anstoßfunktion; er reichte aber, wegen der Einschränkungen, denen er bei der Vergabe unterlag, für die notwendige Verbraucherinformation über das gesamte FCKW-Verwendungssortiment nicht aus.

Noch im Sommer 1987 scheiterte ein Versuch der Verbraucherverbände, in dem riesigen Markt der Spray-Produkte für Kosmetik und Körperpflege den Verbrauchern solche Einkaufshilfen an die Hand zu geben. Gedacht war an eine Liste mit FCKW-freien Sprühprodukten, aber gerade einige umsatzstarke Firmen verweigerten auswertbare Angaben.

Insgesamt folgten die Produzenten von FCKW und die Anbieter von Sprays, einschließlich des Handels, nur widerwillig dem Gedanken der Einschränkung dieses lukrativen Geschäftes.

Die freiwillige Einschränkung des FCKW-Einsatzes in Sprays seit 1976 war sicher auf die Verhinderung eines gesetzlichen Verbotes gerichtet. Sie kam dazu noch wesentlich durch die Reduzierung der FCKW-Menge pro Dose zustande. Der Spraydosenmarkt selbst expandierte weiter. Das auf den Verbraucher ausgerichtete Marketing war eher auf Ausdehnung als auf Einschränkung verbraucherrelevanter Anwendungszwecke für Sprays ausgerichtet und ließ von Problembewußtsein nichts erkennen; es war kein Beitrag zu den Bemühungen der Verbraucher- und Umweltorganisationen, bei vielen Verwendungszwecken generell vom Druckgas-Spray wieder wegzukommen.

Unter dem Druck jüngster Forschungsergebnisse, als kein Ausweichen mehr möglich war, kam dann die Selbstbeschränkungszusage der Industriegemeinschaft Aerosole im August 1987 zustande. Bis Ende 1989 wollen nun die Mitgliedsfirmen der IGA mit wenigen Ausnahmen, auf den Einsatz von FCKW in Spraydosen fast vollständig verzichten.

Auf 1987 bezogen, führt wahrscheinlich eine freiwillige Selbstbeschränkung schneller zum Ziel als ein erst zu diesem Termin aufgenommenes gesetzliches Verbotsverfahren mit dem langwierigen Notifizierungsverfahren bei der EG in Brüssel. Wäre es aber angesichts der schon seit Jahren nicht auszuschließenden katastrophalen globalen Folgen der FCKW-Verwendung unter dem Gesichtspunkt der ökologischen Vorsorge nicht notwendig gewesen, mit einem Verbot oder einem freiwilligen Verzicht früher einzusetzen? Gegen einen Einspruch der EG-Kommission wegen Handelsbeschränkungen hätte der Artikel 36 des EG-Vertrages (Schutz der Gesundheit und des Lebens) notfalls bis zum Europäischen Gerichtshof ausgelotet werden müssen. Hier gibt es eindeutig politische Versäumnisse.

Erst jetzt, da der FCKW-Einsatz in Sprays bei deutschen Herstellern dem Ende zugeht, kommt eine Novelle des Chemikaliengesetzes mit den Voraussetzungen für eine entsprechende Deklarationspflicht in die Beratungen des Bundestages. Sie ist aus Sicht der Verbraucherverbände auch jetzt noch notwendig, damit der Anwendungsverzicht nicht von draußen durch Importe unterlaufen werden kann. Aber der Beigeschmack, daß es jetzt auf einmal geht, weil die Anbieter von Sprays nun die ausländische Konkurrenz, die noch FCKW ohne Kennzeichnung verwenden könnte, vom Markt fernhalten möchten, bleibt dabei zurück.

Die grundsätzliche Frage, die sich an diesem Beispiel FCKW-Sprays stellt, ist die nach der Fähigkeit unserer Gesellschaft zur rechtzeitigen Gefahrenabwehr. Müssen nicht Stoffe, Verfahren, Produkte auch dann schon aus dem Verkehr gezogen werden, wenn der begründete Verdacht eines erheblichen Gesundheits- oder Umweltrisikos besteht, aber noch nicht zweifelsfrei bestätigt oder in seinen Auswirkungen schon erfahrbar ist?

Um eine früh einsetzende und langfristig angelegte Politik der Vorsorge bzw. der Gefahrenvermeidung ist es offensichtlich schlecht bestellt. Sind die kurzfristigen Aspekte des Marktes und des Wettbewerbs, die einzelbetrieblichen Umsatz- und

Renditeziele letztlich doch durchschlagener als die ökologische Verantwortung? Reicht der Verweis auf Arbeitsplätze, Einkommen und darauf, daß der auf hohem technischen Niveau beruhende Wohlstand eben nicht ganz ohne Risiko zu haben ist?

Seit einiger Zeit gibt es, wohl unter dem Druck der ökologischen Problemlage, eine Diskussion über eine neue Ethik des Wirtschaftens. Die Eigenverantwortung von Industrie und Handel, die unabdingbare Zusammengehörigkeit von ethischen Grundsätzen und sozialer Marktwirtschaft werden dabei viel beschworen. Das Beispiel FCKW ist jedoch nicht ermutigend.

Auch der Verbraucher selbst hält lange an Bequemlichkeiten und an Gewohnheiten fest. Da hilft das zunächst abstrakt hohe Umweltbewußtsein nichts, wenn bei der Aufklärung keine konkreten Handlungsmöglichkeiten mitgeliefert werden. Die FCKW-Spraydose scheint ein verbrauchernahes Beispiel dafür, wie spät – zu spät – in solch fundamentalen Risikofällen reagiert wird und wie mühsam es ist, die Voraussetzung für konkretes Handeln des einzelnen zu schaffen.

Nun können wir uns, wie wir wissen, auf dem inzwischen eingetretenen „Erfolg" beim FCKW-Spray nicht ausruhen.

In den Bereichen der Kunststoffverschäumung, der Reinigungs- und Kältemittel ist in den letzten Jahren der Rückgang beim Einsatz in Spraydosen sogar überkompensiert worden. Es besteht also weiterhin ein erheblicher Handlungsbedarf.

Bei den Anhörungen der Enquete-Kommission „Schutz der Erdatmosphäre" des Bundestages ist die AgV unter anderem für ein Verwendungsverbot in den Bereichen eingetreten, in denen umweltverträglichere Alternativprodukte zur Verfügung stehen, und zwar auch dann, wenn diese anwendungstechnisch oder hinsichtlich Komfort und Preis schlechter abschneiden. In den Fällen, da FCKW-Verwendung noch unverzichtbar erscheint, haben wir gefordert, durch Abgaben und Steuern das wirtschaftliche Interesse an der Suche nach Alternativen anzuregen, und das Ausweichen auf andere problematische Stoffe, z. B. Chlor-Kohlen-Wasserstoff, zu verhindern. Außerdem sind für solche Fälle geschlossene Systeme und spezifische Rückgewinnungs- und Entsorgungsverfahren zwingend zu machen. Wesentlich ist wiederum als Voraussetzung für unsere Aufklärungsarbeit vor allem die Kennzeichnungspflicht für alle FCKW-Produkte mit Entsorgungshinweisen, damit die Verbraucher diese Umsteuerungsprozesse unterstützen bzw. beschleunigen können.

Wohl noch größere Anstrengungen als bei der Bekämpfung des Ozonschwundes sind zur Eindämmung des Treibhauseffektes notwendig. Den Hauptanteil mit etwa 50% an der Zunahme des Treibhauseffekts liefern die Kohlendioxid-Emissionen, im wesentlichen verursacht durch die Verbrennung fossiler Energieträger.

Für die Verbraucherverbände hat schon seit längerem Energiesparen und rationelle Nutzung der Primärenergien Priorität. Seit Jahren bewegen wir uns auf diesem Pfad mit dem vom Bundesminister für Wirtschaft finanzierten Projekt der flächendeckenden, praxisnahen stationären und mobilen Energieberatung, bezogen auf baulichen Wärmeschutz, Heiztechnik und Wahl des Energieträgers. Notwendig ist allerdings hier der Hinweis, daß bei den Investitionskosten, die anteilig auf die privaten Haushalte dabei zukommen, oder bei Steuerungen über den Preis die Situation privater Haushalte mit sehr niedrigem Einkommen beachtet und u. U. sozialpolitisch flankiert werden muß.

Wir wenden uns gegen den derzeit wieder von der Elektrizitätswirtschaft propagierten Einsatz von Strom zum Heizen und zur Warmwasserbereitung. Diese Art der Verwendung müßte schrittweise wirtschaftlich uninteressant gemacht werden. Außerdem fordern wir eine Tarifstruktur, die das Stromsparen belohnt und zur Verstetigung der Stromnachfrage beiträgt. Entstickung und Entschwefelung für Groß- und Kleinfeuerungsanlagen beim Einsatz fossiler Brennstoffe, Kraft-Wärme-Kopplung und Fernwärme stehen selbstverständlich in unserem Energieprogramm.

Allein aus dieser, auf viele Details verzichtenden Skizze wird deutlich, daß ein gewaltiges Umdenken aller Beteiligten und wesentliche Verhaltensänderungen der Verbraucher erforderlich sind. Dabei dürfen weder der Problembereich Auto und Verkehrswesen noch unsere Ernährungsweise (zu hoher Fleischkonsum z. B.) ausgelassen werden.

Selbstverständlich brauchen wir globale Programme und Abstimmungsprozesse zur Gefahrenabwehr, wie z. B. das Wiener Abkommen und das Protokoll von Montreal. Aber weltweite Vereinbarungen zur Minderung der gefährlichen Emissionen benötigen Zeit – Zeit, die nicht unbegrenzt zur Verfügung steht. Deshalb müssen in der Anfangsphase die notwendigen Innovationen und Verzichte zur Reduzierung der Eintragung von Spurengasen in die Atmosphäre von den Industrieländern ausgehen. Sie verfügen über die größeren ökonomischen und technischen Handlungsoptionen, und sie sind es auch, die für ihren Lebensstandard die Ressourcen der Natur übermäßig nutzen.

Zur Rettung des Weltklimas sind also Maßnahmen notwendig, die bei den Betroffenen – ob anbietende Wirtschaft oder Verbraucher – nicht immer Zustimmung finden. Aus der Sicht der AgV müssen aber auch unpopuläre Entscheidungen gefällt werden. Selbstverständlich sind die Verbraucherverbände bereit, ihren Beitrag über die Beratung und Information der Verbraucher und die Verbraucherbildung zu leisten. Die Voraussetzungen dafür, dies effizient tun zu können, sind mehrfach genannt. Die Verbraucherverbände fühlen sich auch verpflichtet, ihre Erfahrungen – auch unter dem Gesichtspunkt der Lastenverteilung – als Forderungen an die Umweltpolitik des Staates einzubringen.

Was können die Verbraucher tun?

Der *Verbraucher* kann durch Änderungen im Konsumverhalten dazu beitragen, die drohende Katastrophe abzuwenden.

1. Treibgase in Sprühdosen

- Überlegen, ob eine Sprühdose wirklich notwendig ist.
- Nur Sprühdosen kaufen, die eindeutig als FCKW-frei gekennzeichnet sind.
- Auch bei einer sonstigen Verwendung von Spraydosen (z. B. beim Friseur) darauf achten, daß kein FCKW enthalten ist.
- Auch keine Spraydosen mit dem Treibgas N_2O (Lachgas) verwenden, die z. B. für Sahne aus der Dose angeboten werden.

2. Weitere Verwendung von FCKW

- *Kühlschränke* gehören nicht auf den Müll. Viele Städte bieten zwischenzeitlich – entweder von der Stadt selbst organisiert oder über private Entsorgungsunternehmen – einen Kühlschrank-Abholservice an, der ein Absaugen oder eine Wiederverwertung der als Kühlmittel eingesetzten FCKW garantiert. Aber auch darauf ist zu achten: Bei vielen modernen Kühlschränken wird FCKW vor allem als Isoliermaterial (Hartschäume) verwendet, oft mehr als für die eigentliche Kühlung. Deshalb sollte nachgefragt werden, ob auch das Isoliermaterial wiederverwendet wird oder einfach nur auf eine Deponie geht.
- Beim Neukauf von *Kühlschränken* (ähnliches gilt für Klimaanlagen) gibt es heute noch keine umweltverträglichen Angebote. Deshalb muß Druck gemacht werden, daß bald FCKW-freie Kühlschränke angeboten werden. Häufiges Nachfragen kann diese Entwicklung sicherlich beschleunigen.

– Mit FCKW hergestellte *Weichschäume* werden häufig für die Lebensmittelverpackung (z. B. im Schnellimbiß) verwandt oder als Verpackungs- und Füllmaterial. In diesen Fällen ist der Verzicht die einfachste Lösung, zumal genügend Alternativen vorhanden sind. Auch Briefe an die Geschäftsleitung entsprechender Unternehmen oder die Bitte, die Waren anders einzupacken, können Umstellungsprozesse befördern.

– Der weitaus größte Teil der *Kleidungsstücke,* die heute chemisch gereinigt werden, können auch gewaschen werden. Wer dabei umweltfreundliche Waschmittel benutzt, entlastet nicht nur die Umwelt, sondern auch die Haushaltskasse.

– *Lösemittel* wie Tetrachlorkohlenstoff sollten aus dem Haushalt verbannt werden, denn auch dies ist ein Ozonkiller.

3. Nahrungsmittel

– Die *Pflanzen- und Tierproduktion* ist oft mit hohem Einsatz von Düngemitteln verbunden, und auch die Massentierhaltung ist an der Produktion klimaschädlicher Spurengase beteiligt. Indem sich der Verbraucher ökologisch bewußt ernährt, kann er Veränderungen beschleunigen.

– *Pflanzliche Nahrungsmittel* aus dem ökologischen Landbau sollten bevorzugt gekauft werden. Sie enthalten sehr viel geringere Rückstände an *Agrochemikalien* als die konventionell hergestellten Nahrungsmittel. Man sollte darauf dringen, daß ökologisch hergestellte Produkte gekennzeichnet und auch gesetzlich geschützt werden.

– *Massentierhaltung* ist nicht nur Tierquälerei, sondern auch umweltschädlich. Fleisch aus artgerechter Tierhaltung schmeckt besser und ist umweltverträglicher als tierische Massenprodukte.

– Auch *tropische Produkte* (Kaffee, Tee, Bananen, Kiwis usw.) können ökologisch angebaut und behandelt werden. Solche Produkte beim Einkauf bevorzugen.

4. Tropenhölzer

Es gibt fast keinen Verwendungszweck, wo der Einsatz von Holz aus tropischen Regenwäldern notwendig wäre. Tropenholz wird meistens nur verwendet, weil es als besonders „dekorativ" gilt. Deshalb sollten Tropenholzprodukte bewußt gemieden werden.

5. Verkehrsverhalten

– 60% der Stickoxyd-Emissionen kommen in der Bundesrepublik aus dem *Autoverkehr*. Die Tendenz ist weiterhin steigend. Auf *umweltverträgliche Verkehrspolitik* dringen.
– Für kurze Entfernungen in der Stadt ist der Weg *zu Fuß*, mit dem *Fahrrad* oder mit dem *öffentlichen Verkehrsmittel* eine umweltfreundliche Maßnahme. Noch immer liegen 39% aller Autofahrten unterhalb einer Entfernung von 3 km!
– Die Emissionen aus *Flugzeugen* schädigen die Atmosphäre. Wenigstens Inlandsflüge auf das notwendige Maß reduzieren.

6. Energiesparen

Energiesparen heißt nicht Komfortverlust, sondern *intelligenter Umgang mit der eingesetzten Energie*. Die mit Abstand größten Energiemengen werden in der Niedertemperaturwärme verbraucht, zum Heizen, Kochen, Waschen usw. Grundsätzlich gilt:
– *Fernwärme* ist in Ballungsgebieten die beste Energiequelle, besonders wenn sie in Kraftwerken mit Kraft-Wärme-Kopplung erzeugt wird.
– Bei freistehenden Häusern kann eine gasbetriebene *Wärmepumpe* eine attraktive Lösung sein.
– *Solaranlagen* zur Stromgewinnung rechnen sich zwar noch nicht, sollten aber, wenn möglich, genutzt werden. Passive Solaranlagen zur Warmwassergewinnung sind schon heute sinnvoll.

– Mit *Thermostat* geheizte Räume verbrauchen in der Regel deutlich weniger Energie.

– *Heizen bei offenem Fenster* ist Energie- und Geldverschwendung. Zeitweise gründlich lüften ist besser.

– Bessere *Isolierung der Fenster* hält die Wärme drinnen und erspart Heizkosten.

– Bei älteren Zentralheizungen kann durch den *Einbau eines neuen Heizungskessels* bis zu 15% Energie eingespart werden.

– *Heizen mit Strom* ist umweltfeindlich.

– *Moderne Haushaltsgeräte* bringen die gleiche Leistung mit einem deutlich geringeren Stromverbrauch. Dies gilt auch für Kühlschränke, Spülmaschinen, Waschmaschinen und die größten Stromfresser, Gefriertruhen. Deshalb sollte stets geprüft werden, ob sich eine Neuanschaffung lohnt. Dabei das Augenmerk auf besonders effiziente und energiesparende Geräte legen.

ANHANG

Schaubilder

Entnommen mit freundlicher Genehmigung des Deutschen Bundestages, Referat Öffentlichkeitsarbeit, aus: *Schutz der Erdatmosphäre: Eine internationale Herausforderung;* Zwischenbericht der Enquete-Kommission des 11. Deutschen Bundestages „Vorsorge zum Schutz der Erdatmosphäre", Bonn 1988. (Im Original sind die Abbildungen farbig.)

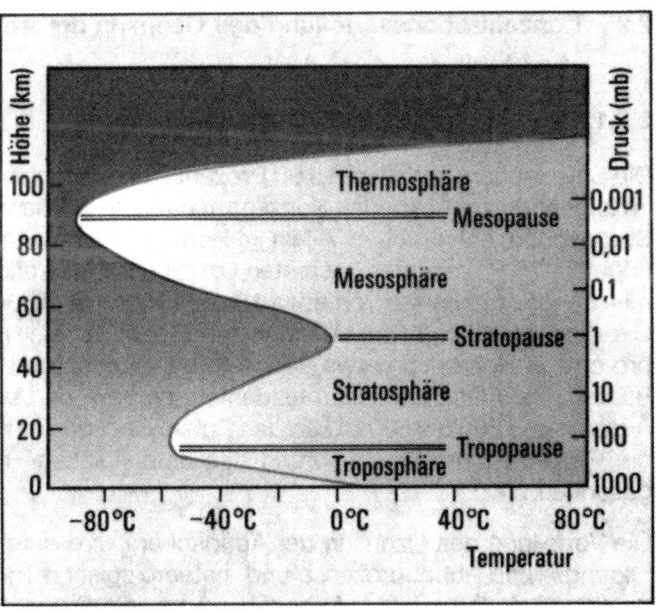

1: *Vertikale Temperaturverteilung und Stockwerkeinteilung der Erdatmosphäre.* Die warme Schicht mit einem Temperaturmaximum im Stratopausenniveau ist die Folge der Strahlungsabsorption durch Ozon.

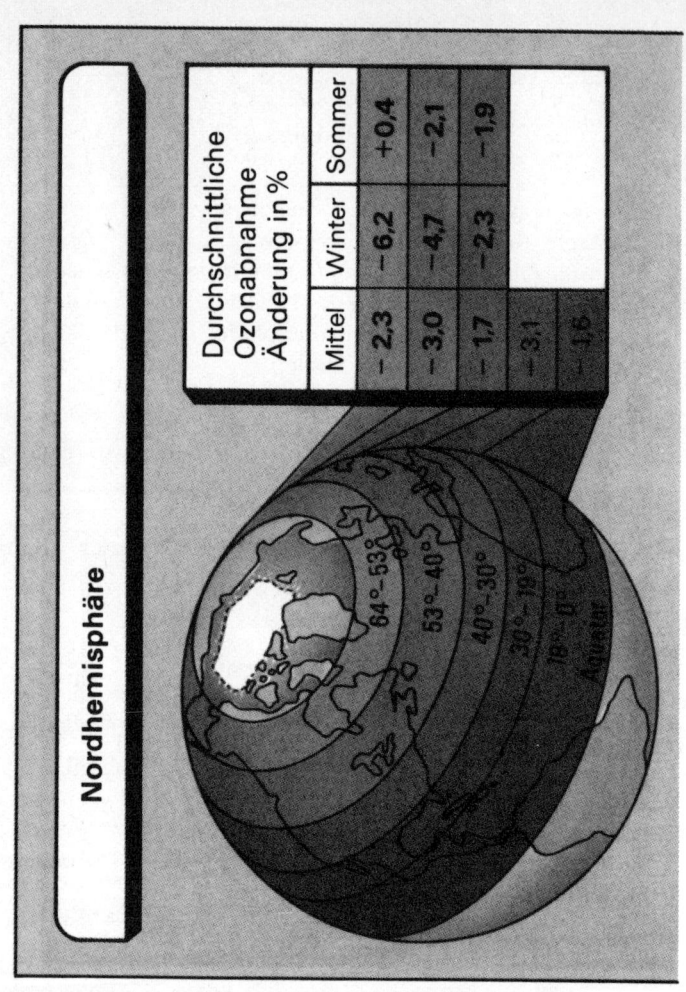

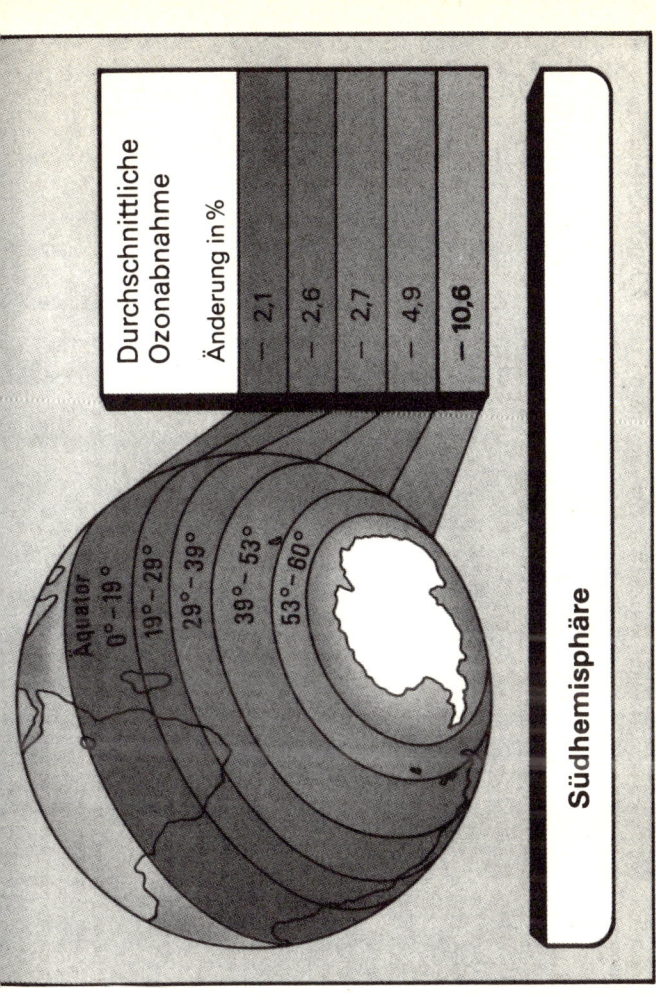

Durchschnittliche Ozonabnahme	
Äquator 0° – 19°	Änderung in %
0° – 19°	– 2,1
19° – 29°	– 2,6
29° – 39°	– 2,7
39° – 53°	– 4,9
53° – 60°	**– 10,6**

Südhemisphäre

2: *Veränderungen der Gesamtozonmenge in verschiedenen geographischen Regionen.* Fettdruck: Die Daten stammen von Dobson-Stationen; Normaldruck: Normierte Daten von Satellitenmessungen.

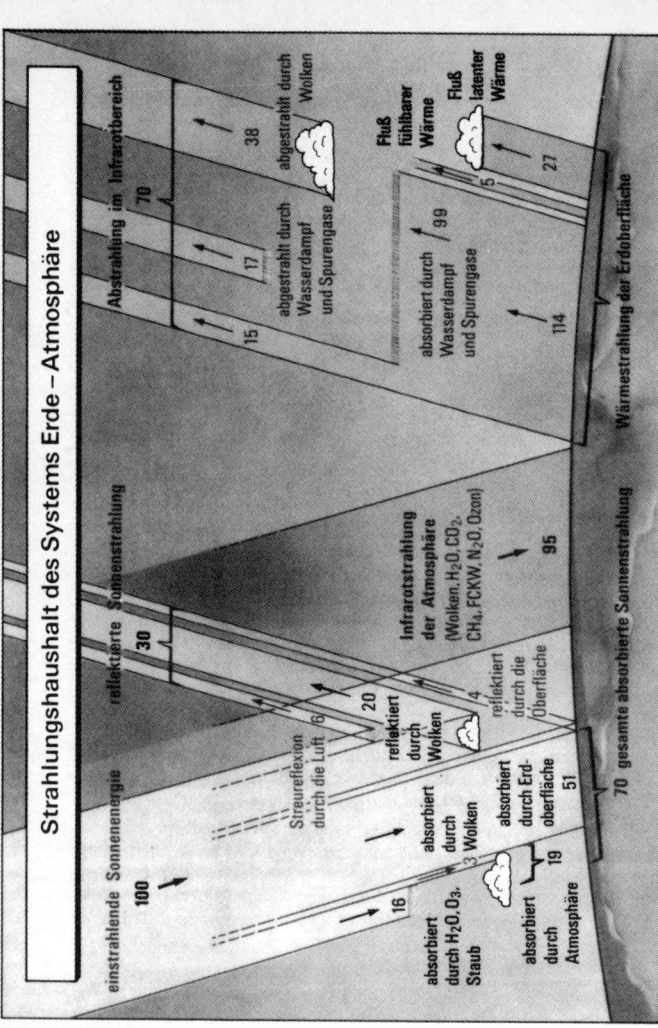

Strahlungshaushalt des Systems Erde – Atmosphäre

einstrahlende Sonnenenergie 100

reflektierte Sonnenstrahlung 30

Streureflexion durch die Luft 6

reflektiert durch Wolken 20

reflektiert durch die Oberfläche 4

absorbiert durch H₂O, O₃, Staub 16

absorbiert durch Wolken 3

absorbiert durch Erdoberfläche 51

absorbiert durch Atmosphäre 19

70 gesamte absorbierte Sonnenstrahlung

Infrarotstrahlung der Atmosphäre (Wolken, H₂O, CO₂, CH₄, FCKW, N₂O, Ozon) 95

Abstrahlung im Infrarotbereich 70

abgestrahlt durch Wolken 38

abgestrahlt durch Wasserdampf und Spurengase 17

15

absorbiert durch Wasserdampf und Spurengase 114

99

Fluß fühlbarer Wärme 5

Fluß latenter Wärme 27

Wärmestrahlung der Erdoberfläche

3: *Strahlungshaushalt der Erde.* Verteilung der einfallenden Sonnenstrahlung auf Erdboden und Erdatmosphäre. Am Rand der Atmosphäre und am Erdboden wird jeweils die Bilanzsumme gebildet. Die linke Seite beschreibt die kurzwelligen Strahlungsflüsse, die rechte Seite die langwelligen Strahlungsflüsse von Erde

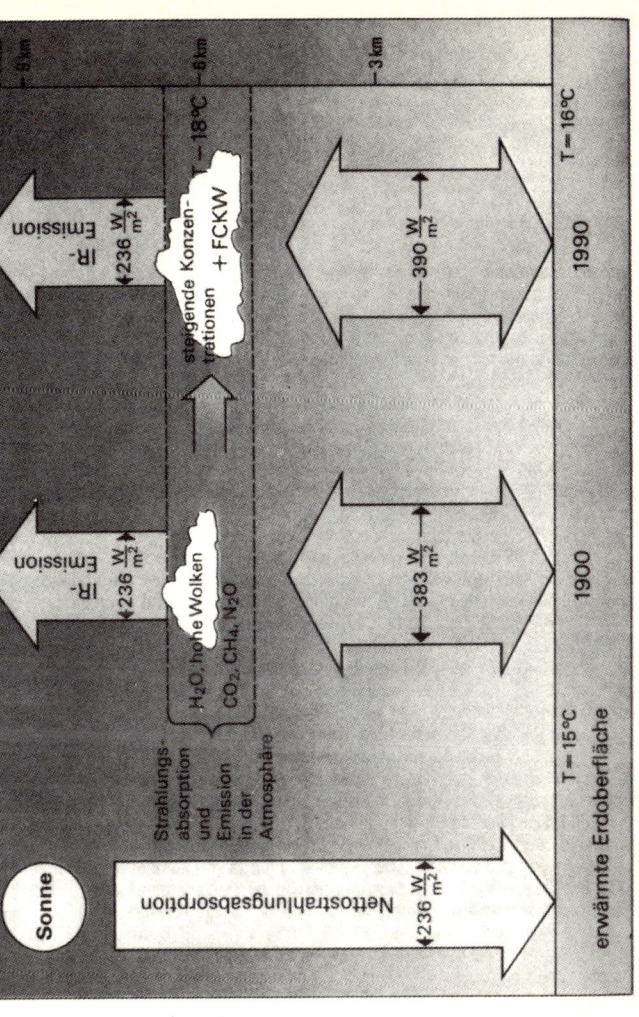

4: *Der Treibhauseffekt.* a: Die Strahlungsflußdichten, die von der Sonnenstrahlung im System Erdober-fläche-Atmosphäre absorbiert werden, ferner der IR-Strahlungsfluß zwischen Erdoberfläche und Atmo-sphäre und die von der Atmosphäre (durch die effektiv strahlende Schicht) in den Weltraum emittierte Strahlung. Daher handelt es sich hier um einen Teil der Strahlungsflußdichten, die in Schaubild 3 darge-stellt sind. Darüber hinaus enthält diese Abbildung die zeitliche Veränderung der Strahlungsflüsse.

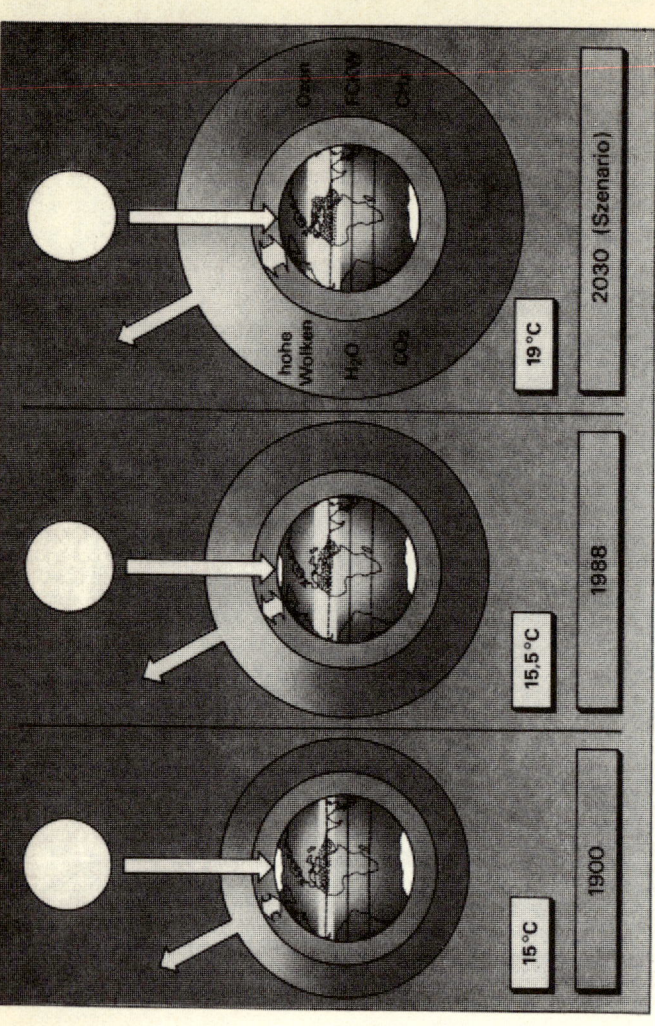

b: *Die Verschiebung der Wärmezonen.* Die Strahlungsflußdichten zwischen Erdoberfläche und Atmosphäre, Atmosphäre und Weltall und zwischen Sonne und Erde für die Jahre 1900, 1988 und 2030 (als Szenario) sind als Pfeile dargestellt. Der Gürtel steht für die Treibhausgase der Atmosphäre. Die Verschiebung der einzelnen Wärmezonen während des Zeitraums 1900–2030 wird durch die Grauabstufung erkennbar. Die

Labels in figure: hohe Wolken, H$_2$O, CO$_2$, Ozon, FCKW, CH$_4$

1900 — 15°C
1988 — 15,5°C
2030 (Szenario) — 19°C

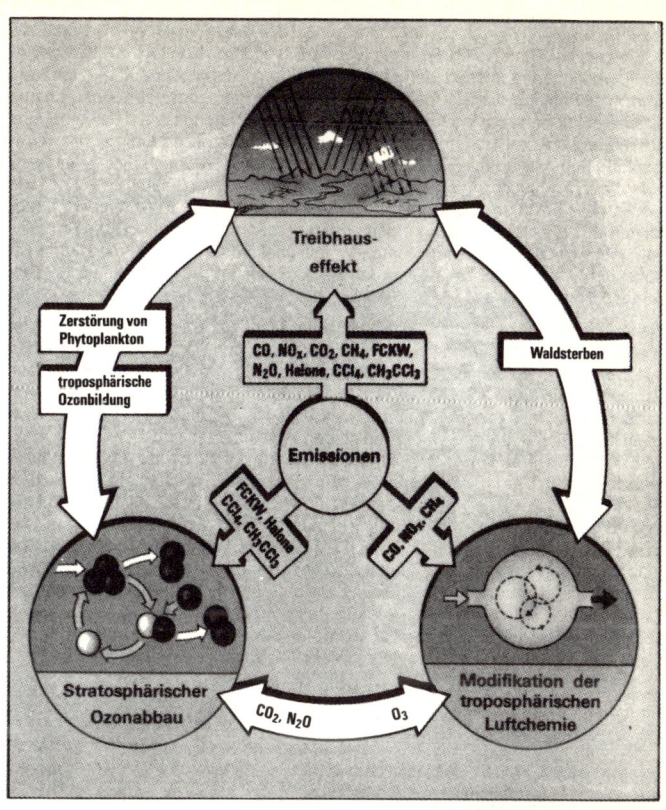

5: *Zusammenhänge zwischen den drei Bedrohungen für die Atmosphäre.*

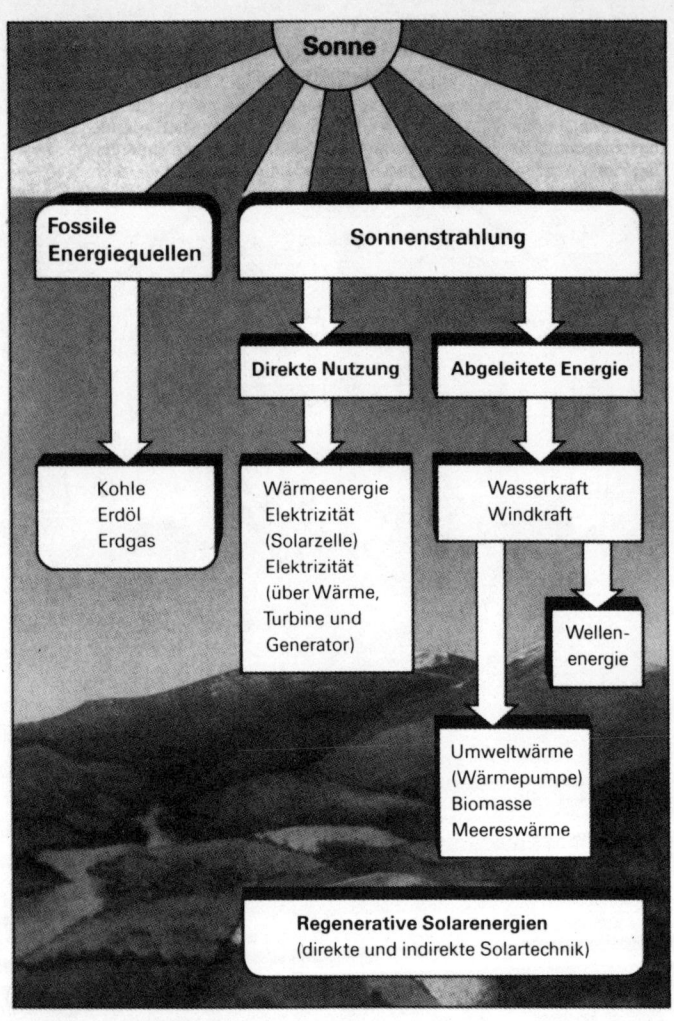

6: *Solare Primärenergiequellen.*

Begriffserklärungen

Abbaufrist: Der Zeitraum, der vergeht, bis eine in die Atmosphäre entlassene Substanz wieder abgebaut ist. Als Maßstab dient häufig die „Halbwertzeit".

Abbaurate: Die Geschwindigkeitsangabe für den Abbau chemischer Stoffe in der Atmosphäre, angegeben für einen abgebauten Anteil in einer bestimmten Zeiteinheit.

Anthropogen: Auf menschliches Handeln zurückzuführen.

Bildung fotochemischer Oxidantien: Die oxidierenden Eigenschaften der Atmosphäre, die durch die Konzentration einer Vielzahl von hochreaktiven Gasen, besonders Ozon verursacht wird. Die in Clark gewählte Beschreibung konzentriert sich auf im lokalen Maßstab vorkommende Oxidantien, die oft im Zusammenhang mit Problemen stehen wie Smog und Ernteschäden.

Bodenerosion: Auflösung oder Abtrag des (meist fruchtbaren) Oberbodens durch Wind oder Wasser, meist verursacht durch extremes Klima oder den Verlust einer Schutzschicht aus Pflanzen, bisweilen auf bestimmte landwirtschaftliche Methoden zurückzuführen. Die Folge ist eine abnehmende Fruchtbarkeit und damit zurückgehende Ernteerträge.

Distickstoffoxyd (N_2O): Auch Lachgas genannt, eine Stickstoff-Sauerstoffverbindung, die zum Treibhauseffekt beiträgt. Quellen sind überwiegend der biologische Abbau von Düngemitteln auf Feldern und die tropische Waldrodung. In der Stratosphäre beeinflußt N_2O durch seine NO Oxydationsprodukte die Ozonschicht.

Fluorchlorkohlenwasserstoffe (FCKW): Organische Substanzen, die durch die angefügten Fluor- und Chloratome chemisch sehr reaktionsträge geworden sind. Sie haben in den letzten 30 Jahren z.B. als Kühlmittel, Reinigungsmittel, Treibgase sowie als Hilfsmittel in der Kunststoffproduktion eine weite Verwendung gefunden.

Fossile Energieträger: Zur Energiegewinnung genutzte Rohstoffe, die vor Urzeiten aus Pflanzenmaterial entstanden und die im Boden zu ihrer heutigen Form herangereift sind. Die heute meist genutzten fossilen Energieträger sind Steinkohle, Braunkohle, Erdöl, Erdgas und Torf.

Halbwertzeit: Zeitraum, in dem 50% einer Substanz durch Abbauprozesse oder natürlichen Verfall verschwunden sind.

Kohlendioxyd (CO_2): Gasförmige Verbindung von Kohlenstoff und Sauerstoff, die bei der Verbrennung von fossilen Rohstoffen entsteht. Weitere Quellen stellen Waldrodungen, Bodenerosionen und die Entwässerung von Feuchtgebieten dar.

Kohlenwasserstoffe: Eine Vielfalt von chemischen Verbindungen, deren Hauptbestandteile Kohlenstoff und Wasserstoff sind. Fast alle Bausteine des Lebens sind aus Kohlenwasserstoffen aufgebaut.

Korrosivität: Die Fähigkeit der Atmosphäre, an Materialien, die ihr ausgesetzt sind, Veränderungen hervorzurufen. Oft geschieht dies durch die Chlorierung oder Sulphierung von Marmor, Mauerwerk, Eisen, Aluminium, Kupfer oder Materialien, die diese Stoffe enthalten.

Luftzirkulation, globale: Angetrieben durch die Erdumdrehung und Wärmebewegungen (Aufsteigen erwärmter Luftmassen) umgibt die Erde ein relativ stabiles System von Luftströmungen, u. a. die äquatorialen Passatwinde und die regelmäßigen Monsun-Winde, die für die Regenzeit in den Subtropen sorgen.

Methan (CH_4): Kohlenwasserstoff, der auch Bestandteil von Erdgas und Biogas ist, und nicht unerheblich zum Treibhauseffekt beiträgt.

Montrealer Protokoll: Internationale Vereinbarung mit dem Ziel, die Produktions- und Einsatzmengen von Fluorchlorkohlenwasserstoffen bis zum Jahr 1999 um 50% zu verringern. Das Montrealer Abkommen ist eine Konkretisierung des Wiener Abkommens.

ppm, ppb: Konzentrationsangaben: 1 ppm entspricht ein Teil auf eine Million Teile, 1 ppb entspricht ein Teil auf eine Milliarde Teile.

Ozon (O_3): Chemisch relativ instabile Verbindung aus drei Sauerstoffatomen, die in bodennahen Luftschichten durch ihre aggressiven chemischen Reaktionen (vergleichbar mit dem Bleichmittel Wasserstoffsuperoxyd) zu Atemwegserkrankungen und Waldschäden beiträgt. Durch ihre Filterwirkung gegen UV-B-Strahlen bildet Ozon in höheren Luftschichten eine Art „Sonnenbrille" der Erde, die uns vor schädlichen, energiereichen Sonnenstrahlungen bewahrt.

Sonnenzyklus: Die Aktivität der Sonne unterliegt regelmäßigen Schwankungen, die sich gegenseitig überlagern, verstärken oder abschwächen können. Die bekannteste ist ein 1-jähriger (Sonnenflecken-)Rhythmus. Diese Schwankungen der Sonnenaktivität beeinflussen auch die Ozonbildung.

Stickoxyde (NO_x): Stickstoffmonoxyd und Stickstoffdioxyd entstehen überwiegend bei der Verbrennung fossiler Energieträger im Verkehrsbereich, in Kraftwerken und Industriefeuerungen. In der Stratosphäre entstehen sie aus der Oxydation von Lachgas und bestimmen dort weitgehend die Eigenschaften der Ozonschicht.

Stratosphäre: Luftschicht oberhalb der Troposphäre, reicht von ca. 15 bis 50 km Höhe. Wegen Temperaturanstieg mit der Höhe ist die Stratosphäre dynamisch sehr stabil.

Subtropen: Übergangszone zwischen den Tropen und den gemäßigten mittleren Breiten (z. B. Zentraleuropa).

Treibhauseffekt: Umgangssprachliche Bezeichnung für die Wirkung verschiedener Treibhausgase, die das auf die Erde einfallende Sonnenlicht zum Erdboden durchgehen lassen, jedoch einen Großteil der Wärmerückstrahlung in den Weltraum verhindern. Der Treibhauseffekt sorgt dafür, daß sich die Temperatur auf der Erde um ungefähr 33 Grad erhöht, so daß die heutige Durchschnittstemperatur von rd. 15 Grad C erreicht wird.

Tropen: Ganzjährig intensiv von der Sonne bestrahlte Erdregionen nahe des Äquators, die nur geringen Temperatur- und Klimaschwankungen im Laufe des Jahres unterliegen. Die inneren Tropen sind durch sehr hohe Niederschläge besonders feucht, die äußeren Tropen weisen Regen- und Trockenzeiten auf. In den Tropen wachsen die meisten Regenwälder.

Troposphäre: Unterstes „Stockwerk der Erdatmosphäre. Sie reicht an den Polen bis in etwa 9 km Höhe, am Äquator bis in etwa 17 km Höhe. In der Troposphäre spielt sich entscheidend das Wettergeschehen ab.

Trübung der Atmosphäre: Reduktion der Durchsichtigkeit der Atmosphäre, wenn das Licht in sichtbaren Längenwellen von Partikeln in der Atmosphäre gestreut wird.

Ultraviolette Energieabsorption: Fähigkeit der Stratosphäre, ultraviolette Sonnenstrahlung zu absorbieren und so die Erdoberfläche vor ihren Wirkungen zu schützen. Diese Eigenschaft wird üblicherweise angesprochen, wenn über das „stratosphärische Ozonproblem gesprochen wird.

UV-B-Strahlung: Energiereicher Bestandteil der ultravioletten Strahlung der Sonne, die bei Auftreffen auf Pflanzen und Tiere zu biologischen Schäden führt.

Veränderungen der Wärmestrahlungsbilanz: Jene komplizierten Wechselwirkungen, durch welche die Atmosphäre einen großen Teil der von der Sonne eingestrahlten Energie im Bereich der sichtbaren Wellenlängen durchläßt, während sie viel von der Energie absorbiert, die von der Erde im Bereich der infraroten Wellenlängen zurückgestrahlt werden. Das Gleichgewicht dieser Kräfte in Wechselwirkung mit dem hydrologischen Kreislauf hat erheblichen Einfluß auf die Erdtemperatur und wird üblicherweise mit dem „Treibhausproblem diskutiert.

Versauerung der Niederschläge: Die Säure-Bilanz der Atmosphäre, wie sie sich bei Regen, Schnee oder Nebel auswirken und unter dem Stichwort „Saurer Regen diskutiert wird. Von größter Bedeutung sind Schwefelsäure (H_2SO_4) und Salpetersäure (HNO_3).

Wärmekapazität der Ozeane: Die Weltmeere sind in der Lage, bei einer Erwärmung der Erdatmosphäre einen Teil der Wärme aufzunehmen und sich dabei auszudehnen. Allerdings erfolgt der Wärmetransport relativ langsam, so daß nur ein begrenzter Teil der Erderwärmung auf diese Weise abgeführt werden kann.

Wüstenbildung: Erfolgt im wesentlichen in den äußeren Tropen und den Subtropen, vor allem als Folge von Bodenerosion infolge klimatischer Veränderungen oder ökologisch nicht angepaßter Bewirtschaftung.

Die Autoren

Baum, Gerhart; Dr. MdB;
Umweltpolitischer Sprecher der FDP, ehemaliger Bundesinnenminister.

Bolin, Bert; Prof. Dr.;
Abteilung für Meteorologie der Universität Stockholm, Schweden.

Clark, William C.; Prof. Dr.;
Harvard Universität; Cambridge, USA.

Crutzen, Paul J.; Prof. Dr. Dr.;
Direktor des Max-Planck-Instituts für Chemie, Mainz;
Universität von Chicago, USA.

Frolow, Iwan T.; Prof. Dr.;
Akademie der Wissenschaften, Moskau, UdSSR.

Graßl, Hartmut; Prof. Dr.;
Meteorologisches Institut der Universität Hamburg;
Max-Planck-Institut für Meteorologie, Hamburg.

Grawe, Joachim; Prof. Dr.;
Hauptgeschäftsführer der Vereinigung Deutscher Elektrizitätswerke,
Frankfurt/Main.

Hauff, Volker; Dr. MdB;
ehem. Bundesminister für Forschung und Technologie.

Hennicke, Peter; Prof. Dr.;
Vorstandsmitglied des Öko-Instituts Freiburg und Energieexperte.

Jäger, Jill; Dr.;
Beijer Institut of the Royal Academy of Sciences, Stockholm, Schweden.

Knabe, Wilhelm; Dr. MdB;
Umweltpolitischer Sprecher der Fraktion „Die Grünen".

Klose, Regine;
Greenpeace Deutschland, Hamburg.

Krause, Florentin; Dr.;
Lawrence-Berkeley-Laboratory, Kalifornien, USA.

Lenders, Helmut;
Präsident der Arbeitsgemeinschaft der Verbraucherverbände, Bonn.

Loske, Reinhard;
wissenschaftlicher Mitarbeiter der Fraktion „Die Grünen".

Mintzer, Irving M.; Prof. Dr.;
World Resources Institute, Washington D.C., USA.

Moomaw, William R.; Prof. Dr.;
World Resources Institute, Washington D.C., USA.

Müller, Michael; MdB;
Sprecher der SPD in der Enquete-Kommission „Vorsorge zum Schutz der Erdatmosphäre".

Nader, Franz W.; Prof. Dr.;
Verband der chemischen Industrie, Frankfurt.

Pittock, A. Barrie; Prof. Dr.;
CSIRO, Abteilung für Atmosphärenforschung, Mordialloc, Australien.

Ramanathan, Veerabhadran; Prof. Dr.;
Universität Chicago, USA.

Salati, Eneas; Prof. Dr.;
Ehem. Leiter des Nationalen Instituts der Amazonasforschung (INPA); Piracicaba, Brasilien.

Schäfer, Harald B.; MdB;
Stellvertretender Vorsitzender der SPD-Bundestagsfraktion.

Schneider, Stephen H.; Prof. Dr.;
Nationales Zentrum für Atmosphärenforschung; Boulder, Colorado, USA.

Töpfer, Klaus; Prof. Dr.;
Bundesminister für Umwelt, Naturschutz und Reaktorsicherheit.

Vogel, Hans-Jochen; Dr. MdB;
Vorsitzender der Sozialdemokratischen Partei Deutschlands.

Reihe Gute Argumente

Die Reihe ist ein wichtiger Beitrag zum Verständnis der bedrohten Umwelt. Alltägliche Problembereiche unserer Lebensgestaltung werden auf ihre Umweltverträglichkeit hin analysiert, die Folgen politischer Entscheidungen aufgezeigt und Alternativen für den öffentlichen wie den privaten Bereich vorgestellt. Mit der Umsetzung von Fakten in verständliche Schaubilder schlägt die Reihe eine Brücke zwischen der Sprache der Wissenschaftler und dem Verständnis des interessierten Lesers.

Gute Argumente: Ernährung
Von Isabelle Mühleisen
1988. 120 Seiten mit 49 Graphiken von Bruno Natsch.
Paperback. Beck'sche Reihe Band 342

Gute Argumente: Energie
Von Dieter Seifried
2. Auflage. 1988. 157 Seiten mit 59 Graphiken von Bruno Natsch.
Paperback. Beck'sche Reihe Band 318

Gute Argumente: Gentechnologie
Von Martin Thurau
1990. 122 Seiten mit 45 Schaubildern von Sabine Weiblen.
Paperback. Beck'sche Reihe Band 409

Gute Argumente: Ökologische Landwirtschaft
Von Frieder Thomas und Rudolf Vögel
1989. 132 Seiten mit 50 Graphiken von Sabine Weiblen.
Paperback. Beck'sche Reihe Band 378

Gute Argumente: Klima
Von Harald Gaber und Bruno Natsch
1989. 123 Seiten mit 50 Graphiken von Bruno Natsch.
Paperback. Beck'sche Reihe Band 392

Gute Argumente: Verkehr
Von Dieter Seifried
2., verb. Aufl. 1991. 172 Seiten mit 62 Schaubildern und 3 Fotos.
Paperback. Beck'sche Reihe Band 411

Verlag C.H.Beck München